普通高等教育"十一五"国家级规划教材

计算机科学与技术专业实践系列教材

U0366449

Java面向对象
程序设计基础教程

冯洪海 主编

王世卿 主审

清华大学出版社

北京

内 容 简 介

本书主要通过Java语言讲解面向对象技术。面向对象一章较其他教材在内容上更详尽,且增加了贴近实际问题的综合应用题,从中可以理解如何应用Java语言编写出符合面向对象思想的代码。基本结构程序部分由于其基础性,本书仍给予较详尽的介绍。图形用户界面一章,为了降低事件部分与图形部分的耦合,引入内部类处理事件响应。多线程、异常、Applet、输入输出和文件操作、网络通信、数据库应用等则给予了适当的介绍。

本书不仅讲解语法现象,让读者知其然(what),而且讲解 Java 语法设计的目的,让读者知其所以然(why),更重要的是,针对每个重点语法现象,都给出了如何进行编程的建议(how)。

本书可作为普通高等学校计算机与相近专业Java语言程序设计或面向对象技术的课程教材,也可作为软件开发人员的参考书。

图书在版编目(CIP)数据

Java 面向对象程序设计基础教程/冯洪海主编. —北京:清华大学出版社,2011.6(2023.9 重印)
(计算机科学与技术专业实践系列教材)
ISBN 978-7-302-25693-9

Ⅰ. ①J… Ⅱ. ①冯… Ⅲ. ①Java语言-程序设计-高等学校-教材 Ⅳ. ①TP312

中国版本图书馆 CIP 数据核字(2011)第 103135 号

责任编辑:汪汉友
责任校对:焦丽丽
责任印制:沈 露

出版发行:清华大学出版社
  网   址:http://www.tup.com.cn, http://www.wqbook.com
  地   址:北京清华大学学研大厦 A 座   **邮   编:**100084
  社 总 机:010-83470000   **邮   购:**010-62786544
  投稿与读者服务:010-62776969,c-service@tup.tsinghua.edu.cn
  质 量 反 馈:010-62772015,zhiliang@tup.tsinghua.edu.cn
印 装 者:涿州市般润文化传播有限公司
经   销:全国新华书店
开   本:185mm×260mm   **印   张:**17.75   **字   数:**431 千字
版   次:2011 年 6 月第 1 版   **印   次:**2023 年 9 月第 13 次印刷
定   价:54.00 元

产品编号:036861-05

前　言

面向对象程序设计方法是目前软件开发的主流方法。Java 语言是目前功能最强、应用最广泛的一种面向对象程序设计语言,具有面向对象、平台无关、多线程以及强大的网络编程功能。因此,多数院校用 Java 语言讲解面向对象技术。

本书有以下几大特色。

(1) 面向对象内容加深加宽。掌握了面向对象思想,即便是应用 C 语言,也能写出面向对象的代码;而没有掌握面向对象思想,即便是应用 Java 语言,写出的也是面向过程的代码。为此,我们采取了以下几个措施。

① 将面向对象放至基本结构程序之前讲。目前国内多数教材都是将基本结构程序放在面向对象之前,因而所有代码不得不放入 main 方法中,有很强的面向过程特征,因而到了"面向对象"一章,学生一时转不过弯来,还习惯将所有代码放入 main 方法中,并在 main 方法中直接赋值。

② 增加内部类的分量。一般教材在这一部分着墨不多,但《Java 编程思想》一书对于内部类叙述得较详细。接口和内部类是 Java 引以为傲的两部分,接口部分地实现了多继承,而内部类完整地实现了多继承。在某些逻辑复杂的地方,用内部类可以较简单和优雅地解决问题。

③ 多数教材在访问权限、初始化顺序、多态等部分叙述较简单,甚至有概念模糊的地方,本教材则叙述详细,概念解释更清楚。

(2) 将图形用户界面提前。原因是图形用户界面直观,学生学起来容易、有兴趣,而且该部分内容面向对象性较强。

(3) 引入 Java 编程原则,尤其是面向抽象编程和开闭原则。将代码的编写、测试和维护联系起来,通过应用组合、多态等解决继承的逻辑耦合问题。

(4) 针对一些语法难点和重点,讲述 Java 为什么设计该语法,以及如何应用该语法编程,解决学生学完 Java 语法不知道如何应用语法编程的问题。

(5) 在内容较多或层次多的段落设置段首语。段首语提纲挈领,有助于学生阅读,也可作为教师讲解的详细提纲。

本书由冯洪海主编,朱小柯、李建伟副主编,周星、陈丹捷、周兵、刘宇、杜莹、乔保军、王海荣等参加了部分编写。胡山峰参与了一些程序调试工作。全书由王世卿教授审阅。感谢王教授的审阅以及清华大学出版社的支持。书中有一些资料借鉴于网络,在此感谢那些在网上提供资料的作者。

书中有不少是作者一家之言,对于不妥之处,欢迎批评指正。

本书的全部例题、习题、实验题和配套课件可从清华大学出版社网站本书相应页面免费下载。

编者

2011 年 5 月

目　　录

第 1 章　Java 语言概述

1.1　Java 语言的起源及发展

1.1.1　起源

在计算机编程语言的历史上,C 语言是一个里程碑,第一次让程序员相对轻松地编写适度复杂的程序,但工程规模达到一定程度后,结构化编程方法无法对复杂性进行有效的管理。当代码超过 2.5 万至 10 万行后,便很难从整体上把握其复杂性了。C++ 引入面向对象的思想,解决了复杂度管理的问题。因此,可以说,面向对象是应用继承、封装、多态帮助管理程序复杂性的编程技术。于是人们称 C++ 是带类的 C。

1991 年,Sun 公司的 Jame Gosling 所领导的开发小组为了对家用消费类电子产品进行交互式控制,欲开发一个分布式系统,使用这个系统可以把 E-mail 发给电冰箱、电视机等家用电器。但是,消费电子产品种类繁多,即使是同一类消费电子产品所采用的处理芯片和操作系统也不相同,因此要想成功开发此类系统,必须首先解决跨平台的问题。最初,开发小组想用 C++ 语言,但用 C++ 写的程序必须针对特定的计算机芯片进行编译,一旦编译好后就很难适应其他芯片,并且由于 C++ 语言中指针等问题导致其安全性差,并不适合项目的要求。因此,开发小组基于 C++ 语言开发了一种能更适合于消费类电子设备软件开发的新的程序设计语言,称为 Oak(橡树)。Oak 程序可以在需要时下载,可以在设备出厂前预先编程,而且当设备新增功能时,客户也可以立即用上,而不用再将设备送回工厂。

由于当时对软件的迫切需求是速度和对复杂度的管理,对于可移植性的要求并不迫切。Oak 语言初步设计完成后,在市场上并未显示其优势,因而没有得到推广和广泛承认。直到 1994 年,面对 Internet 的迅猛发展以及环球信息网 WWW 的快速增长,Sun 公司发现因特网是一个完全异构的世界,Oak 语言的可下载技术和平台无关性可以用到 Web 上,并发挥其威力。这就需要将原先针对消费设备的语言改造成适于网络的语言。于是将 Oak 改名为 Java 并着手研制基于 Java 的浏览器。Java(爪哇)是印尼的一个岛屿,那里盛产咖啡,人们把那里产的咖啡称为 Java。同时,为了推动 Java 编程语言的发展,Sun 公司决定对 Java 采取免费提供的方式。

1995 年 5 月 HotJava 浏览器推出。HotJava 是第一个能够自动装载和运行 Java 程序的浏览器,它将程序从服务器端下载到客户端,解决了服务器的性能瓶颈,并使得 Web 上的图形和文本由静态的变为动态的、交互的,极大地促进了 Web 的服务功能。HotJava 浏览器不仅仅使 Java 语言更加成熟,更重要的是向世人展示了 Java 的强大功能。从此,Java 语言便逐渐成为 Internet 上受欢迎的开发与编程语言。一些著名的计算机公司如 IBM、Netscape、Apple、Oracle 等纷纷表示对 Java 语言的支持。当今,Oracle、DB2 这些数据库大部分代码都是用 Java 写的,甚至 Eclipse 这样普及的编程环境,即便其可以用于 C++ 编译,其大部分代码也是用 Java 编成的。

1.1.2 发展

Java 不仅是一门编程语言，还是一个开发平台。2005 年，Sun 公司公开 Java SE6。Java 的各种版本更名，取消 Java 1.2 版本后 J2ME,J2SE,J2EE 中的 2，更名为 Java ME,Java SE,Java EE。

（1）Java SE。Java SE(Java Platform,Standard Edition)含有基本的 Java SDK、工具和 API，开发者可以用来编写、部署和运行 Java 应用程序和 Applet。主要用于工作站、PC 的标准平台。

（2）Java EE。Java EE(Java Platform,Enterprise Edition)建立在 Java SE 的基础上，它是 JSP(Java Server Page)、Servlet、EJB(Enterprise JavaBean)、JTS(Java Transaction Service)、Java mail 以及 JMS(Java Message Service)等多项技术的混合体，并且还含有兼容性测试套件，主要用于开发分布式的、服务器端的多层结构的应用系统，例如电子商务网站。

（3）Java ME。Java ME(Java Platform,MicroEdition)主要用于开发电子产品，例如移动电话、数字机顶盒、汽车导航系统等。

1.2 Java 语言的特点

1. 简单性

Java 去掉了 C++ 中许多复杂的、冗余的、有二义性的概念，例如操作符重载、多继承、数据类型自动转换等。为了将程序员从复杂的内存管理的负担中解脱出来，同时也是为了减少错误，Java 使用了自动内存垃圾收集机制，程序员只要在需要的时候申请即可，不需要释放，而由 Java 自己来收集、释放内存中的无用的块。Java 语言采用了 C 语言中的大部分语法，熟悉 C 语言的程序员会发现 Java 语言在语法上与 C 语言极其相似，可以十分容易地学会 Java 语言。

2. 面向对象

C++ 、Objec、Pascal 等都是一种混合型的语言，即在过程式的语言中加上面向对象的扩展，因此在编程时会导致面向对象思想与面向过程思想的转换，甚至两种思想打架。Java 的面向对象特性几乎可以与 Smalltalk 媲美，但是其适用于分布式计算环境的特性却远远超过了 Smalltalk。Java 具有抽象、封装、继承与多态四大特点。这些特点使得 Java 能够做到信息隐藏，易于模块化，尤其是适合分布式开发、多人开发、大项目开发、委托（外包）开发。使得开发速度提高，开发方式灵活，开发成本降低。面向对象技术使得大项目和复杂项目的开发变得容易，维护也容易。Java 是迄今为止稳定性、可靠性、安全性最好的语言。2002 年成功登陆火星的"勇气"号探测器所使用的程序就是由 Java 编写的。正如 Java 的创始人 Gosling 所说的，如果不用 Java，很难想象这么复杂的一个大项目能够完成。而探测器在火星上陷入一个坑中不能自拔时，正是由于 Java 优秀的易维护性，让软件工程师在地球上利用一周的时间修复了它。

3. 面向网络

Java 是一门在网络上运行的语言。有人将 Java 和 XML 比喻成网络的两个翅膀或两个轮子。XML 负责网络数据的存储,而 Java 负责网络数据的处理。二者完美的结合,使得基于网络的应用如日中天,其发展和对各个行业的渗透速度出乎人们的意料,正以一种前所未有的速度改变着人类的生活方式和工作方式。当然,Java 应用也很广泛,比如说人工智能游戏、汽车、铁路机车上的即时控制系统、甚至军事方面也得到广泛应用。

4. 鲁棒性

Java 不支持指针,杜绝了内存的非法访问,从而保证了程序的可靠性。在C++程序中,指针的错误使用通常是程序差错的元凶;在 C 和C++中,不加封装的全局变量会由于使用不当而造成运算错误甚至系统的崩溃。Java 使全局变量(即类变量)封装在类中,保证了安全性;C++ 语言中用 goto 语句实现无条件跳转,灵活的同时导致逻辑混乱。Java 取消了goto 语句;C++ 语言中,不同的平台上,编译器为简单的数据类型如 int、float 等分别分配不同的内存存储位数。在 Java 中,对数据类型的位数分配总是固定的,而无视计算机平台特性。因此就保证了 Java 数据的平台无关性和可移植性;C++ 语言中,可以通过指针进行任意的类型转换,存在不安全因素。而在 Java 语言中系统要对对象的处理进行严格的相容性检查,在编译阶段防止不安全的转换;Java 自动收集无用的内存单元,进而防止了由于内存泄露导致的动态内存分配问题;Java 完善的异常处理机制,既简化了错误处理任务和恢复,也增加了程序的可读性。

5. 安全性

安全性是 Internet 开发面临的最重要的问题。因为 Java 小程序需要下载到客户端解释执行,所以,如果没有安全控制,就会给一些网络黑客以可乘之机。Java 的安全机制可以有效地防止病毒程序的产生、下载程序对本地文件系统的破坏,以及网络黑客窃取密码和入侵。

第一,在C++中,通过指针对内存地址进行显示类型转换后,可以访问到类的私有成员,破坏了安全性。Java 不支持指针,一切对内存的访问都必须通过对象的实例变量来实现,Java 程序员不能强制引用内存指针。这样就防止程序员使用欺骗手段访问对象的私有成员,同时也避免了指针操作中容易产生的错误。

第二,Java 的编译器不处理内存布局,运行时期的实际内存布局无法从类的结构推知。

第三,字节码验证器(Byte Code Verifier)可以防止 Java 运行环境装入有害的类文件。这样,通过炮制字节码来入侵的办法就行不通了,任何字节码都要通过字节码验证器来验明正身。

第四,浏览器限制小程序访问客户机的资源。小程序能够访问的客户机的资源比应用程序要少得多。

第五,Java 类装入机制保证不会装入伪装类。有时,入侵者使用一种称为"伪装"的攻击方法。伪装就是建立与标准类同名的类,希望能够冒名顶替。而被伪装的类通常都是比较敏感的控制资源的类。而 Java 的类装入机制能够防止假冒类的装入。当需要装入标准类时,Java 首先搜索 Java 运行系统自己的类定义集,如果没有,会按照 ClassPath 指定的路径搜索本地机器中文件系统的其他位置,如果还没有,才去搜索远程服务器。

6. 结构中立与可移植性

在网络上的各个结点可以是各种不同类型的机器和操作系统,为使 Java 程序能在网络的任何地方运行,Java 编译器编译生成了与平台无关的字节码文件格式。任何种类的计算机,只要在其处理器和操作系统上有 Java 虚拟机,字节码文件就可以在该计算机上运行。即使是在单一系统的计算机上,结构中立也有非常大的作用。随着处理器结构的发展变化,非跨平台语言的程序员不得不编写各种版本的程序以在不同的处理器上运行,使得开发出能够在所有平台上工作的软件集合是不可能的。而使用 Java 开发的应用程序可以直接运行在所有的平台上而无须开发新平台版本。

7. 解释执行

Java 解释器直接对 Java 字节码进行解释执行。字节码本身携带了许多编译信息,使得连接过程更加简单。

8. 高性能

Java 的开发速度是其他语言无法匹敌的,但其执行速度却不是最快的。Java 牺牲运行速度换来了安全性、跨平台性等其他优点。Java 运行时系统必须内嵌一个内存管理模块,增加了运行时系统的复杂性;同样,Java 程序的解释执行的效率也要低于直接执行编译后的源码的效率。但是 Java 采用了一些很好的措施来弥补这些性能上的差距:(1)生成高效的字节码。Java 字节码的设计充分考虑了性能的因素,字节码的格式简单,解释器可以生成高效的机器码;(2)提供了即时编译和嵌入 C 代码的可选措施。即时编译是指在运行时把字节码编译成机器码;(3)支持多线程。Java 提供了对多线程的语言级的接口,而且 Java 环境本身就是多线程的。

9. 多线程

虽然 Java 的执行速度较 C 和 C++ 慢,但由于其主要用于网络,而网络连接、数据库连接的速度经常慢于 Java 运行的速度,因此,Java 的速度满足网络的需求。当网络连接和数据库连接处于等待时,CPU 就处于闲置状态。Java 提供了多线程机制来解决这一问题。即将多个网络连接或数据库连接设计成多个线程,当一个连接处于停滞时,其他线程可以替补上,可以让 CPU 满负荷运转。

10. 动态性

动态特性是面向对象特性的一个延伸,它使得程序能够适应不断变化的执行环境。Java 的动态性主要表现在以下几个方面。

第一,Java 的类有运行时的表示。这样,即使在运行时刻,程序也能辨别类之间的关系和类型信息,可以动态的从本地或网上把一个类链接到运行系统中去。

第二,后期联编。Java 的类在运行过程中动态的装载,因此,Java 可以在分布式的环境中动态的维护应用程序和 Java 类库之间的一致性。当类库升级后,应用程序无须重新编译,也一样可以利用新类库中新增的功能。

第三,支持动态数据类型和动态协议。通过编写协议句柄,Java 可以支持新的、自定义的传输协议,编写内容句柄,可以支持新的数据类型。

值得一提的是,Java 并不是用来替代 C 和 C++ 的,C 和 C++ 有自己适用的领域。比如,

C 由于其运行速度快适合底层开发,如主板、声卡、显卡等的驱动程序。而 C++ 程序则适合于图像处理程序开发。

1.3 Java 程序是如何在系统中运行的

Java 程序是怎样被运行的呢? 首先,编译器将源码转化成字节码(.class),然后由虚拟机将字节码解释执行。虚拟机是平台相关的,但它非常小,容易编写。由于 Java 的强大,任何一个平台都愿意支持它,都配置了虚拟机。这样,Java 就将原先整体的依赖平台的代码分成两部分,其中转化字节码的工作量大,而第二部分即虚拟机解释执行的工作量很小。虽然虚拟机依赖各个不同的平台,但因工作量小,各种平台都很容易实现。于是 Java 就利用这种方式,将大块的耗时耗力的依赖平台的工作,分成了大部分不依赖平台(转化为. class字节码),小部分依赖平台而每个平台又容易实现(虚拟机)的方法实现了跨平台。

Java 虚拟机是在机器和编译程序之间加入的一层抽象的虚拟的机器。这台虚拟的机器在任何平台上都提供给编译程序一个共同的接口。编译程序只需要面向虚拟机,生成虚拟机能够理解的代码,然后由解释器来将虚拟机代码转换为特定系统的机器码执行。它又包括类加载器、校验器、解释器。字节码的执行需要经过 3 个步骤,首先由类装载器(class loader)负责把类文件(class 文件)加载到 Java 虚拟机中,期间需要检验该类文件是否符合类文件规范;然后由字节码校验器(byte code verifier)检查该类文件的代码中是否存在着某些非法操作,如 Applet 程序中写本机文件系统的读写操作;最后如果字节码校验器检验通过,由 Java 解释器负责把该类文件解释成为机器码进行执行。

1.4 Java 开发环境

1. 安装 JDK

JDK(Java Development Kit)是 Sun 公司推出的 Java 开发工具包,包括 Java 类库、Java编译器、Java 解释器、Java 运行时环境和 Java 命令行工具。JDK 提供 Java 程序的编译和运行命令,但是没有提供程序编辑环境。其他一些 Java 开发工具提供集成开发环境(Integrated Development Environment,IDE),如 Eclipse、MyEclipse、JBuilder 等,它们都是建立在 JDK 运行环境之上的。

可从 http://www.oracle.com/technetwork/java/javase/downloads/index.html 下载以下两个文件:

- jdk-6u23-windows-i586.exe(32 位的 Windows 的 JDK 6 安装程序)。
- jdk-6-doc.zip(JDK 6 文档)。

运行安装文件,在安装过程中可以设置安装路径及选择组件,系统默认安装路径为 C:\Program Files\Java\jdk1.6.0_23,默认组件选择是全部安装。

安装成功的 JDK 目录结构如图 1-1 所示。

JDK 的目录结构说明如表 1-1 所示,bin 中的主要工具如表 1-2 所示。

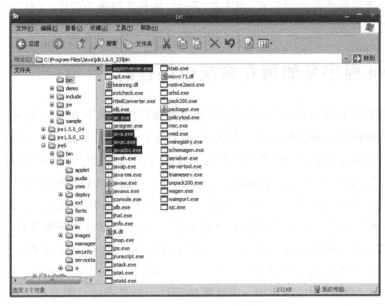

图 1-1 JDK 的目录结构

表 1-1 JDK 的目录结构

文件/目录名	功 能 说 明	文件/目录名	功 能 说 明
scr.zip	核心 API 所有类的源文件	include	编写 JNDI 等程序需要的 C 语言头文件
bin	包含编译器、解释器和可执行文件	jre	Java 运行时环境
demo	包含源代码的程序示例	lib	Java 类库

表 1-2 bin 中的主要工具

文 件 名	功 能 说 明
javac.exe	Java 编译器,将 Java 源程序编译成字节码文件
java.exe	Java 解释器,执行字节码文件对应的 Java 类
appletviewer.exe	Applet 应用程序浏览器
javadoc.exe	根据 Java 源码及说明语句生成 HTML 文档
jbd.exe	Java 调试器,可以逐行执行程序,设置断点和检查变量
jar.exe	压缩文件,扩展名为 JAR(Java Archive,Java 归档),与 Zip 压缩文件格式相同

2. 设置 JDK 环境变量

由于 Java 是平台无关的,安装 JDK 时 Java 不会自动设置路径,也不会修改注册表,需要用户自己设置环境变量,但是不需要修改注册表。

在 Windows 中需要设置 Path 和 Classpath 两个环境变量。Path 变量指出 bin 包中可执行文件路径,Classpath 变量指出 Java 类包的路径。以下介绍两种方法,选择其中之一即可。

Windows 2000 和 Windows XP 下 Path 和 Classpath 的设置相同,步骤如下。

(1) 右击"我的电脑"图标,在弹出的快捷菜单中执行"属性"命令,在"系统属性"对话框的"高级"选项卡页面上单击"环境变量"按钮;在"环境变量"对话框的"系统变量"列表框中,选中 Path 变量,单击"编辑"按钮;在"编辑系统变量"对话框中,将". ; C:\Program Files\Java\jdk1.6.0_23\bin"输入到"变量值"文本框中,如图 1-2 所示。再单击"确定"按钮,就将 Java 编译器 javac.exe 和解释器 java.exe 等可执行文件的路径添加到 Path 变量中。

(2) 通常,Windows 中没有 Classpath 环境变量,需要新建。在"环境变量"对话框中单击"新建"按钮;在"编辑系统变量"对话框中,输入变量名为"Classpath",输入变量值为". ; C:\Program Files\Java\jdk1.6.0_23\lib",这是 Java API 类库的路径,如图 1-3 所示。

Java 虚拟机根据 Classpath 设置的路径,在对应的文件夹及字文件夹中寻找指定类或接口的. class 文件。

注意:这两个环境变量都必须加在"系统变量"中,不能加在"用户变量"中。

图 1-2 环境变量设置

图 1-3 新建 Classpath 变量

重新启动计算机后,设置有效。

设置环境变量需要注意以下 3 点。

① C:\Program Files\Java\jdk1.6.0_23 是 JDK 的默认安装路径,环境变量的值需要根据实际的安装路径更改。方法是逐级打开 bin 的文件夹路径,将安装路径复制到环境变量中。

② Path 路径中,原有路径后要添加;以便和 JDK 的路径区分开。

③ Classpath 路径中,". "表示当前目录,通常写在最前面,意思是系统优先从当前目录中寻找。

1.5 编写、编译与运行 Java 程序

1. 运行 Java 程序的流程

在一个编辑器中编写好的 Java 应用程序,是扩展名为. java 的文件;通过 java.exe 编译生成扩展名为 class 的字节码文件;最后由 java.exe 执行该字节码文件。

对于 Applet 程序,不是由 java.exe 执行字节码文件,而是将字节码文件放到超文本文件(. html)中。当用浏览器打开该超文本文件时,浏览器中嵌入的字节码解释器运行该字节码文件。

2. 运行 Application 程序

【例 1.1】 显示字符串的 Application 程序。

```
public class FirstApplication {
```

```
        public static void main(String args[]){
        System.out.println("Hello, Java World!");
    }
}
```

步骤：

（1）用编辑器编写以上内容，保存为 FirstApplication. java，放在 D:\myjavacode 文件夹中。

（2）DOS 提示符下输入：javac FirstApplication. java 编译源程序，在 D:\myjavacode 文件夹中生成 FirstApplication. class 文件。

（3）DOS 提示符下输入：java FirstApplication 运行源程序。

Java 程序所有语句都必须写在类中，class 是 JDK 中固有的名字，声明一个类的意思，MyFirstJava 是自己定义的类名，public 表示该类的类名与该类所在的文件名必须相同，因此，一个文件中可以有几个类，但只能有一个 public 修饰的类，其类名要与文件名相同。public static void main(String args[])是 public 修饰的类中必有的方法，程序的执行从 main 方法开始，因此 main 方法也叫 Java 程序的入口。String args[]是传递给 main()方法的参数，是一个字符串数组。它接收命令行输入作为参数。命令行参数是指运行时跟在文件名后面输入的多个字符串。这是 Java 为控制台应用程序提供的数据输入手段。

编译：假设采用文本编辑器已将例 1.1 的 Java 源程序编辑为一个源程序文件 D:\myjavacode\ FirstApplication. java，文件名与类名 FirstApplication 相同。执行编译命令 javac. exe 对 FirstApplication. java 文件进行编译，在 MS-DOS 窗口中，输入编译命令如下：

```
D:\myjava>javac FirstApplication.java
```

如果系统未找到 javac. exe 命令，说明 Path 环境变量设置不正确；如果程序中有语法错误，系统将终止编译，并给出错误信息；如果编译正确，将会产生字节码文件 FirstApplication. class。

执行：java. exe 可运行字节码文件 FirstApplication. class：

```
D:\myjava\>java FirstApplication
```

其中，字节码文件的后缀. class 可以省略，文件名首字母仍然大写。

编译、运行 Application 应用程序及运行结果如图 1-4 所示。

图中，>是 DOS 提示符，每行>之前是 DOS 显示的当前路径，>之后是输入的 DOS 命令。图 1-4 中使用的其他 DOS 命令说明如下：

```
C:\>d:                                    //转换盘符
D:\cd myjava                              //进入 myjava 文件夹
D:\myjava>java FirstApplication >H.txt    //将运行结果写入 H.txt 文本文件中
```

【例 1.2】 使用命令行参数输入数据。

```
public class 命令行参数{
```

```java
public static void main(String args[]){
    for(int i=0;i<args.length;i++){
        System.out.println(args[i]);
    }
}
}
```

运行结果如图 1-5 所示。

图 1-4 编译运行 Application 程序

图 1-5 命令行参数输入数据

3. 运行 Applet 程序

【例 1.3】 运行 Applet 程序。

```java
import java.awt.Graphics;
import java.applet.Applet;
public class FirstApplet extends Applet{
    public void paint(Graphics g) {
        g.drawString("Hello, Java Applet World!", 20, 40);
    }
}
```

步骤：

（1）用编辑工具编写 FirstApplet.java,存入 D:\myjavacode 文件夹。

（2）在 DOS 提示符下输入：javac FirstApplet.java 编译源程序,在 D:\myjavacode 文件夹得到 FirstApplet.class 文件。

（3）用编辑工具编写 firstapplet.html,存入 D:\myjavacode 文件夹。

```html
<HTML>
    <HEAD>
        <TITLE>AppletDemo</TITLE>
    </HEAD>
    <BODY>
        <applet    code="FirstApplet.class" width=800 height=400 >
        </applet>
    </BODY>
</HTML>
```

（4）在 DOS 提示符下输入："appletviewer firstapplet. html"，程序运行结果如图 1-6 和图 1-7 所示。

图 1-6　用 appletviewer.exe 执行的结果　　　　图 1-7　firstapplet.html 的结果

在 FirstApplet. java 类中，重写父类 Applet 的 paint()方法. 其中参数 g 为 Graphics 的类型，它表明当前作画的上下文。在 paint()方法中，调用 g 的方法 drawstring()，在坐标（20，40）处输出字符串"Hello, Java Applet World!"，其中坐标是用像素点来表示的。

这个程序中没有实现 main()方法，这是 Applet 与应用程序 Application 的区别之一。从上述例子中可以看出，Java 程序是由类构成的，对于一个应用程序来说，必须在一个类中定义 main()方法；而对 applet 来说，它必须作为 Applet 的一个子类。在类的定义中，应包含类变量的声明和类中方法的实现。

1.6　包

1. 包的概念

程序运行时，Java 虚拟机默认在当前文件夹中寻找指定类的字节码文件。当需要访问其他文件夹中的类时，不仅要指定文件夹路径，还要在程序中指定包名。

类与文件对应，而包与文件夹对应。从逻辑概念看，包（package）是类的集合，一个包中包含多个类；从存储概念看，一个包就是一个文件夹；包与类的关系，就像文件夹与文件的关系一样。包中可以有子包，子包对应一个子文件夹，由此构成嵌套结构，成为包等级。

在声明一个类的时候，往往要指定该类所属的包。语法格式如下：

package 包 1[.包 2];

其中，package 是关键字，包名是用户自定义的标识符。多个包之间使用点运算符"."分隔，形成包等级，"包 2"对应"包 1"文件夹中的一个子文件夹。

在源程序文件中，package 语句只能写一次，且必须写在程序的第一行，即写在类声明之前。

如果没有声明类所在的包，即没有 package 语句，那么该类属于一个未命名的包，对应于当前所在目录（源程序所在目录），通常该包被称为默认包。

一旦为类声明了包，那么使用该类时，首先要把该类所在的包引入。语法格式如下：

import 包 1[.包 2].类|接口|*;

其中，import 是关键字，多个包及类或接口之间用点运算符分隔。* 表示引用包中的所有类或接口。import 语句必须写在其他类的声明之前。引用同一包中的其他类时,包名可以省略,import 语句也可以省略。

包是 Java 区别类名字空间的机制。一个包中的多个类之间不能重名,不同包中的类名则可以相同。

2. Java API 的常用包

API(Application Programming Interface,应用程序接口)定义了许多通用的常量、函数、类、接口等功能提供给应用程序使用。每种程序设计语言都有各自的 API。

Java API 提供 Java 应用程序所需的常量、类、接口等,统称为类库,按照功能将类库划分成若干包,如 java、javax 等,java 包有若干子包 lang、util 等。Java API 的常用包说明如表 1-3 所示。

表 1-3　Java API 的常用包

包　名	说　　明
java. lang	语言包,是 Java 的核心类库,包含许多重要的系统类,如 Object、基本数据类型包装类、数学类、字符串类、线程类、异常处理相关类等
java. util	实用包,包含日期相关类、集合相关类等
java. awt	抽象窗口工具包,用于图形用户界面
java. applet	包含 Applet 相关类
java. text	文本包,提供文本和日期的各种格式
java. io	输入输出包,包含各种输入输出流和文件相关类
java. net	网络包,包含各种网络编程相关类
java. sql	数据库操作相关类
javax. swing	一种用户图形界面库

3. 引用包中的类

带包名的类或接口的全名格式如下:

包{.子包}.类|接口

语法定义中,[]表示可重复 0～1 次,{}表示可重复 0 至多次,"|"表示或者。本书下同。

4. 查看 Java API

解压 JDK 文档 jdk-6-doc. zip,打开 .. \docs\api\index. html 文件,在浏览器中查看各种包、类、接口、变量、方法等,如图 1-8 所示,左上窗显示 Java 的包,右下窗显示类,右窗显示类中的方法。Java. lang. Math 类定义了许多方法实现数学函数的功能。

注意:文档中标有 Deprecated 的方法已被 Java 废弃,不建议使用。

5. 查看 Java API 源程序

Java 类的源代码是公开的,在 JDK 安装路径中的 src. zip 文件包含 API 所有类的源文件(.java)。这些源程序文件都是按照包等级组织的,包等级与文件实际存放的文件夹层次是一致的,如图 1-9 所示。在 JDK 安装路径 .. \jre\rt. jar 压缩文件中存储的是 Java 类文件(. class)。

图 1-8 查看 Java 包中的内容

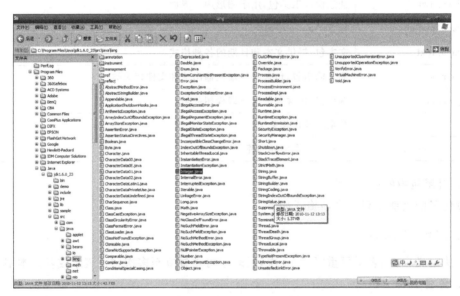

图 1-9 Java 的包等级及对应的文件夹层次

6. 导入包

java. lang 语言包由 Java 自动导入,可省略包名,如 Math. PI、Math. sqrt()等。

如果要使用其他包中的类,必须用 import 语句导入。使用 import 语句可声明使用一个包中的类或接口,语法格式如下:

    import 包{. 子包}. 类接口 *;

其中,import 是关键字,多个包及类或接口之间用点运算符分隔,* 表示包中的所有类或接口。Import 语句必须写在类声明之前。例如:

```
import java.util.Date;
```

7. 声明类所在的包

package 语句指定源程序中的类或接口所在的包或子包,语法格式如下:

```
package 包{.子包};
```

其中,package 是关键字,包名是标识符,包等级之间使用点运算符"."分隔。

在源程序文件中,package 语句只能写一次,且必须写在程序的第一行,即写在类声明之前。多个类可以属于同一个包。

8. Java 源程序结构

一个.java 的源程序文件可以包括以下几个部分。

package:声明包,0~1 句。

import:导入包,0 至多句。

public class 或 interface:声明公有类或接口,0~1 句,文件名与该类名相同。

class:声明默认类,0 至多句。

interface:声明默认接口,0 至多句。

其中,声明包的语句只能有一条,并且必须是第一条语句。声明为 public 的类或接口只能有一个,且文件名必须与该类名相同。

9. 包可以压缩成 jar 文件

在实际应用中,通常将一个包、包中类文件、子包及子包中的类文件压缩成 Java 的压缩文件(.jar),JDK 提供的文件压缩命令是 jar.exe,在 Classpath 环境变量中需要设置包压缩文件的路径。

1.7　应用 Eclipse 开发项目

Eclipse 是功能强大的集成开发环境,支持代码编写、配置、调试及改错等。另外还支持数据库应用及 Java EE 应用开发。

1.7.1　Eclipse 开发环境

1. 安装 Eclipse

在安装 Eclipse 之前要确定已经安装好 JDK。下载 Eclipse 3.6 版,安装路径可选,其他可默认安装。

在第一次启动时,Eclipse 询问工作区路径,如图 1-10 所示。工作区 workspace 是存放源程序文件及配置文件的文件夹,默认为 C:\Documents and Settings\Administrator\workspace,也可以自己更改,比如 D:\myjavacode。

2. 界面

Eclipse 集成开发环境如图 1-11 所示。其中,最后一个项目名——例题,在默认包中新建了一个类 BreakContinue。

3. 代码提示与源代码查看

在编辑器中,当类名或对象名后输入点操作符(.)时,自动出现代码提示窗口,见

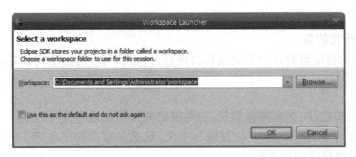

图 1-10　选择工作区

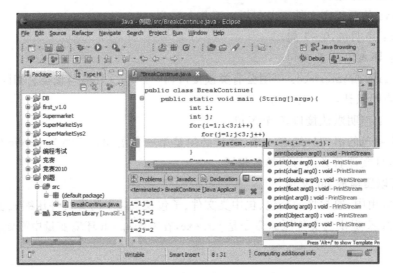

图 1-11　Eclipse 集成开发环境

图 1-11,从中可以选择所需要的方法。

4. 项目和工作区

一个 Java 源程序文件(.java)中可以声明多个类,但只能有一个类声明为 public 的,因为该类名要与文件名相同。

有时一些类具有通用功能,还需要被其他类调用,需要声明为 public 的,此时仅有一个源程序文件便不能满足要求。一般的,在开发应用程序时,一个通用的机制是项目管理机制,开发环境以项目为单位管理应用程序,一个项目对应一个应用程序,其中包含多个文件,项目本身保存为项目文件。一般的,保存并装载项目文件即可。

一个大型企业级应用程序包含多种不同的应用,如 Windows 应用、Web 应用等。每个应用对应一个项目,多个项目则包含在一个工作区中,一个工作区对应一个文件夹。项目中包含的内容如图 1-12 所示。

1.7.2　创建 Java 项目并运行

1. 新建 Java 项目

新建 Java 项目的对话框如图 1-13 所示。

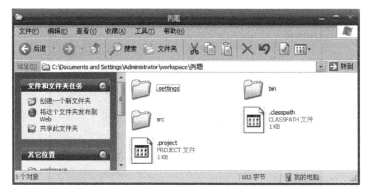

图 1-12　项目文件中包含的内容

图 1-13　新建项目

2. 新建包与类

在 default package 上右击，弹出快捷菜单，执行 new｜class｜Name 命令，在 Name 的文本行中填写新建的类名。选择默认修饰符 public 以及勾中 public static void main(String[]args)。单击 Finish 按钮后，就会显示新类的编辑环境，类体中包含 main 方法，如图 1-14 所示。

3. 编辑、编译和运行

在编辑器中输入 Java 源代码，执行主菜单 Edit 下的 Undo、Redo、Cut、Copy、Paste、Delete、Select All、Find/Replace 等菜单命令，实现撤销、回复、剪切、复制、粘贴、删除、全部选中、查找/替换等功能。执行 File 下的 Open File、Save As、Save All 等菜单命令，可以打开或保存文件。

Eclipse 默认即时编译，Project｜Build Automatically 菜单默认选中，Problems 视图将同步显示编译错误。执行 Run 菜单下的 Run 或 Run As Application 子菜单命令，可运行当

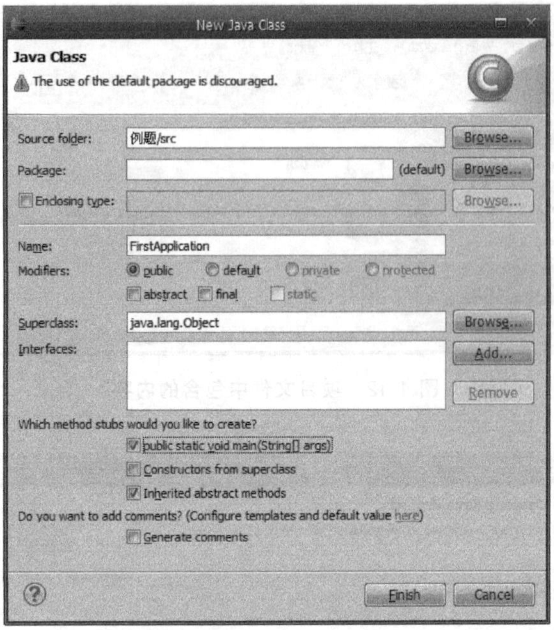

图 1-14　新建类

前源程序,运行结果显示在 Console 视图中,如图 1-11 所示。

　　运行例 1.3 的 Applet 程序时,执行 Run | Run As Applet 菜单命令,功能与执行 appletviewer. exe 命令相同,如图 1-6 所示。

　　在一个工作区中,可创建多个项目,可打开多个文件。双击资源管理器中的文件名或单击编辑器中的文件,可以切换当前文件。选中项目或其中文件,执行快捷命令 Delete,可删除它。

4. 重构

　　选中当前项目或源文件,执行快捷菜单命令 Refactor | Rename,可更改当前项目名或类名,与项目对应的文件夹名将被同步更改,类名、对应的源文件名以及该类名的所有引用页被同步更改。

5. 切换工作区

　　执行 File | Switch Workspace 菜单命令,在图 1-10 所示的对话框中选择另一文件夹作为新的工作区。

6. 访问其他项目的类和添加 JAR 包

　　若当前项目需要访问其他项目中的类,则需要配置编译路径。选中当前项目,执行其快捷菜单命令 Build Path | Configure Build Path,在项目属性对话框中,选择 Projects 页,单击 Add 按钮,在 Required Project Selection 对话框中,选择所需项目,返回项目属性对话框,Projects 页上可见选择项目,如图 1-15 所示。返回项目属性对话框,Projects 页上可见选择项目。

　　在项目属性对话框的 Libraries 页上,单击 Add Extenal JARs 按钮,在弹出的 JAR Selection 对话框中,选择. jar 压缩文件。

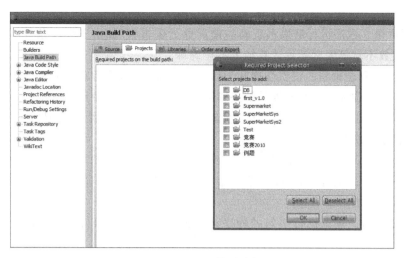

图 1-15　配置编译路径

1.7.3　程序调试技术

在软件系统开发研制过程中,程序出现错误是不可避免的。应用程序的开发过程实际上是一个不断排除错误的过程。只有最大程度地排除错误,才能保证程序的正确性。

程序调试技术是发现错误的一种必不可少的工具。通过调试,能够确定错误语句所在,错误性质以及出错原因,为及时更改错误提供帮助。

程序调试能力是程序员必须掌握的一项重要基本技能,与程序设计技能相辅相成。只有具备较强的程序调试能力,才能拥有强大的程序开发能力,才能算是一个合格的程序员。

Eclipse 集成开发环境提供程序调试功能,允许程序逐条地单步运行,也允许设置断点后分段运行。同时,在执行每条语句后,提供所有变量值的动态变化情况。

1. 程序错误,发现时刻及错误处理原则

程序中的错误有不同的性质,有些错误能够被系统在编译时或在运行时发现,有些错误不能被系统发现。程序员必须及时发现并改正错误,不同的错误需要采用不同的处理方式。

当程序不能正常运行或者运行结果不正确时,表明程序中有错误。按照错误的性质可将程序错误分为 3 类:语法错、语义错、逻辑错。这 3 类错误的发现时刻不同,处理错误的方法也不同。

(1) 语法错。违反语法规则的错误称为语法错误,如标识符未声明、表达式中运算符与操作数类型不匹配、赋值时变量类型与表达式不兼容、括号不匹配。语句末尾缺少分号,else 没有匹配的 if 等。

Eclipse 在编辑器中以红色的×来标记出错行,当鼠标移向出错标记时,给出错误信息。语法错又称为编译错。程序员必须及时改正语法错,再重新编译程序。为避免产生语法错误,应严格按照语法规则编写程序,注意标识符中字母大小写等细节问题。

(2) 语义错。语法正确但存在语言含义错误,称为语义错,如输入数据格式错、除数为零错。变量赋值超出其范围、数组下标越界等。语义错在运行时被发现,又称为运行错。

Eclipse 运行时一旦发生语义错,将停止程序运行,在 Console 视图中给出异常类和出错位置。

(3) 逻辑错。程序运行结果不正确的错误称为逻辑错,如由于循环条件不正确而没有结果,循环次数不对等因素导致计算结果不正确等。

有些语义错和逻辑错的错误性质和出错位置很难确定,运行系统对逻辑错没有识别能力,找到错误所在位置和出错原因是解决错误的关键所在。程序员必须凭借自身的程序设计经验,运行开发工具提供的调试功能,确定错误原因及出错位置,及时改正错误。

2. 程序运行方式

在 Eclipse 集成开发环境中,程序有 3 种运行方式:正常运行、单步运行、分段运行。

(1) 正常运行。执行 Run|Run 菜单命令,程序将正常运行直至结果。遇到运行错时,终止程序运行,给出错误信息。

(2) 单步运行。逐条执行语句的程序运行方式称为单步运行。单步运行有以下 3 种方式。

① Step Into。跟踪进入函数内部。

② Step Over。将函数调用作为一条语句,一次执行完。

③ Step Return。从函数体重返回函数调用语句。

单步运行的 3 种方式对于函数调用语句有差别,对于其他语句则没差别。对于函数调用语句的不同之处在于,当遇到函数调用语句时,Step Into 跟踪进入函数内部,可以对函数进行单步调试;Step Over 将函数调用语句一次执行完毕,不会跟踪进入函数内部;而 Step Return 则一次执行完函数体余下的语句序列,并返回函数调用语句。

(3) 分段运行。单步运行时一次只执行一条语句,调试速度较慢。如果希望加快调试程序的速度,一次执行若干条语句,则可以将程序分段运行。分段运行有两种方式。

① Run to Line。运行至光标所在行。

② Resume。运行至下一个断点。将程序中某一行语句设置为断点,当程序运行至断点时自动暂停。设置多个断点,把整个程序分成若干段。

3. 调试过程

(1) 设置断点。在调试程序之前,首先要选择跟踪调试哪一段程序,并将待调试程序段中的某几行语句设置为程序运行时的断点。设置断点的方法是:将光标设置在指定行,在行右边区域执行快捷菜单命令 Run|Toggle Breakpoint,则在该行之前出现一个蓝色的圆点,表示该语句已被设置为运行时的断点。在断点标记处再次执行快捷菜单命令 Toggle Breakpoint,则清除该断点。

(2) 调试界面。执行 Run|Debug 菜单命令,程序运行至第一处断点处暂停,待执行语句行左边有一个蓝色箭头。分别执行 Window|Show View 下的 Debug 和 Variables 菜单命令,打开 Debug 和 Variables 视图。Debug 视图的调试工具栏有多个调试按钮,Variables 视图中显示当前作用域内的变量值。

(3) 单步或分段运行。进入调试状态后,程序即可以逐条语句的单步运行,也可以在多个断点之间分段运行。执行 Run 菜单下的 Step Into 或 Step Over 菜单命令,运行一条语句后暂停。当遇到函数调用语句时,需要选择单步运行方式。如果需要调试一个函数,则执行 Step Into,跟踪进入函数内部;如果一个函数已调试通过,则执行 Step Over,将函数调用作为一条语句一次执行完,不会跟踪进入函数内部,从而加快调试进程;如果已在一个函数内部,则执行 Step Return,则执行完函数体余下的语句序列,并返回到函数调用语句。

执行 Run|Run to Line 菜单命令,程序运行至光标当前行语句暂停;执行 Run|Resume 菜单命令,程序运行至下一个断点暂停,如果没有下一个断点,程序将执行至结束。执行 Run|Terminate 菜单命令,停止调试,返回编辑状态,所设置的断点仍然有效。

(4) 查看变量的当前值。Eclipse 通过 Console 视图显示已输出的程序运行结果,通过 Variables 视图显示当前作用域所有变量的当前值。这些视图中的显示信息将随着当前执行语句的变化而变化。当前作用域改变时,Variables 视图中所显示的变量将不同,由 Eclipse 自动改变。

第 2 章　Java 基本语法规则

Java 的符号是构成程序的基本单位，Java 采用的是 Unicode 字符集，从而可更好地提供多语言的支持。Java 编译器可以识别 5 种类型的符号：标识符、保留字、常量、运算符及分隔符。

2.1　标识符与保留字

2.1.1　标识符

1. 为什么要有标识符（identifier）

在现实中，如果事物没有名字，人们便无法称呼它并进行交流。同样，程序中的各种元素也要有各自的名字才能互相区别、便于使用。因此，Java 中用标识符给程序中的接口、类、方法、变量、包等起名字。

2. 命名规则

（1）开头第一个字符：只能是字母、下划线(_)或＄。汉字也是字母。

（2）第二个字符之后：可以由以上 3 种字符和数字组成，不允许出现其他字符，如＋、空格、♯等。

（3）字母通常指大小写英文字母。

（4）大小写敏感。

（5）不能使用保留字。

（6）长度不受限制。

3. 举例

a1、x、wyz、b_1、＄money 都是合法的标识符，2ab、a＋b、－x 都是不合法的标识符，而 Book，BOOK，book 则表示不同的标识符。

4. 命名习惯

类名使用 Pascal 命名法，即所有单词连写，每个单词的第一个字母大写，其他字母小写。例如 HelloWorld、UserInformation 等。而变量名、对象名、方法名、包名通常使用 Camal 命名法，即所有单词连写，第一个单词全部小写，其他单词的第一个字母大写。例如 userName、bankRate 等。

2.1.2　保留字

保留字（reserved word）是 Java 内部定义的名称术语。具有专门的意义和用途，不能当作一般的标识符使用。保留字是 Java defined names，而标识符是 Programmer defined names。Java 语言保留字如表 2-1 所示。

表 2-1 Java 语言的保留字

abstract	boolean	break	byte	case
catch	char	class	continue	default
do	double	else	extends	false
final	finally	float	for	if
implements	import	instance	int	interface
long	native	new	null	of
package	private	protected	public	return
short	static	super	switch	synchronized
throw	throws	transient	true	try
void	volatile	while	this	

注意：

（1）true、false 和 null 为小写，而不是像在 C++ 语言中可以写成大写。

（2）无 sizeof 运算符。

（3）const 不是 Java 编程语言中使用的保留字。

2.1.3 分隔符

分隔符用于分开两个不同的语法成分。

空格：用于保留字、标识符之间的分隔。在 Java 中用于分隔的空格可多可少。

英文分号：用于语句之间的分隔。

英文逗号：用于数据的分隔。

其他分隔符：()、{}、[]、' 等。

2.1.4 注释

1. 注释（Comments）的用途

（1）标注目的、作者、版本、版权说明等。

（2）描述变量、方法等的功能。

（3）对难以理解的代码给以注释。

（4）一种调试手段。即暂时将不用的代码注释掉，调试其他部分。

2. Java 提供 3 种注释方式

（1）单行注释。以 // 始，位于 // 之后的本行文字都是注释内容。

用途：注释掉一行的内容，该内容通常是对本行代码的解释。

例如：

```
public double getArea()                        //求面积
```

（2）多行注释。以 / * 开始，* /结束，位于两者之间的文字为注释内容。

用途：注释掉多行文字，这多行文字是对代码的解释说明。

例如：

/ * 需要注释的内容 * /

（3）文档注释。以/ * *开始，* /结束。使用/ * *… * /将注释形成文档，并输入给 Javadoc 以生成 HTML 代码文档。

用途：此注释通常用于生成类、方法的说明文档，可以通过该文档轻松说明类、方法的作用、参数、返回等信息。

例如：在方法上部写以下代码：

```
/**
* 此方法用于完成…功能
* @ param age 用户年龄
* @ return 返回…值
* /
```

注意：注释是写给人看的，机器不把它当作程序的一部分进行编译处理。不同的注释可以嵌套。比如，将某一大段注释掉，其中的某些行可能含有自己的单行注释。

2.2 数据类型

Java 语言的数据类型分为两大类：基本数据类型和引用数据类型。

基本数据类型主要分为数值型、字符（char）型和布尔（boolean）型。其中，数值型有整数类型（byte、short、int、long）和浮点数型（float、double）。

引用数据类型包括数组（array）、类（class）和接口（interface）。

1. 不同类型变量存储的内容不同

基本数据类型的变量直接保存变量的值，而引用数据类型的变量保存的是数据的地址。基本数据类型是在栈空间中为变量分配空间，并将数据存储在此空间中；引用数据类型是在堆中分配空间来存储实际数据，而在栈中分配空间存储数据在堆中的地址。栈的存取速度快，因此，Java 将基本数据类型从引用数据类型中分离出来，为的是提高运行效率。

2. 两类数据类型的用法

通常，单一的数据应用简单数据类型；类似集合性质的数据应用引用数据类型。

2.2.1 整数类型

整数类型与现实世界中的整数相对应。基本数据类型包含整数类型。基于空间利用率的考虑，整数类型又细分成几类。

整数类型数据的值有负整数、零和正整数，其含义与数学中的相同。在 Java 中，根据变量在内容中所占的位数和数值取值范围不同，整数类型又细分为 4 种类型，如表 2-2 所示。

在 Java 中，整型数值可以采用以下 3 种进制表示。

（1）十进制数：用多个 0~9 之间的数字表示，如 100，—20 等。

（2）八进制数：以 0 为前缀，其后跟多个 0~7 之间的数字，如 0111。

表 2-2 整型类型表示形式及取值范围

数据类型	字节数	取 值 范 围
字节型(byte)	1	$-128\sim127$,即$-2^7\sim2^7-1$
短整型(short)	2	$-32\,768\sim32\,767$,即$-2^{15}\sim2^{15}-1$
整型(int)	4	$-2\,147\,483\,648\sim2\,147\,483\,647$,即$-2^{31}\sim2^{31}-1$
长整型(long)	8	$-9\,223\,372\,036\,854\,775\,808\sim9\,223\,372\,036\,854\,775\,807$,即$-2^{63}\sim2^{63}-1$

(3) 十六进制数:以 0X 或 0x 为前缀,其后跟多个 0~9 之间的数字或 a~f、A~F 之间的字母,如 0X12bc。

其中 int 整数占用 32 位,与操作系统是多少位没有关系。这样设计体现了平台无关性。整数值默认类型为 int。若要表示一个长整数值时,需要在整数后加上后缀 L 或 l,如 24L 或 24l。

任何一个带有 byte,short,int 和常量的整数表达式中,在计算前 Java 都会提升成 int 型。

2.2.2 浮点数类型

与现实世界中的小数相对应,基本数据类型包含浮点数类型。基于空间利用率和表达数据的精度考虑,浮点数类型又细分为两类。

Java 用浮点数类型表示数学中的实数,一个浮点数值包括整数部分和小数部分。Java 的浮点数类型有两种:单精度浮点数(float)和双精度浮点数(double),如表 2-3 所示。Java 的浮点数格式完全遵循 IEEE 754 标准。

表 2-3 浮点型表示形式

数据类型	字节	精 度	取 值 范 围
float	4	6~7 位有效数字	$-3.4\times10^{-38}\sim3.4\times10^{38}$
double	8	15 位有效数字	$-1.7\times10^{-308}\sim1.7\times10^{308}$

表示方法:浮点数默认类型为 double。若要表示一个单精度浮点数,需要在数值后加上后缀 F 或 f,如 2.4F 或 2.4f。

浮点数除了常见的标准记数法表示以外,还可以用科学记数法表示,如浮点数 123.45 也可表示为 1.2345E+2。

2.2.3 布尔类型

现实世界中的真假值在计算机中通过布尔类型来体现。

布尔类型表示逻辑量,用 boolean 表示,只有两个取值 true 和 false。例如:

```
boolean b=false;
```

注意:

(1) true 和 false 不能替换成数字表示。

(2) 在 Java 中,关系运算的结果和流程控制语句中的条件表达式的运算结果都必须是

boolean 型。例如下面的用法是错误的：

```
int i=3,k=6;
if(i) k=7;
```

正确的用法应该是：

```
int i=3,k=6;
if(i==3) k=7;
```

布尔类型值主要用于逻辑运算中。

2.2.4　字符类型

（1）定义：Java 中的字符指的是单个 Unicode 字符，用 char 表示，占两个字节。

（2）表示方式：字符常量的两种表示方式：一种是用单引号将可见 ASCII 字符括起来，如'A'、'＋'等；另一种是 Unicode 表示法，前缀是"\u"，表示范围为\u0000～\uFFFF，如"\u0041"是字母'A'的 Unicode 表示。

（3）转义字符。对于一些特殊字符，包括一些控制字符、不可见的 ASCII 控制字符（如换行符、回车符，或已被 Java 赋予特殊含义的字符，如单引号等）用转义字符表示，转义字符的前缀是\。Java 转义字符及其对应的 Unicode 值如表 2-4 所示。

表 2-4　常用转义符

转义符	字　符	对应的 Unicode 值	转义符	字　符	对应的 Unicode 值
\'	单引号	\u0027	\r	回车	\u000D
\"	双引号	\u0022	\n	换行	\u000A
\\	反斜杠	\u005c	\t	制表符(Tab)	\u0009
\b	退格	\u0008			

2.2.5　数据类型之间的相互转换

当相容的、优先级别不同的数据类型的数据进行运算时，低级别的数据类型自动转化为高级别的。如整型数据与实数类型数据运算时，整型数据自动转化为实数型的。

1. 转换原则

不同数值类型之间转换的原则是小范围、低精度的类型转换为大范围、高精度的类型。而对于 char 型与 int 型之间则是将 char 型转换为 int 型。即

$$byte \rightarrow short \rightarrow int \rightarrow long \rightarrow float \rightarrow double，以及 char \rightarrow int$$

但高级别的数据类型如果要转化为低级别的数据类型，就要使用强制类型转换。

2. 强制类型转换的语法格式

格式如下：

```
(Type) variableName            //将变量转换为 Type 类型
```

例如：

```
int i=4;
byte b=(byte)i;
```

注意：

（1）在使用这种转换方式时，由于小范围数据类型的表示范围受限，在转换的过程有可能引起数据丢失现象，从而使得获得的值并不是预期的值。

例如：

```
int i=256;
byte b=(byte)i;        //由于 b 的取值范围最大为 127,所以 256 转换为 byte 型后会丢失数据
```

（2）强制类型转换也要考虑到兼容性的问题。如 boolean 型的数据不能转换为整数型，但可以强制转换为字符串型。

2.2.6　变量与常量

Java 是强类型语言，常量名和变量名都是用户自定义的标识符，必须遵循"先定义后使用"的原则。对变量的定义就是给变量分配相应类型的存储空间。

1. 变量

1）定义

变量是一个存储空间的标签，就像盒子上的标签或教室门上的牌号。而盒子里存的内容是变化的。或者说变量是在程序运行过程中，其值是可以被改变的量；它用来存放初始值、中间结果或最终结果。变量的作用是存取程序中需要处理的数据，对应内存中的一块存储区域，该区域的名称即为变量名，该区域的内容是变量的值。

比如：

```
q=100-q;
```

q

意味着：

① 读取 q 的当前值；

② 100 减去 q；

③ 把减后的结果再放回 q；

变量有数据类型之分，可以是基本数据类型或引用数据类型。变量的数据类型决定了变量的数据性质、取值范围以及变量可以参与的运算和操作等。变量的作用域是变量可以合法使用的范围。使用变量需要注意变量的名字、类型、作用域等几个方面。

2）语法格式

```
[修饰符] 类型 变量[=表达式]{, 变量[=表达式]};
```

其中，[]和{}中均是可选项，[]中的内容可以出现 0～1 次，{}中的内容可以出现 0 至多次。变量声明时必须说明变量名、数据类型。不同的变量用"，"分隔开。例如：

```
private String name, speciality;      //声明 2 个 String 类型的变量 name 和 speciality
private int age;                      //声明一个整型的变量 age,其中 private 说明只能在本类内访问它
```

3）变量初始化

声明一个变量的同时,可以对变量执行初始化操作即赋值,使得该变量的值在后续程序中可以使用,但初始化的值必须和定义的变量类型匹配。

```
int i=0;                              //声明时为变量赋初值
double d=3.15962;
boolean b=true;
char ch='c';
```

4）变量的作用域

按作用域分,变量分局部变量、成员变量、参数变量等。在一个方法体内或在{}内的变量为局部变量;在一个类内,但在方法之外的变量为成员变量;在方法声明的()中的变量为参数变量。同一作用域内不能重复声明同一变量,但可以先声明,后赋值。

【例 2.1】 变量作用域。

```
public class Assign {
    public static void assign(){        //以下变量在方法体内,属于局部变量,必须赋值
        int x, y;                       //仅声明变量,后面赋值
        float z=3.214f; {               //声明的同时并赋初始值
        double w=3.1415;
        boolean t=true;
}//w 和 t 属于大括号的语句块中,出了大括号就消失,因此在下面的输出语句中不能输出
//解决方案:去掉这里的大括号或去掉下面输出语句中的 w 和 t
        char c;
        //c='A';                        //如果没有该语句,相当于 c 只声明而没有赋值,错误
        //int x=6;                      //错误,不能两次声明,去掉 int
        y=1000;
        //System.out.println(x+","+y+","+z+","+w+","+t+","+c);
    }
    public static void main(String args[]) {
        Assign.assign();
    }
}
```

2. 常量

1）定义

常量的值一旦定义,在程序中就不能改变了。

2）格式

常量有两种常见形式,一种是直接使用数据类型的具体值参与程序编程。如 123,"abc",false,'c'等。在程序中使用的方法如下:

```
int k=6;
int i=6*k;                            //两个表达式中的 6 都为直接常量使用方式
```

另一种是以标识符形式出现的常量。这种使用方式需要常量定义过程,先声明后使用。常量的声明和变量的声明类似,只是需要用保留字 final 标识常量。例如:

```
final float PI=3.14f;
final char S='A';
```

注意：

（1）Java 语言约定常量标识符全部用大写字母表示，如 PI。

（2）常量标识符一旦声明，就不能再做他用。

（3）如果常量值有特殊含义而且反复用到的话，使用常量的符号表示法更加方便。这种方式不仅提高了程序的可读性，而且便于程序维护，只需要修改一处常量值，整个程序即可使用。

2.3 运算符和表达式

运算符：用于对操作数进行计算和处理的符号。

表达式：由操作数和运算符组合而成，实现算术、逻辑等运算功能。

操作数：由变量、表达式或常量组成。

2.3.1 运算符

1. 算术运算符

算术运算符作用于整型数据或浮点型数据，用来完成算术运算。表 2-5 列出了常用的算术运算符。char 类型可以用于算数运算，因为在 Java 中，char 类型可能换成 int 类型。

表 2-5　算术运算符

运算符	描述	示例	运算符	描述	示例
++	加 1	i++	*	乘	x*y
--	减 1	--i	/	除	x/y
+	加	x+y	%	取模（求余）	x%y
-	减	x-y			

扩展的运算符功能如下：Java 对加运算符进行了扩展，使得＋能实现字符串连接，如 "abc"＋"xy"得到的结果为字符串"abcxy"。Java 对％也进行了扩展，使得操作数可以为浮点数，如 25.5％10＝5.5。

整数的运算结果至少是整型。

【例 2.2】 算术运算符举例。

```
public class BasicMath {
    public static void basic(){
        byte b1=1;
        byte b2=2;
        //byte b3=b1+b2;                  //错误,至少为 int 型
        byte b4=3+2;
        //byte b5=2+b1;                   //2 默认为 int 型
```

```
        long m2=2L;
        //int i1=m2+b1;                    //m2 为 long 型,运算后结果应为 long 型
        //int i2=2L+3;                      //2 为 long 型,运算后结果应为 long 型
        long m3=m2+b1;
        //float z3=2.0f+3.0;              //3.0 默认为 double 型,运算后为 double 型
        double z4=2.0f+3.0;

        System.out.println("b1="+b1);
        System.out.println("b2="+b2);
        System.out.println("b4="+b4);
        System.out.println("m2="+m2);
        System.out.println("m3="+m3);
        System.out.println("z4="+z4);
        double da=1+1;
        double db=da * 3;
        double dc=db / 4;
        System.out.println("da="+da);
        System.out.println("db="+db);
        System.out.println("dc="+dc);
    }
    public static void main(String args[]){
        BasicMath.basic();
    }
}
```

运行这个程序,输出结果如下:

```
b1 = 1
b2 = 2
b4 = 5
m2 = 2
m3 = 3
z4 = 5.0
da = 2.0
db = 6.0
dc = 1.5
```

2. 赋值运算符

赋值运算符左边的操作数必须是变量,右边的操作数必须是表达式。若要赋值成功,赋值号两边的数据类型必须兼容。表 2-6 列出了常用的赋值运算符。

表 2-6　赋值运算符

运 算 符	描　述	用 法	运 算 符	描　述	用 法
＝	赋值	x＝y	* ＝	乘赋值运算符	x * ＝y
＋＝	加赋值运算符	x＋＝y	/＝	除赋值运算符	x/＝y
－＝	减赋值运算符	x－＝y	%＝	取模赋值运算符	x%＝y

（1）＝左边的变量只是一个代号。

（2）赋值语句像函数一样有返回值，它的返回值即左值，如 x＝2＋5；的返回值是 7，所以可以把赋值语句当作表达式赋给一个变量 y，如 y＝（x＝2＋5）；sum＋＝i；即 sum＝sum＋i；

（3）赋值运算符遵循自右向左的结合性。

【例 2.3】　赋值运算符举例。

```
public class AssignOperator {
    public static void ass(){
        int a,b,c,m,n;
        a=b=c=5;
        System.out.println("a=" +a+","+"b=" +b+"," +"c=" +c );
        m=4;n=2;
        m+=m * =n-=m * n;
        System.out.println("m =" +m ) ;
    }
    public static void main(String args[]){
     AssignOperator.ass();
    }
}
```

注释：a＝b＝c＝5 相当于 a＝（b＝（c＝5）），结果 a,b,c 都为 5。而

```
m=4;n=2;
    m+=m * =n-=m * n;
```

的执行步骤：

```
Step1: m=4 n=2
Step2: n=2-4 * 2=-6//n=n-8
Step3: m=m * n=4 * (-6)=-24
Step4: m=m+m=4-24=-20。
```

3．自增自减运算符＋＋，－－

＋＋i 和 i＋＋都为 i＝i＋1，但含义有所不同。＋＋i 表示在让 i 参与其相关运算之前，先使 i 加 1。i＋＋表示先使用 i 参与其相关运算，之后使 i 加 1。

【例 2.4】　自增自减运算。

```
public class SelfAdd {
    public static void self(){
        int j=2,i=3;
        j * =i-= (i++);
        System.out.println("j=" +j+","+"i=" +i );
        j=2;i=3;
        j * =i-= (++i);
        System.out.println("j=" +j+","+"i=" +i );
```

```
        }
    public static void main(String args[]){
        SelfAdd.self();
    }
}
```

输出：

```
j=0, i=0
j=-2, i=-1
```

4. 逻辑运算符

逻辑运算符用于连接关系表达式，操作数是布尔型的值。逻辑运算符的使用方法和C++相似。表2-7列出了常用的逻辑运算符。

表 2-7　逻辑运算符

运算符	运 算	范 例	结果
&	AND(与)	false&true	false
&&	AND(短路与)	false&&true	false
|	OR(或)	false|true	true
||	OR(短路或)	false||true	true
^	XOR(异或)	false^true	true
!	Not(非)	!true	false

逻辑运算符用于对 boolean 型结果的表达式进行运算，运算的结果都是 boolean 型。

& 和 && 的区别在于，如果使用前者连接，那么无论任何情况，& 两边的表达式都会参与计算。如果使用后者连接，当 && 的左边为 false，则将不会计算其右边的表达式。对于 | 和 ||，| 两边的表达式都要参与运算。而 || 的左边为 true 时，则将不会计算其右边的表达式。

5. 关系运算符

关系运算符用来比较两个值之间的关系，返回布尔类型的值 true 或 false，如表2-8所示。

表 2-8　关系运算符

运算符	描 述	示例	运算符	描 述	示例
>	大于	i>j	<=	小于或等于	i<=0
>=	大于或等于	i>=j	==	相等	i==0
<	小于	i<j	!=	不等	i!=0

与 C++ 的不同之处：Java 中任何数据类型的数据(包括基本数据类型和引用数据类型)都可以通过 == 或 != 来判断是否相等。

【例 2.5】 关系运算符举例。

```
public class CompareNumber {
```

```
public static void compare(){
    int n=3;
    int m=4;
    System.out.println("n<m is "+(n<m));
    System.out.println("n=m is "+((++n)==m));
    System.out.println("n>m is "+((++n)>m));
    System.out.println("n is "+n);
}
public static void main(String[]args){
    CompareNumber.compare();
}
}
```

运行结果为：

```
n<m is true
n=m is true
n>m is true
n is 5
```

【例 2.6】 短路示例。

```
public class ShortCircuit{
    public static void shortC(){
        int n=3;
        int m=4;
        System.out.println("compare result is "+((n>m)&&(++n)>m));
        System.out.println("n is "+n);
        System.out.println ("compare result is "+((n<m)&&(++n)>m));
        System.out.println("n is "+n);
    }
    public static void main(String[]args){

        ShortCircuit.shortC();
    }
}
```

输出结果：

```
compare result is false
n is 3
compare result is false
n is 4
```

说明：程序首先运行(n＞m)＆＆((＋＋n)＞m)。因为 n＞m 为 false,整个表达式就为 false,程序不再计算（＋＋n)＞m,所以 n 仍然为 3,没有机会再增加 1 了。

程序接着计算下面的表达式：(n＜m)＆＆((＋＋n)＞m)。因为 n＜m 为 true,无法确定整个逻辑表达式的值,所以要接着计算(++n)>m 的值,无论结果怎样,n 的值加 1 了。可以看出,短路非常合理。

6. 位运算符

位运算符实现对整型数的移位、置位操作。Java 中提供了如表 2-9 所示的位运算符。

表 2-9 位运算符

运算符	描 述	用 法	运算符	描 述	用 法
~	按位取反	x=~y	>>	右移(带符号)	x>>2
&	按位与	x&64	<<	左移(带符号)	x<<3
|	按位或	x|32	>>>	无符号右移	x>>>2
^	按位异或	x^32			

例如:a>>(b+3);该表达式首先把 3 加到变量 b,得到一个中间结果,然后将变量 a 右移该中间结果位。如果 b 的值为 1 的话,此表达式的含义就是将整数 a 按位右移 4 位。

【例 2.7】 位运算符举例。

```java
public class BitOperator {
    public static void bitOperator(){
        int x=3 ;
        int y=5 ;
        int z=0 ;
        z=~ x ;
        System.out.println("z =" +z);          //z 的值为-4
        z =x &y ;
        System.out.println("z =" +z);          //z 的值为 1
        z=x^y ;
        System.out.println("z =" +z);          //z 的值为 6
    }
    public static void main(String args[])
    {
        BitOperator.bitOperator();
    }
}
```

7. 条件运算符

语法格式:

条件?表达式 1:表达式 2

运算规则:条件运算符也称三目运算符。对于 i? x:y,当 i 值为 true 时,取 x 的值;i 值为 false 时,取 y 值。例如:a>b? 0:1,如果 a>b,则此表达式的值为 0;否则表达式的值为 1。

结合性:?:的结合顺序是由右向左,也就是说,对于表达式 a? b：c? d：e? f：g,Java 会将其解释为(a? b：(c? d：(e? f：g)))。

8. 其他运算符

Java 也提供了表 2-10 中列出的其他常用运算符。

表 2-10 其他常用运算符

运算符	描　述	示　例	运算符	描　述	示　例
.	分量符	Person. eat()	new	创建对象	int[] i＝new int[5]
[ ]	下标符	arr[5]	instanceof	对象操作	if(A instanceof B)
()	强制类型转换	b＝(byte)a			

2.3.2　表达式

(1) 定义：表达式是用运算符将操作数连接起来的符合语法规则的运算式。操作数可以是常量、变量和方法调用。表达式的运算结果值取决于其中的操作数、运算符和运算次序。

(2) 分类：表达式的数据类型由运算结果的数据类型决定,根据表达式的数据类型,表达式可分为三类：算术表达式、布尔表达式和字符串表达式。

(3) 举例：

```
(8+2) * 3              //表达式数据类型为 int
2<5                    //表达式数据类型为 boolean
"abc"+"def"            //表达式数据类型为 String
```

注意：操作数的数据类型必须与运算符相匹配。如表达式'1'＝＝1 中,字符与整数是不能进行关系运算的。

2.3.3　运算符优先级

运算符的优先级是指同一个表达式中多个运算符被执行的次序,表 2-11 是运算符在表达式参与运算时的优先级。

若想先进行优先级低的运算,可以使用圆括号()改变运算的次序。

【例 2.8】 运算符的优先级。

```
public class priority {
    public static void main(String args[]){
        System.out.println(7>6||4<5&&3.6>0.2);
    }
}
```

说明：按照关系运算优先于逻辑运算以及 && 优先于||,先得出 4<5 为 true,3.6>0.2 为 true,逻辑与连接的表达式部分为 true,然后考虑逻辑或的结果为 true。

表 2-11　运算符的优先级别

17	名称标记 new	为对象分配空间	n/a	L←R
16	a[i]	下标	后缀	L→R
	m()	方法的引用	后缀	L→R
	m()	域选择符	后缀	L→R
	++　－－	自增　自减	前缀	L←R
15	++　－－	自增　自减	后缀	L→R
14	～	按位取反	单目	L←R
	!	逻辑非	单目	L←R
	+	正号	单目	L←R
	－	负号	单目	L←R
13	(类型名)	强制类型转换	单目	L←R
12	*　/	乘　除	双目	L→R
	%	求余	双目	L→R
11	－　+	减法　加法	双目	L→R
10	≪　≫　≫≫	左移　右移　零填充右移	双目	L→R
9	instance of　＜　＜=　＞　＞=	关系运算符	双目	L→R
8	==　!=	等于　不等于	双目	L→R
7	&	按位与	双目	L→R
6	^	按位异或	双目	L→R
5	|	按位或	双目	L→R
4	&&	逻辑与	双目	L→R
3	‖	逻辑或	双目	L→R
2	?:	条件运算符	三目	L←R
1	=　*=　/=　－=　%=	赋值运算符	双目	L←R

2.3.4　编程风格

(1) 代码要分行,为了视觉上易读,适当加空格。

(2) 加注释。

(3) 大括号里的语句要有合适的缩进。

如下例没有分行:

```
public boolean moveDown(){if (cubeY< 6 * cubeX) {cubeY+ = yStep; return true;}else
return false;}
```

可以改成:

```
public boolean moveDown(){
    if (cubeY< 6 * cubeX){
        cubeY +=yStep;
        return true;
    }
    else{
        return false;
    }
}
```

再如下例：

```
public void fill (char ch){
    int rows=grid.length, cols=grid[0].length;
    int r, c;
                                    ←──────────  插入空行

    for (r=0; r <rows; r++) {
        for (c=0; c <cols; c++){
            grid[r][c]=ch;
        }
    }
}
                        ↑↑
                    插入空格
```

第3章 Java中的面向对象技术

Java是一种面向对象、采用对象模型进行编程的语言。本章从介绍现实世界的组成、人类的思维方式、编程是对现实世界和人类思维的模拟入手,简述面向对象思想的出发点、基本概念和机制,然后介绍Java语言中采用的面向对象技术,主要说明Java是如何实现抽象、封装、继承和多态的。

3.1 现实世界由对象组成

(1) 对象拥有状态数据和功能行为。现实世界由一个个独立的个体事物组成,每一个体都是对象。每个对象都有自己的独特的属性或特征,比如形状、重量等。对象还有自己的功能或行为。比如,人可以走,车可以拐弯。因此,在面向对象的程序设计中,人们将现实世界中的一个个独立的个体抽象成对象(Objects);其属性部分抽象成对象的域(Fields)或叫数据、属性;将功能或行为抽象成对象的方法(Methods)。而且,一般每个对象都要设计其属性和行为,将二者附属在对象上。属性部分也称为数据部分或静态部分;方法部分称为函数部分或动态部分。

现实中,窗户被关上,虽然好像是人而不是窗户实施的行为,但人只是传递了一个消息,即向窗户施加了一个力,真正实施关闭行为的还是窗户自己。比如,是它自己沿轨道运动,是它自己阻挡了空气和灰尘,而不是人沿轨道移动,人去实施阻挡空气的行为。此时,应该是人这一对象实施了"推"的方法,而且方法的参数是窗户对象。而窗户对象实施了"关闭"的方法。

(2) 相同性质的对象形成一类。每个对象都隶属于一个类。"物以类聚,人以群分"。现实世界的事物具有类别性,人脑也有将事物归类的能力。程序的目的是为了解决现实世界的问题,因此可以模拟人脑解决问题的方式。在面向对象编程中,人们也将每一个对象归到一个合适的类中。类从外延上说是一个由对象组成的群体,从内涵上说是一些对象拥有的共同属性。人们可以根据对象的共性来划分不同的类。也可以从不同的研究角度,进行不同形式的分类,以研究其不同的共性。

类是创建对象的模板或蓝图,不是实实在在的具体存在的事物,是抽象的东西。而对象或实例是根据模板创建的具体的实体。

(3) 类按抽象程度分成不同的层次。一个类还可以划分为不同的子类,每个子类还可以根据需要进一步细分。如生物类下有动物类,动物类下有哺乳动物类。不同层次的类涵盖了不同的范围。一般而言,涵盖范围大的类称为泛化类,涵盖范围小的类称为特化类。但就一个类所包含的特征来说,泛化类具有比特化类更少的特征,因为泛化类的共性是所有特化类共性的交集。通过类的分级,可以形成类之间的层次关系,称为泛化——特化关系。

(4) 类之间的包含关系。整体——部分关系也是非常重要的一种类之间的关系,如学校包含班级、汽车包含轮胎等。这种整体——部分关系,反映了类或者对象之间的包含关系。比如,当人们要编写关于汽车的程序时,就需要将轮胎类、方向盘类等作为汽车类的成员。

3.2 人类的思维方式

(1) 分析。分析就是将整体分成不同的部分。比如,将事物分成不同的类;类分成不同的层次;一个事物中包含有不同的对象;每个对象具有自己独特的的属性和行为;对象的行为或功能细分成不同的子行为或子功能等等。

(2) 归纳或抽象。抽象是对一组特定的实体、属性、行为进行共性抽取、得到一个抽象的概念而非具体的实物的过程。比如,人们对现实世界中一个个独立的个体进行抽象,就得到 Java 中的对象;对现实世界中的类别进行抽象,就得到 Java 中的类;对现实世界中的属性进行抽象就到 Java 中对象或类的成员变量(域);对现实世界中的每个功能进行抽象,就得到 Java 中的方法;对现实世界中事物包含数据和行为(或功能)两部分,抽象出 Java 中类包含数据和对数据的处理——方法;对于现实世界中对象实施自己的行为,这一行为又作用于另一对象,另一对象又实施自己的行为这一连串的过程,Java 中抽象出消息的传递;对现实世界中对象操作自己数据,抽象出要由对象自己而不是别的对象来访问它的成员变量和成员方法。

(3) 派生。与"抽象"相反,"派生"是在已有共性的基础上,增加一些其他特征,产生新的特征,从而形成新的"类"。这个过程也称为"继承"。在动植物的分类学上,应用非常典型。通过对某一类动植物添加一些特性,从而形成新的分支。

(4) 组合或综合。将不同的个体或部分组合成一个完整的统一体。整体不等于个体的简单相加,整体具有所有个体所不具有的性质。相对于"派生","组合"是一个类中使用另一个对象。

3.3 对象模型的特点

对象模型不仅仅适用于程序设计语言,也适用于用户界面、数据库以及各种应用框架。面向对象能够帮助人们处理许多系统中固有的复杂性。对象模型有 4 个特点:抽象、封装、继承和多态。

1. 抽象

在对象模型中,通过抽象可以抽取一个概念的基本特征,可以将这个概念与其他的概念区分开来,让这个概念具有独立性、整体性、可操作性。类、接口、对象、方法、域或属性等都是抽象出来的概念。在编程中,将问题中哪些元素设计成 Java 中的类、接口、对象、方法等,需要编程人员的抽象能力。比如,求最大值的程序中涉及多个功能,实现这些功能时,不是像面向过程那样,将代码全写在一个方法中,而是将整体功能分解、抽象成"更新最大值"、"获得最大值"等几个功能,每个功能设计成一个方法,然后在 main()方法中用对象调用它们。

还有,类的不同抽象层次对应不同的抽象概念,抽象类、接口、父类与子类的设计都需要抽象。

2. 封装

（1）在现实世界中，每一个体拥有自己独特的属性（数据）和行为（功能）。比如一个人有自己独特的腿长、腿形和走路方式。在 Java 中，就是对象拥有自己独特的成员变量和方法，也叫成员变量和成员方法被封装在对象中。

（2）现实世界中，个体支配自己的数据或行为，其他对象不可能支配它的数据和行为。比如，一个人走路时调用自己的腿走路而其他人无法调用他的腿走路。在 Java 中，就是对象访问自己的成员变量和方法。而不能由其他对象引用它的成员变量和方法。

（3）现实世界中，一个个体要访问另一个体的数据或行为，便向另一个体传递消息，让另一个体自己调用。在 Java 中就是在一个对象的方法中，用另一个对象调用它自己的方法来实现的。这也叫消息传递。比如在现实中，张三告诉李四过来，在 Java 编程中，在张三这一对象"告诉"的方法中，让李四这一对象引用其"过来"的方法。还比如，大脑发出指令给胳膊，胳膊传递消息给手，手又指挥手指做事。这里的对象分别是脑、胳膊、手、手指，每个对象分别在自己的方法中让下游的对象引用其自己的方法，这样，就叠加起了从大脑到胳膊、手、手指的复合对象。而如果应用面向过程的方法编程，可能将大脑、胳膊、手、手指的所有内部的状态都声明成变量，然后通过这些变量之间的运算实现大脑到手指的动作传递。其结果是，代码非常冗长，如果有一处代码有问题，整体代码都会有问题，检查和测试都很费事。显然，面向对象的编程根据对象将功能分解，让功能附属于对象，这样，就使得代码更合理，更容易编写和测试，更具有模块性。

（4）数据或方法，如果像 C 语言那样，在任何地方都可以访问到，那么，也许在什么地方被错误的调用。为了代码的安全和健壮，对象的数据和方法应该对某些类不可见，即进行适当的隐藏。代码只在某些类中可见或被操作还有利于代码的测试。即只测试代码被允许访问的类。通用的做法是将数据尽量隐藏，而设置公有的方法对其操作，但调用该公有方法的只能是本类的对象。这样的结果是对象可以更改自己的数据，而其他的对象不能更改它的数据。于是就达到了对数据的封装。

由以上分析可知，封装由 5 种因素促成。

（1）将数据与方法捆绑到对象上，在代码中就是类体中只有成员变量和方法，类体用{}封闭起来，形成独立的块体。对象拥有自己的数据和方法。

（2）只有对象自己引用自己的数据和方法。

（3）方法体用{}封闭起来，形成独立的块体。

（4）一个方法体中可以让另一个对象调用其自己的方法。

（5）数据尽量隐藏，而设计公有方法操作它。

从另一个角度分析，封装分对象或类的封装、方法体的封装、包的封装等。类的封装指类体中封装了数据和方法；方法体的封装指方法中封装了行为；包的封装指包被封装成一个复合实体，该复合体包含属于不同类的个体。

封装的结果如下。

（1）数据被隐藏。数据和方法隐藏在类或对象内。

（2）模块化。类体和方法体各自形成一个封闭的代码块；对象根据需要可以携带自己的数据和方法满天飞。而对象是一个携带了信息的独立个体，因此具有模块性。

（3）健壮性。根据对象编写代码，再通过对象间传递消息，将多个对象组合成复杂的对象,这种编程方式显然易于编写和维护。

另外一个例子也说明了一个对象不能访问另一个对象的数据或探究另一个对象的状态。假定送报男孩来到门前,要求你付钱给他。主人应该自己掏自己的钱包中的钱,即自己的动作操纵自己的数据。如果送报男孩从主人兜里拿走钱,主人感觉如何?

在这个过程中,送报男孩作为"调用者"应该告诉客户付他钱。他不能探询客户的财务状况,也不能代替客户做任何动作。这都是客户的责任,而不属于送报男孩。

3. 继承

继承是子类直接使用父类中非私有的属性和方法的形式。具有共性的东西只在父类中说明一次,其所有子类共享。继承关系是一种"即是"(is a)的关系,即子类的实例即是父类的实例。如自行车就是一种车。

4. 多态

多态指同一名称的方法或变量具有多种可能的含义。同一名字的方法可以有多种实现,即有多种方法体;同一名称的变量可以指代不同的子类对象。实际调用时,到底指哪个方法或哪个对象,Java会自行判断。类的多态性提供了方法设计的灵活性和执行的多样性,多态性通过方法的重载和覆盖实现。比如"货物销售"就能替代"桌子销售"、"毛巾销售"等千千万万的情形,在程序中应用这种抽象表达方法也使得程序具有通用性。

3.4 过程模型的特点

(1) 针对变量编程。面向过程编程以存放不同数据类型值的变量为处理对象,而不是将数据隶属于不同的对象并以对象为处理单位。于是在程序中定义很多变量,对于变量的处理使得代码复杂度高,难以维护。

(2) 对象的数据和方法没有附属到对象上。这样,就限制了对象功能的扩充。对象的数据设计成互不相关的变量,或作为方法的参数。

(3) 以变量赋值改变"当前状态"。这样就任意什么人都可以通过赋值的方式改变变量,因此代码的随意性大,安全性低。在面向对象编程中,不是使用赋值方式改变变量的状态,而将成员变量尽量设定为私有变量,这样就可以限制随意改变其状态。如果要改变成员变量的状态,就设计一个公有的方法(一般为 set()方法),在方法中通过赋值改变成员变量的状态,只有本对象才能调用该方法。这样,就只让本对象改变自己的状态,而其他对象改变不了它的状态。因此,安全性得到保证。通过对象之间传递消息,每个对象调用自己的方法,叠合成复杂的整体状态和整体行为。

3.5 类及其成员

类实质上定义的是一种对象模型,它是对具有相似行为对象的一种抽象,描述了该类型的所有对象的性质——统一的属性和统一的行为。属性是指描述对象的状态数据,而行为描述对象的功能。类是创建对象的模板。

(1) 类体内可以包含:一是状态数据,叫成员变量;二是功能方法(函数),包括成员方法和构造方法;最后是隶属于该类的其他类或接口。因为方法内处理数据,所以说类是分类存放方法的容器。

（2）Java 是面向类的编程。Java 中每一个类生成一个文件，多个文件组成一个包，一个类或一个包对应现实中的一个问题。为什么不是一个对象生成一个文件呢？其一是因为性质相同或相近的对象具有相同的属性和方法，针对类编程可以节省代码和方便代码复用；其二是因为人类思维是抽象的，是针对抽象的概念的，而不是针对具体的事物。而类是抽象的，对象是具体的。即人类的思维是针对类的，而不是针对对象的；其三是因为有了类，可以动态的生成无限个对象。因此 Java 编程就是编写一个一个的类。因为类是对象的模板，面向类就等于面向对象，因此，人们习惯了面向对象的称谓。

Java 程序中的类包含了一类对象共有的状态和方法，别无他物。而 Java 程序除了类也别无他物，没有独立于类而存在的代码。

3.5.1　类

通过下例可以初步了解 Java 面向对象序的基本组成，在学习具体语法前首先有个感性认识。

【例 3.1】　面向对象编程的基本组成。

```
public class Person{                              //类体声明
    private String name;                          //私有变量声明,带有默认初值
    public void setName(String name){             //公有方法,设置或更改成员变量的值
        this.name=name;
    }
    public String getName(){                       //公有方法,取得成员变量的值
        return this.name;
    }
    public void print(){                           //公有方法,屏幕输出
        System.out.println("person's name is "+this.getName());
    }
}
public class Test{
    public static void main(String args[]){        //程序入口
        Person person=new Person();                //创建 Person 类的对象 person
        person.setName("zhangsan");                //对象调用成员方法
        person.print();
    }
}
```

程序运行结果：

person's name is zhangsan.

Java 类的定义分为两部分：类声明和类主体。格式如下：

类声明
{
　　成员变量的声明；

```
        成员方法的声明及实现;
        隶属于该类的其他类或接口;
}
```

将类体封装的一对{}是必需的。类声明部分定义该类的名称、访问权限、与其他类的关系等。类主体部分定义该类中的成员,包含成员变量和成员方法以及隶属于该类的其他类或接口。成员方法用来描述对成员变量进行的操作,类中声明的方法,如果没有 native 修饰,必须要有方法体,即要有方法的实现。

类声明中包括关键字 class、类名及类的属性。类声明的格式如下:

[访问权限] [abstract] [final] class 类名<泛型>[extends 父类] [implements 接口列表]

class 表明此处定义的是类,而不是接口等。class 是关键字。类名、泛型、父类、接口都应是合法的 Java 标识符。Java 约定类名标识符通常首字母大写。在类的声明中必须包括关键字 class 和自定义的类名,而方括号[]中的是可选项。访问权限、abstract、final 分别用以说明类的访问权限、类是否为抽象类或最终类等属性。

例如:public class Flower 声明了一个类 Flower。public 是类访问权限的修饰符,说明该类是公有类,可在所有类中被访问。一个类被访问是指可以生成该类的对象、用它调用该类的成员变量和成员方法。

带参数的类称为泛型类,就像C++中的类模板。类的参数也是一个类,称为泛型,泛型写在一对大于小于号(<>)中。

一个类定义了一种新的数据类型,就像之前的基本数据类型一样。如 Integer 是一个类,1、2 等具体数据都是它的对象,都具有算数运算和大小比较等方法,都需要 32 位的存储单元。

3.5.2 对象

类是抽象的,而对象是具体的个体。如"汽车"是抽象的,但某个人的车却是具体的实例。因此对象也叫实例。与使用变量相似,使用对象首先需要声明对象属于哪个类型,再实例化对象,之后可以引用对象的成员变量和调用对象的方法。对象不再被调用后,在随后的某个时刻,Java 运行时系统自动回收这些垃圾对象。

(1)声明对象

例如:

```
Flower aFlower;                    //声明 aFlower 是 Flower 类型的一个对象
```

声明对象与声明变量的语法格式相似,即

```
类名 对象名;
```

对于基本数据类型的变量,声明变量说明了变量所属的数据类型,且获得默认值。类似地,声明对象说明了对象所属的类型,且默认为 null。

(2)对象实例化

例如:

```
aFlower=new Flower();              //创建类 Flower 的一个实例赋给变量 aFlower
```

使用 new 运算符调用类的构造方法,创建类的实例。构造方法就是方法名与类名同名、用来创建对象的方法。创建实例时,系统会做两件事:其一,为类中所有成员变量分配内存并初始化、赋初值。其二,给出一个引用,说明这些分配好内存的变量是属于该对象的,及它们将由该对象来管理。由它就可以操作这些变量及有关方法了。格式如下:

对象=new 构造方法([参数列表])

通过 new 运算符调用 Flower 类的构造方法 Flower(),创建了一个实例,赋值表达式将该实例赋给引用 aFlower,引用 aFlower 将该实例作为它的值,之后,通过引用 aFlower 可以访问该实例中的成员变量,调用成员方法。

显然,在声明对象的同时可以实例化对象。例如:

Flower aFlower=new Flower();

当使用 new 创建了一个对象时,系统为对象中的成员变量进行了初始化,不但为变量分配了相应的存储单元,还为变量设置了所属数据类型的初始值。

(3) 引用实例成员变量和调用实例成员方法。例如:

```
aFlower.color="red";                          //引用对象的成员变量
aFlower.setAttribute("red","rose");           //调用对象的方法
```

对象获得一个实例后,程序中就可以引用对象中的成员变量、调用对象方法,格式如下:

对象.成员变量
对象.成员方法([参数列表])

其中,对象与其成员变量或方法之间使用点操作符(.)分隔。

方法调用时给出的参数称为实际参数,实际参数可以是常量、变量、表达式或方法调用等,多个参数之间用逗号分隔。方法后的圆括号()是必需的,即使方法没有声明参数,调用时也必须用一对空括号()。方法声明时的形式参数并不真正参加程序运行,真正参加程序运行的是实际参数。所以,实际参数必须与形式参数在数据类型、参数个数和次序三方面一一对应。当调用方法时,系统将实际参数的值或地址传递给对应的形式参数。

如果方法声明有返回值,则调用该方法的返回值可以出现在表达式中,参加其数据类型所允许的运算。例如:

System.out.println(aFlower.name+"是"+aFlower.color+"颜色的");

对象与基本数据类型变量有一点重要的不同之处,就是对象能够调用方法,而变量不能够。

(4) 对象的引用模型。Java 的类是引用数据类型,两个对象之间的赋值是引用赋值(地址赋值),对象可被赋值为 null。对象的引用模型如图 3-1 所示。

(5) 方法调用时的参数传递原则。如果形式参数的数据类型是基本数据类型,则实际参数向形式参数传递的是值的副本;如果形式参数的数据类型是引用数据类型,则实际参数向形式参数传递的是引用值或地址值或对象的名字而不是对象本身。即 Java 中只有传值,不传对象。传值意味着当参数被传递给一个方法或者函数时,方法或者函数接收到的是原始值的副本。因此,如果方法或者函数修改了参数,受影响的只是副本,原

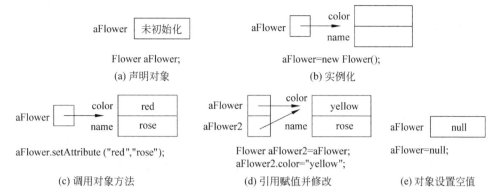

Flower aFlower;
(a) 声明对象

aFlower=new Flower();
(b) 实例化

aFlower.setAttribute ("red","rose");
(c) 调用对象方法

Flower aFlower2=aFlower;
aFlower2.color="yellow";
(d) 引用赋值并修改

aFlower=null;
(e) 对象设置空值

图 3-1　对象的引用模型

始值保持不变。

当传递的是对象的引用时,如果在方法中修改被引用对象的内容,这个改变会影响到原来的对象,对象的内容也变了。而传递的如果是原始类型则不会有影响。如:

【例 3.2】 传值与传址。

```
public class Change{
    public static void main(String args[]){
        StringBuffer a=new StringBuffer("ok");
        //StringBuffer 是定义字符串的类,在此定义字符串 a="ok"
        int i;
        i=5;
        System.out.println("Before change, a is "+a);
        change(a);
        System.out.println("After change a is "+a);
        System.out.println("Before change i is "+i);
        change(i);
        System.out.println("After change i is "+i);
    }
    public static void change(StringBuffer ia){
        ia.append(" ok?");
        //append()是 StringBuffer 类中的方法,字符串 ia 后面附加"ok"
    }
    public static void change(int li){
        li=10;                                    //离开该方法,li 消失
    }
}
```

程序的输出为:

```
Before change, a is ok
After change a is ok ok?
Before change i is 5
After change i is 5
```

打个比方有助于理解对象的引用与对象之间的区别。人们将电视的实际频道视为对象,遥控器的数字称为对象的引用,则

频道 "1"=浙江台;
频道 "2"=福建台;

此时,遥控器上的"1","2"属于引用,而浙江台、福建台属于实际的对象。"1"="2";意味着遥控器上的"1","2"都指向了福建台。"1"=null;又意味着"1"没有台与之对应。

(6)释放对象。Java 语言具有资源回收机制,能够跟踪存储单元的使用情况,自动收回不再被使用的资源,所以程序中不必像C++语言一样,在对象使用完后由程序员手动释放对象。

(7)简单数据类型不用对象表示是为了提高效率。

3.5.3 成员变量

1. 声明成员变量

下例声明了一个表示花的类 Flower,其中有 2 个成员变量 color、name,分别表示花的颜色和名称。

```
public class Flower {                        //类声明
    //以下声明成员变量
    private Static int number;               //花的数量
    private String color;                    //花的颜色
    private String name;                     //花的名称
}
```

声明成员变量与声明基本数据类型的变量格式相似,声明时可以指定其他特性,格式如下:

[访问权限] [static] [final] [transient] 数据类型 变量;

其中[]是可选项。关键字 static 用于声明类成员变量,final 用于声明常量,transient 用于声明非持久化或序列化的变量。

2. 成员变量的初始化

在声明成员变量时,可以指定一个对应类型的值对其进行初始化。初始化表达式或初始化值不一定是常量,可以是另一个域、方法调用或包含所有这些的表达式。唯一的要求是初始化值的类型必须正确。以下都是定义合法的初始化值。

```
double z=0.0;                                //常量
double s=4.5+3.0;                            //常量表达式
double zc=z;                                 //另一个域
double root=Math.sqt(4)                      //方法的调用
```

3. 成员变量的默认值

如果域只声明,而没有赋初值,则 Java 给域赋以默认的初值。而局部变量则没有默认初值。各种类型的成员变量的默认初值如表 3-1 所示。

表 3-1 各种类型的成员变量的默认初值

类　　型	初始值	类　　型	初始值
boolean	false	float	+0.0f
char	'\u0000'（空格）或'\0'	double	+0.0
byte, short, int, long	0	对象	null

4. 成员变量的作用域

成员变量的作用域为整个类,或在类体中的各个方法中都有效,而局部变量属于特定方法,作用域为单个方法体。如果一个局部变量与一个成员变量同名,则成员变量被隐藏,但局部变量一旦离开方法体就消失。因此成员变量与局部变量互不影响。如果在一个方法中既有成员变量也有局部变量,则成员变量应该用 this. 修饰。

5. 如何定义成员变量

(1) 揭示类的属性或状态用成员变量,因局部变量没有这一功能。

(2) 当一个变量要在多个方法中使用时,定义为成员变量。而只有在一个方法中使用的变量定义成局部变量。

成员变量在方法体外,而局部变量在方法体内。

3.5.4　成员方法

方法代表对象或类的功能或行为。Java 类中的成员方法与 C 语言中的函数很像,但在声明、调用等方面有一些差别。

在 Java 语言中,方法是可被调用执行并能返回值的、实现特定功能的代码段。方法包括方法声明和方法体。方法声明由方法名、参数、返回值、修饰符和抛出异常等组成;方法体由执行操作的语句序列组成。

方法的执行通过方法调用实现。方法调用时必须指定方法名和实际参数,方法执行后返回结果值。方法返回值可以参加表达式的运算。

1. 方法声明的语法

下列 Flower 类声明了 setColor()成员方法。方法体给出实现该方法功能的语句序列。

```
public class Flower{                    //类声明
    private String color;
    private String name;
    public void setColor(String c) {    //声明成员方法
    color=c;                            //给成员变量赋值
    }
    public String getColor (){
        return color;
    }
}
```

声明成员方法格式如下:

[访问权限] [static] [final] 返回值类型 方法([参数列表]) [throws 异常类] {

语句序列：

　　　[return 返回值]，

　}

方法声明中必须给出方法名和方法的返回值类型，如果没有返回值，用关键字 void 标记。方法的访问权限和参数是可选的，如果没有参数，也要加一对空括号。throws 子句抛出指定异常类，可选。关键字 static 用于声明类成员方法，final 用于声明最终方法。

在方法声明的参数列表中，需要声明参数的数据类型，参数名是标识符，多个参数之间以逗号分隔。方法声明中的参数称为形式参数，形式参数的作用域是局部的，仅限于声明它的方法之内。

2. 方法体中用 return 语句返回值

下面的代码给出了 return 语句的用法：

```
public double getArea{
    return areaValue;                        //return PI * r * r;
}
```

返回语句有两种格式：

```
return expression;
```

或

```
return;
```

当方法声明了返回值类型时，方法体中用第一格式返回结果值，并且结果值的数据类型必须与方法声明的返回值类型一致或能转换成方法声明的返回值类型；当方法声明没有返回值时，用第二种格式，return 语句也可以省略。

系统调用方法时，执行方法体中的语句，遇到 return 语句，则调用结束，返回方法调用处。如果 return 语句之后还有其他语句，系统将忽略不执行，所以 return 语句通常作为方法体的最后一条语句。

方法体中也可以出现多条 return 语句，当遇到不同的条件时返回不同的值。

一个方法只能有一个返回值，如果有多个结果，需要有多个返回值时，就必须创建其他对象，让它调用它的成员方法，返回另外的值。比如，圆形对象调用自己的求面积的方法返回面积的值，该调用可以作为圆柱对象调用求体积的方法中的一部分。

3. 方法体中的局部变量

在方法体中可以声明变量。方法体中声明的变量是属于方法的局部变量，而不是类的成员变量。局部变量的作用域属于声明它的方法。声明局部变量的好处是，限制变量的作用范围，保护变量不被非法访问或修改，增加了安全性，而且在不同作用域中可以声明同名变量。局部变量必须显式赋初值，Java 不给局部变量默认初值。局部变量如果和成员变量同名，则成员变量在方法内失效，即被局部变量隐藏。

```
public class SomeClass{
    ... int x;                          //成员变量,在方法中被同名局部变量 x 隐藏
    public SomeType SomeMethod (...)    //成员方法
```

```
    {
        int x;                                //局部变量不能二次声明
        ...
        int   x=5;                            //应为 x=5;
        {
            int q;
            q=x;
        }
        q=x;                                  //错误,q 超出了作用域范围
    }
}
```

4. 声明 main 方法

与 C 和 C++ 程序从 main()函数开始执行一样,Java application 程序也从 main()方法开始执行。如果一个类包含 main()方法,则该类可被 Java 虚拟机执行。main()方法必须声明如下:

```
public static void main(String args[])
{
    ⋮
}
```

main()方法也必须包含在一个类中。它是静态方法,在其内可以直接调用静态成员变量和静态成员方法,也就是直接书写该方法,在方法前设有调用者,或用"类名.静态"方法调用该静态方法。要调用非静态成员必须先声明对象然后用对象调用。

一般的,在编写类体代码时,在成员变量的定义之后,首先根据不同的功能设计不同的成员方法,以此作为对象行为的模板,然后在类体的最后或单独一个叫主类的类中设计一个main()方法,在 main()方法中创建对象,用对象调用方法。此时才是解决实际问题。没有创建对象的代码都是模板或设计图纸。例如,下列 Flower_Ex 类声明了 main 方法来使用上述 Flower 类。

```
public class Flower_Ex{                                 //类声明
    ⋮
    public static void main(String args[])
    {
        Flower aflower=new Flower();                    //声明对象并实例化
        aflower.setColor("red");                        //调用对象的方法,并传递实参
        System.out.println("aFlower's color is"+aFlower.getColor());
    }
}
```

从以上两例看出,对象 aFlower 的颜色设置成 private 类型后,任何一个对象都不能直接通过赋值方式设置、改变它,外部如果想改变其颜色,只有通知对象 aFlower,让它自己调用自己改变颜色的方法 setColor(String c),因为别的对象无权调用这一隶属于它自己的方法。这就达到了隐藏和封装的目的,代码既有了安全性,又有了模块性。

另外,main()方法的内容除了生成对象,就是对象调用方法。由此可以看出面向对象编程的规律,那就是从程序运行的动态逻辑来看,对象是程序最小的单元;而从程序总体的静态结构看,程序由一个个类组成,类是模板。对象调用方法,方法中又有其他对象调用它自己的方法,应用这样的策略,对象便叠合成更复杂的对象,因此,程序运行的总体逻辑之一就是由一个对象调用另一个对象组成一个链,叠合成一个有序、嵌套、咬合的复合对象。比如手指调用方向盘,方向盘调用传动连杆,连杆调用车轮等;逻辑之二就是由各个单一的对象顺序或并行完成不同的任务,组合成复合的对象,如客户选中货物、然后放进购物车、再付款等;或者多媒体设备、桌子、椅子、讲台等组合成课堂等。

面向过程的思维是对象和类混合,一切都是函数。编程时是死的,运行时就活了。而面向对象编程中,类和对象必须分离。运行是指主类 main()方法中的对象被执行,而编码是指其他类中的具有模板性质的代码。类是写在文件中的,对象是运行在内存中的,main()方法是组织者,他负责告诉对象怎么运动,JVM 就是按照 main()方法的指示按照类的模型制造对象并让它们运动起来,实现某些功能。

5. 方法的调用

其一,用"对象名.方法"或"类名.方法"或直接书写方法名的形式调用,类的成员方法用类或对象调用都可,但用类调用不容易引起误解,而对象的方法只能用对象调用。其二,方法属于某个对象或类,要用该对象或类调用它,而不能用其他的类或对象调用它。其三,方法调用时,用实际参数代替方法声明中的形式参数,实参要与形参在类型、个数、顺序一致。其四,方法调用,不论该方法有没有返回值,都是一个后缀表达式。带返回值的方法相当于表达式的值。

6. 方法之间的调用

当从一个方法内调用另一个方法时,执行流就离开当前方法,去执行被调用的方法,完后又回到本方法。A 对象调用 B 对象的方法时,就向 B 对象发送一个消息。对象 B 的响应是由它的返回值决定的。在 A 类内生成 B 类的对象,由它调用自己的方法,就意味着 A 类的对象向 B 类的对象传递消息。

7. 如何定义成员方法

将问题中的功能分解,每个功能定义一个成员方法;将问题中的对象分类,每类的对象对应相应的成员方法。成员方法中首先定义局部变量,然后定义功能语句序列。分析并确定方法应否带有参数,分析并确定参数的类型、数量、顺序;分析和确定方法应否有返回值。

8. setter 和 getter 方法

这是两种独特的方法。前面见到的 void setColor(String c)就是 setter 方法,而 double getArea()就是 getter 方法。setter 方法用于设置成员变量的值,尤其是一个成员变量设计成 private 类型后,必须设计公有的 setter 方法给其赋值。很多情况下,成员变量在第一次声明时用赋值语句赋初值,而在 main()方法中应用 setter 方法更改初值。一般的,人们不在 main()方法中直接通过赋值运算符给成员变量赋值,这属于面向过程的方法,而在 main()方法中用对象调用 setter 方法给成员变量赋值。getter 方法用于通过计算等得到(返回)一个值。如果有多个值,就依次设计多个方法,方法之间依次调用,就可以得到最后需要的值。

9. 定义方法和调用方法的不同

定义方法时,其参数是变量,而且参数要声明一个类型或父类的类型;调用方法时,参数要进行赋值,此时便没有了类型声明,这和一般变量声明和引用一样;定义时,本类对象用this替代,而调用时要改为具体的本类对象;定义时,父类对象用super替代,而调用时用实际的父类对象替代。如果变量是对象,类型可以是父类的类型。

3.5.5 构造方法

为什么要设置构造方法?任何事物都有初始状态,因此,对象初建时需要给定一定的初始值。虽然在成员变量声明时可以给定一些初值,或默认值,但有时还不够,甚至有一些复杂的初始状态仅用域的赋初值方法无法设定其初始值。于是设计构造方法来实现较复杂的初值设定操作。可以说构造方法是类中一种特殊的成员方法,用于创建类的实例并初始化对象。在类中至少包含一个构造方法是一个良好的编程习惯。

1. 声明构造方法

构造方法必须与类同名,构造方法返回的就是该类的一个实例,不需要写返回值类型。一个类可以根据需要定义自己的构造方法,进行特定的初始化工作。例如:

```
public class Flower{                                   //类声明
    private String color;
    private String name;                               //声明成员变量
    public Flower(String c, String n) {                //构造方法
        color=c;
        name=n;
    }
    void setAttribute(String c, String n){
        color=c;
        name=n;
    }
}
```

new构造方法后,系统做两件事:①为对象的成员变量分配内存,并执行构造方法的语句;②返回一个引用给对象变量。例如:

```
Flower aflower=new Flower("red", "rose");
```

2. 构造方法与普通成员方法的不同之处

(1) 名称不同:构造方法的名字必须与类名相同。

(2) 作用不同:成员方法实现对类中成员变量的操作;构造方法用于创建类的实例并对实例的成员变量进行初始化。

(3) 调用方式不同:成员方法通过对象或类调用或直接调用;构造方法通过new运算符调用。

(4) 构造方法不能有返回值,因为它隐含的返回一个对象。当一个方法的名字与类名相同,但有返回值时,虽然语法上没有错误,但由于其返回的不是该类的对象,已经背离构造方法的含义。

3. 关于构造方法声明和使用的几点说明

（1）当一个类没有声明构造方法时，Java 自动为该类生成一个默认的构造方法，默认构造方法无参数。默认构造方法的访问权限与其相应的类的权限相同。

（2）当一个类声明了有参数的构造方法时，Java 不再自动为该类生成一个无参数的构造方法。如果需要有多种参数的构造方法，则需要重载构造方法。

（3）在构造函数内可以调用构造函数，其他函数不能调用构造函数。

3.5.6　方法的重载

1. 定义

一个类中如果有许多同名的方法但所带参数列表不一样，称为方法的重载（overload）。

2. 为什么 Java 中设置方法重载

汉字中的一个"写"字，有"写文章"，"写字"，"写书"，"写信"，"写作"，"写诗"等多种表达，其中"写"的含义相同，"写"字后面的含义也大致相同。为了表达和模拟现实中的这种现象，Java 设置了方法的重载这一语法现象。另外，现实中相似的功能在 Java 中用名称相同、含义相仿的方法实现，有助于代码的可读性。还有，就是代码的可扩展性。如果将所有参数固定为一个参数类，没有重载这一随意扩展的形式，将来维护、重写、扩充代码就不方便。

在 Java 定义的数学类 Math 中，abs()方法返回一个数的绝对值，参数类型不同，返回值类型也不同。参数的数据类型共有 4 种，Math.abs()方法声明也有 4 种：

```
static int abs(int a)
static long abs(lng a)
static float abs(float a)
static double abs(double a)
```

虽然 Math.abs()方法有多种声明形式，但都表示相同含义，这就是重载的价值所在。程序运行时，究竟执行重载同名方法中的哪一个，取决于调用该方法的实际参数的个数和参数的数据类型。系统执行时调用与参数相匹配的重载方法。

3. 如何设计重载方法

设计重载是为了程序的可读性，最好重载相同含义的方法；其二，重载的多个成员方法之间必须通过参数列表相区别，即必须满足以下两个条件：

（1）参数列表必须不同，即以不同的参数个数、参数类型、参数的次序来区别重载方法。

（2）返回值可以相同，也可以不同，即不能以不同的返回值来区别重载的方法。

4. 构造方法重载

Java 支持构造方法重载。例如，为 Flower 类声明多个不同参数的构造方法如下：

```
public Flower(){                          //无参数的构造方法
    color="unkown";
    name="unkown";
}
public Flower(String c, String n){        //指定参数的构造方法
    color=c;
    name=n;
```

```
        }

public Flower (Flower aFlowmr){              //拷贝构造方法,由已存在对象创建新对象,重载
    color=aFlower.color;
    name=aFlower.name;
        }
```

之后,使用不同的构造方法,可以创建以下具有不同初始值的 Flower 对象:

```
Flower aFlowerl=new Flower ();
Flower aFlower2=new Flower ("red","rose");
Flower aFlower3=new Flower (aFlower2);              //由已知对象创建新对象
```

由同一个类的已知对象创建新对象的构造方法称为拷贝构造方法,它是具有实际意义的,能够实现对象复制功能。因为对象赋值是引用赋值(赋地址),对象赋值过程中没有创建新的实例,不能像变量赋值那样实现数据复制功能。拷贝构造方法实现了对象复制功能,它创建了另一个对象,并且新创建对象的初始值与已知对象的一样,所以类需要写拷贝构造函数。

3.5.7 this 引用

1. 为什么要有 this

一般地,成员变量和成员方法被视作蓝图或模板以供将来调用,因此定义时不立即具体化,即不在定义时赋值或调用,而是等到了其他方法或 main()中,才给予调用或赋值。那么对于将来要调用成员变量和成员方法的对象用什么变量表示呢,Java 给起了个名字叫 this。this 表示的是当前对象本身,确切地说,this 代表了当前对象的一个引用。对象的引用可以理解为对象的另一个名字,通过引用可以顺利地访问对象。在 Java 中,this 既可以引用当前对象中的方法,也可以引用当前对象中的成员变量。

当前对象作为变量指代将来任何一个本类对象使得编程能力大增。这和自然语言中的"这个"、"那个"具有同样的意思,通过指代,使得语言简洁,也具有灵活性。

2. this 引用的 3 种用法

this 引用有以下 3 种用法。

(1) 在实例方法(注意不是 static 方法)中作为本类当前对象将其引用作为自变量传递给其他方法。如:

```
en=new Event(this);
        }
```

设想某方法要求将当前对象添加到等待服务的队列中,可以这样:

```
service.add(this);
```

以及返回当前对象:

```
return this;
```

输出当前对象:System. out. println(this);其自动调用超类或 Object 的 toString()

方法。

（2）在实例方法（注意不是 static 方法）中引用本类当前对象的成员变量和成员方法。通过 this 可以引用当前对象的成员变量，调用当前对象的成员方法。语法格式如下：

this.成员变量
this.成员方法（[参数列表]）

当声明一个类的多个对象时，使用 this 指代将来的对象，即 this 相当于汉语中"自己"的意思。当没有同名成员时，在当前类的方法体中，this 引用可以省略。如在 Flower 类的 setAttribute() 方法中，对成员变量 color 和 name 的赋值运算省略了 this 引用。

不省略 this 引用的方法实现形式如下：

```
void setAttribute(String c, String n){
    this.color=c;
    this.name=n;
}
```

当成员方法的参数与成员变量同名时，在方法体中的变量默认为参数变量，此时需要使用 this 引用成员变量，this 不可省略。例如：

```
void setAttribute(String color, String name){
    this.color=color;        //this.color 代表将来引用对象的 color,而赋值号后
    this.name=name;          //面的 color 代表参数中的 color
}
```

（3）调用本类重载的构造方法。this 还可用在重载的构造方法（注意此处不能是别的方法）中，调用本类已定义的构造方法。语法格式如下：

this([参数列表]);

例如，将前述 Flower 类多个重载的构造方法改写如下：

```
public Flower(String c, String n) {        //指定参数的构造方法
    color=c;
    name=n;
}
public Flower(){                           //无参数的构造方法
    this("unkown","unkown")                //调用本类已定义的构造方法
}
```

3. 如何设计构造方法

（1）构造方法的一个功用是创建对象，另一个功用是初始化成员变量。因此，可以将 static 的变量与构造方法结合起来，为新的对象赋 ID 号，或统计生成对象的个数。如：

```
class Student{
    public long idNum;
    public String name="unnamed";
    private static long nextId=0;
    Student(){                             //给新创建的对象一个正确的 ID
```

```
            idNum=nextId++;
        }
    public static void main(String []args) {
        System.out.println(new Student().idNum);
        System.out.println(new Student().idNum);
        System.out.println(new Student().idNum);
        System.out.println(new Student().idNum);
        }
    }
```

有了 Student()的构造方法,就可以防止程序员忘记给 idNume 赋初值,以及防止程序员生成一个新对象后忘记给 nextId 加 1。

(2) 初始状态已知,如学生的名字已知,就需要创建一个带有名字作为参数的构造方法。已知状态不同,就需要创建带有不同参数的构造方法。如仅知道名字时,就需要创建仅带名字参数的构造方法。如果不带参数的构造方法中涉及计数的功能的话,带有参数的构造方法应该调用不带参数的构造方法,如:

```
Student(String name){
    this();
    this.name=name;
}
```

this()应该为第一句,因为此前并不存在任何对象。

(3) 用无参数构造函数提供原始的初值,用重载的有参数构造函数根据所提供的值或类型初始化。

3.5.8 static 成员

1. Java 类中的成员分类

Java 类中的成员包括实例成员和类成员两种。类成员或静态成员用 static 修饰,而实例成员则不用 static 修饰。

2. 为什么要有类成员

有时人们希望某些成员独立于每个对象;或者说让每个对象都能使用;甚至没有创建对象时也能访问静态属性和静态方法;有时,人们不想父类的成员被子类覆盖,而只想让其被子类的成员隐藏。为此,Java 设计了类成员来实现这一目的。比如,在学生类中,人们要计算所有学生对象的个数,这个变量便无法隶属于某个对象,而只能隶属于类,需声明成类变量。之所以类变量也叫静态变量,是因为它不随对象变化,也不论对象创建与否。类变量类似于全局变量,类方法类似于全局方法。

3. 如何设计类成员

独立于每个对象的;每个对象都要用到的设计成类成员;类变量经常用来计数;还有,对于初始状态,比如坐标原点,作为计数的起始年等,都可以声明为类变量;类方法应是所有对象都要用到的方法。比如 main()方法、返回下一个可用的序列号的方法、返回已使用过的最大的号码的方法等。在一个 MathTwo 的类中,就可以设计 add()、sub()和 mul()这 3 个静态方法以供所有对象使用。如果变量或者方法是固定的就设计成静态的，比如写一个程序计算圆的面积。可以设置一个静态变量 pi＝3.14，计算圆的方法也是固定的，所以可以使用静态方法（视情况也可以不选择用静态方法），但是半径不是固定的，因为半径是用户输入的，所以半径不能是静态的，要动态的获取用户的输入。公共类中建议全部用静态方法。

4. 如何使用类变量

类的所有实例共享类变量，每一个实例改变了类变量，都会永久的改变类变量，影响到其他的对象。

5. 如何使用类方法

类方法中不能使用 this 和 super，因为其中没有可操作的特定对象；不能创建内部类的实例；不能直接引用实例变量；不能直接调用实例方法，必须创建对象，用对象引用或调用；静态方法常常为应用程序中的其他类提供一些基础工具，在 Java 的类库中大量的静态方法正是出于此种目的。使用对象. 静态方法这样的编码方式在标准 Java 规范中是会被警告的，或者说不规范的。因为它极易导致出现实际调用方法与期望不同的结果。使用类方法看起来像面向过程。面向对象有四大属性，其一就是封装，封装的目的是为了控制状态。如果没有状态的话，那么类方法是适合的，因为类方法不需要依赖对象而调用。另外，抽象类本身没有对象，因此其成员设计成 static 的是合适的，但如果设计覆盖和多态时，又不能设计成 static 的，只能设计成实例的成员变量和成员方法。而如果不想被覆盖时，则设计成 static 的。

6. 类成员和实例成员的差别

类是对象的模板，定义了一类通用的东西，用类名只能引用类变量和调用类方法，而不能调用实例变量与实例方法。只有当 new 出一个对象后，此时已分配了空间，才可以操作类中定义的所有实例变量和实例方法。

（1）实例成员变量与类成员变量的差别。

① 两者声明时的差别。两者声明时的差别即 static 的有无。例如：

```java
public class People{
    private String name;              //姓名,实例成员变量
    private int age;                  //年龄
    static int count;                 //人数,类成员变量
}
```

其中，name、age 是实例成员变量，count 是类成员变量。

再如，Java 在 Math 类中定义了常量 PI 表示圆周率 π，声明如下：

```java
public static final double PI;
```

PI 是类成员，引用格式为 Math. PI。类似地，Integer 类中声明有两个表示最大值和最小值的常量，声明如下：

```java
public static final int MAX_VALUE;
public static final int MIN_VALUE;
```

② 两者引用方式的差别。实例成员变量属于对象，必须通过对象引用；类成员变量属于类，一般通过类引用，用对象引用不规范，而且容易引起误解。例如：

```
p1.name;                              //通过对象引用实例成员变量
p1.count;                             //通过对象引用类成员变量
People.count;                         //通过类引用类成员变量
System.out                            //通过类引用类成员变量
```

③ 两者存储结构的差别。当创建一个对象时,系统会为每一个对象的每一个实例成员变量分配一个存储空间,使得属于不同对象的实例成员变量具有各自的值;而为每一个类成员变量只分配一个存储单元,使得所有对象共用同一个类成员变量。例如,下列语句创建了两个对象:

```
People p1=new People("张三",21);
People p2=new People("李四",19);
```

则实例成员变量 p1. name、p1. age、p2. name、p2. age 分别占据不同的存储单元,拥有不同的值,而类成员变量 count 只有一个。两者不同的存储结构如图 3-2 所示。

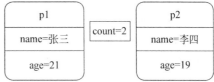

图 3-2　实例成员变量与类成员变量的
存储结构不同

（2）实例成员方法与类成员方法差别。类的成员方法也有两种:实例成员方法和类成员方法。

① 两者声明时的差别。当一个类声明成员方法时,没有使用关键字 static 声明的为实例成员方法,使用关键字 static 声明的为类成员方法。例如:

```
public static int getCount(){          //类成员方法
    return count;                      //类方法只能访问类成员
}
public static void main(String args[]){}
```

② 两者调用方式的差别。

③ 两者方法体中语句的差别。

类方法内只能直接访问类成员,如果要访问实例成员,需生成对象,用对象调用;实例成员方法既可以访问类成员,也可以访问实例成员。在实例成员方法体中,可以使用 this 引用指代当前对象;而在类成员方法体中,则不能使用 this 引用。

3.5.9　成员的访问权限

1. Java 中成员的访问权限

前几节,我们见到过在成员变量和成员方法之前有时没有任何修饰,有时用 public,private 修饰。没有修饰属于默认访问权限,是针对包的访问控制,即包内任何地方可以访问它;public 属于公有访问权限,即没有访问限制,在任何地方都可以访问它;还有一种修饰protected,是针对继承的访问控制,即任何地方的子类都可以访问父类的它,并且还隐含拥有包的访问权限,即包内任何地方都可以访问到它。

2. 什么是对成员的访问

访问权限也叫可见性。本类内对另外一个类的成员的访问,有 3 种情形:继承访问;引用访问;方法内间接访问。

（1）继承访问。本类内声明的成员可以继承另一个类的成员，人们称其为可以访问到父类的成员。

（2）引用访问。本类内可以生成另一个类的对象，用该对象引用其自己类的成员称为对那个类的成员的引用访问。引用可以是"."操作符引用，也可以是 new 操作符引用。

（3）方法内间接访问。调用另一个类的方法，方法的参数可以是其他类对象，此时，该参数对象被间接访问；方法体中还可以有其他类的成员（方法、对象、变量），这些成员也间接被访问。此时对成员的间接访问就是成员在方法中出现，比如参与各种运算、在 return 后面出现。人们说同一个类的甲对象访问乙对象的成员，就是指甲对象在调用自己的方法中出现了乙对象的成员。

3. 访问权限是针对类的

一般所称访问权限是针对类来说的，因为方法在类体内，所以确切地说，是针对类中的方法体的。即访问权限不是针对对象的。由于是针对类的，如果成员被声明成私有的，同类的一个对象还可以访问另一个对象的成员。比如将一个本类的对象作为方法的参数，并在方法中赋给 this。或者参数对象的成员变量赋给本类的对象的成员变量。此时相当于本类的一个对象调用本类的另一个对象。

4. 为什么要设置访问权限

根据类的封装性原则，类的设计者既要提供类与外部联系的方法，又要尽可能地隐藏类的实现细节。实现办法就是，为类及类中成员变量和成员方法分别设置必要的访问权限，使所有的类对象、子类对象、同一包中的类对象、对象本身等不同关系的对象之间具有不同的访问权限。访问权限为测试代码也提供了方便，即只测试成员能够被访问的地方。

5. 谁访问，访问谁

笼统地说，应该是一个类访问另一个类，因为 Java 中的访问权限是针对类的。比如，继承访问是父类的成员在子类中可见，就是指子类访问父类；引用访问是在乙类中甲类的对象引用甲类的成员，属于乙类访问甲类。方法内间接访问是乙类内引用甲类的方法时，方法中又出现的甲类的其他成员。属于乙类访问甲类。

Java 为类中成员设置了 4 种访问权限，定义了 4 种权限修饰符：public（公有）、protected（保护）、默认和 private（私有）。详细说明如下。

（1）public。说明该成员可在所有类中被以上 3 种方式访问。通过继承，子类可以拥有超类的 public 成员，而且，第 3 个类访问该子类时，仍然可以访问子类所继承的超类的成员。前提是类的访问权限没有限制。

（2）protected。分成两种情况。

① 当在本类中通过创建另一个类的实例实现达到访问另一个类的成员时，它产生的行为与默认权限相同，即在同一个包中的类可以相互创建实例达到相互访问的目的。但这里有一种特殊情况：就是当一个类是另一个类的子类时，如果两个类不在同一个包中，那么子类通过创建超类的实例的方式是不可以访问的，就和两个基本类的行为一样，这里不要受继承关系的影响。

② 当考虑一个类继承另一个类的成员时，当超类的成员声明为 protected 的，则包内和包外的继承自它的子类都可以拥有该成员，而且对于子类来说，它通过继承拥有的成员对它来说是私有的，任何第三方的类都不可访问的。这一点和用 public 修饰的父类的成员变

量不同。

由以上可知。父类的成员受 protected 修饰时,子类如果在另一个包,不能在子类中创建父类的对象调用父类的成员,但子类可以继承父类的成员,而且继承后变成了私有的。或者说,父类的成员受 protected 修饰时,子类如果在另一个包,在子类内访问父类的这一成员时,两种访问形式不是都能成功的,即调用不行,继承可以。

③ 默认。当没有使用访问权限修饰符声明成员时,说明该类成员能在本类中,或在同一包中的其他类中用以上 3 种方式访问,不能在包之外的其他非本类中被访问。默认权限以包为界划定访问权限范围。

④ private。说明该类成员只能在本类的方法中被访问,连在子类中都不能被访问。private 指定最小访问权限范围,对其他类对象隐藏类的成员,防止其他类修改该对象的私有成员。只可以在该类的定义中使用,或者通过该类的 getter 和 setter 方法来访问。另外,一个类的构造函数是可以被声明为私有的,一旦该类的构造方法被声明为私有的,则必须提供一个 public 的方法来创建该类的实例,主要用在工厂模式和单态模式中。还有,对于超类的私有方法,若在子类中出现了相同签名的方法,这不是覆盖。而只是刚好超类和子类的两个方法相同。其理论依据就是:子类是不能继承超类的私有方法的。

4 种权限修饰符定义的访问权限如表 3-2 所示。

表 3-2　权限修饰符定义的访问权限

权限定义	在本类中	在同包的类中	在不同包的子类中	在不同包的非子类中
public	•	•	•	•
protected	•	•	类与实例成员都可以继承,类成员可以调用,但实例成员用对象不可调用,用 super 却可以调用	
默认	•	•		
private	•			

对于父类与子类,如果子类与父类不在一个包中,则父类成员需要用 public 修饰,才能在不同包的子类中可见。如用 protected 修饰,则比较复杂。如果父类子类同包,父类成员被默认权限修饰,子类中也可访问到。对于非父类和子类关系的两个类,如果不在一个包,则一个类的成员要被另一个类访问到,必须被 public 修饰。如果两个类同包,则默认修饰也可。

6. 如何设置访问权限

尽量把成员变量的访问权限定义成私有,然后提供公有的成员方法来访问这些成员变量。这体现了封装。如果类中成员仅限于在该类自己的方法中使用,则声明为 private;如果类中成员允许在子类的方法继承到,则声明为 protected;如果类中成员允许在子类的方法被调用,则必须声明为 public;如果类中成员在任何地方的方法中都可以被访问,则声明为 public;如果类中成员只允许在本包中的类的方法中使用,则声明为默认的权限。注意:类的成员的访问权限,受到类的访问权限的制约,如果整个类对于另一类来说都是不可见的,那么这个类的所有成员都是不可见的。对于同名的成员,子类的访问权限应该与父类的相同。

3.5.10 类的访问权限

(1) Java 类只有两种访问权限。之前人们见到过在类名前有时有 public 修饰,有时没有修饰。public 修饰属于公有访问限制,即没有访问限制;没有修饰,是默认的访问限制,是针对包的。声明一个类可使用的权限修饰符只有 public 和默认两种,不能使用 protected 和 private。

(2) 什么是对类的访问。对一个类能够访问,就是能见到这个类的一切。包括:

① 在另一个类中能创建这一个类的实例;

② 另一个类能继承这一个类;

③ 在另一个类中的方法中能访问这一个类的方法和变量。

(3) 原因。这是因为要从外类的一个方法中访问本类的一个成员,首先必须先能访问本类。如果本类被限制得不能访问(private),则其成员也无法被访问。类的访问权限的定义与成员一样。即 public 说明在任何类中都可以见到该类,换句话说,该类的对象在任何类中都可以创建,该类的公有成员在任何类中都可以被引用;默认说明该类只能在同包的类中出现,或者说,该类能够在本包的任何类中创建对象,其公有成员可以在本包的任何类中被访问。

如果把 Flower 类的声明改为 class Flower,那么其访问权限就是默认。这时,假设 Flower_Ex 与 Flower 类不同包,那么在 Flower_Ex 的 main 方法中用 Flower 类来创建对象,就会发生错误,即 Flower aflower＝new Flower();这条语句错误。

注意:一个源程序文件中可以声明多个类,但用 public 修饰的类只能有一个,且该类名必须与文件名相同。

比如,如果父类在一个包,子类在另一个包,如果父类的访问权限是默认的,那么在子类中就不能继承它,只有将父类的访问权限设置成公有的,在另一个类中的子类才能继承它。

【例 3.3】 访问权限。

```
package package1;
public class SuperClass {
    static int i;                              //同包内的所有类中可见
    protected int j;
    protected static int j1;
    private static int k;                      //只有本类内可见
    public static int m;                       //任何地方都可见
}

package package1;
public class SubClass1 extends SuperClass {    //继承 SuperClass
    void limit(){
        SuperClass.i++;                        //i 在本包内可访问,super 代表父类对象
        SuperClass.j1--;                       //j 在本包或子类中可访问
        //SuperClass.k++;                      //SuperClass 的私有成员在另一个类中不能访问
        SuperClass.m--;                        //公有权限,任何地方都可访问
    }
```

```
        }

package package2;
import package1.*;
public class SubClass2 extends SuperClass{
    void limit(){
        //SuperClass.i++;          //i 在本包内可访问,现在是在另一个包中访问,所以不行

        j++;                       //父类实例成员 j,可以继承
        super.j++;                 //父类实例成员 j,用 super 可以调用

        SuperClass.j1--;           //父类 static 成员 j1,用类名可以调用
        j1++;                      //父类 static 成员 j1,可以继承

        //SuperClass.k++;          //SuperClass 的私有成员只能在本类访问
        SuperClass.m--;            //公有权限,任何地方都可访问
    }
    public static void main(String args[]){
        SuperClass sup=new SuperClass();
        //System.out.println(sup.j++);     //父类实例成员 j,用对象不可以调用
        //sup.limit();                     //父类实例成员 j,用对象不可以调用
        System.out.println(sup.j1++);      //父类 static 成员 j1,用对象却可调用
    }
}
package package2;
import package1.*;
public class AnotherClass {
    void limit(){
        //SuperClass.i++;          //i 在本包内可访问,现在是在另一个包中访问,所以不行
        //SuperClass.j--;          //j 在本包或子类中可访问,现在是在外包,而且也不是子类
        //SuperClass.k++;          //SuperClass 的私有成员只能在本类访问
        SuperClass.m--;            //公有权限,任何地方都可访问
    }
}
```

如果将 SuperClass 的权限 public 改为默认的,则其内的成员只能在本包内访问,在
package2 的两个类中都看不到,也就都不能访问到。

3.6　类的继承

为什么要有继承:继承性在父类和子类之间建立起了联系,子类自动拥有父类除构造
方法与私有成员之外的全部成员,包括成员变量和成员方法,这样子类就实现了对父类代码
的重用,使得代码复杂度线性增长而不是随规模指数增长;而且,当父类发生修改时,子类会
自动跟着改动。但也可能由于错误的更改父类而导致子类的错误。也就是说,代码重用的

优点是节省代码编写,但引来了父类子类之间的强耦合,导致代码的测试和维护困难,因为由于继承,需要测试和维护所有父类子类。因此,继承加强了父类子类作为一个整体的封装,却削弱了父类与子类各自的封装。或者说,继承加强了父类子类之间的耦合,弱化了父类子类作为一个整体与其他类的耦合。

子类可以改变或重写父类的成员,使子类成员适应新的需求;子类也可以增加自己的成员,使类的功能得以扩充。

继承的本意是针对现实问题进行抽象,即现实是继承,就在代码中抽象成继承。继承虽然也能提高代码的复用和可读性,但它的本意不是为了代码复用,而是为了多态。如果为了代码复用而使用继承,那会引入继承的缺点。有很多方法可以代替继承达到代码复用的目的。在节省代码与避免耦合之间,还是解耦有利于软件的维护,因此,如果能够用其他方法替代继承,尽量不在继承层次的类中编写更多的代码。

3.6.1 继承

下列代码从 People 类派生两个新类 Student 和 Teacher:

```
public class People{                //父类
    private String name;
    private int age;
    public void setName(String name){
        this.name=name;
    }
    pulic int getName(){
        return name;
    }
    public void setAge(age){
        this.age=age;
    }
    pulic int getAge(){
        return age;
    }
}
class Student extends People{    //子类 Student 继承父类 People,使用 extends 表示继承
    String department;            //系别
}
class Teacher extends People{    //子类 Teacher 继承父类 People
    string specialty;             //专业
}
```

根据继承原则,Student 类不能继承父类 People 的私有成员变量 name、age,但可以继承其他的公有方法如 getName()、getAge()等,增加了自己的成员变量 department;同样,Teacher 类继承了父类 People 的成员方法,增加了自己的成员变量 specialty。

被继承的类称为父类或超类,通过继承产生的新类称为子类或派生类。这样,父类与子类之间就有了层次结构。

（1）Java 类只有单重继承，没有多重继承。如果一个子类具有一个直接父类，这种继承关系称为单重继承。有多个直接父类则称为多重继承。Java 类只有单重继承，接口有多重继承。在单重继承方式下，父类与子类是一对多的关系。一个子类只有一个父类，一个父类可以有多个子类，每个子类又可以作为父类再有自己的子类。由此形成具有树状结构的类的层次体系，其中具有继承关系的、相距多个层次的类之间称为祖先类与后代类，父类也称为直接祖先类。

（2）声明继承的类。类声明中使用关键字 extends 声明所继承的父类。格式如下：

[修饰符] class 类<泛型>[extends 父类] [implements 接口列表]

（3）能继承的情形。

① 子类继承父类的非私有成员变量，包括实例成员变量和类成员变量。

② 子类继承父类除构造方法以外的成员方法，包括实例成员方法和类成员方法。

（4）不能继承的情形。

① 子类不能继承父类的构造方法。因为父类构造方法创建的是父类对象，子类必须声明自己的构造方法，创建子类自己的对象。

② 子类不能继承父类的私有成员。但父类中其他访问权限的成员可以继承。

③ 子类不能继承父类中 final 修饰的方法。

④ 子类不能继承父类中被隐藏的成员变量和被覆盖的成员方法。

（5）其他的特征。

① 子类不能删除父类成员。

② 子类可以增加自己的成员变量和成员方法。

③ 子类可以重定义父类成员，包括隐藏父类的成员变量、静态方法和覆盖父类的实例方法。

④ 子类中可以访问父类中非私有的被隐藏和被覆盖的成员方法。如果父类的私有成员在被覆盖的非私有方法中，则该私有成员也可以被子类访问到。注意此处为访问，而非直接引用。

⑤ 在子类中可以重载父类中已有的方法，包括构造函数、实例方法。

⑥ 在子类的构造函数中，可通过 super()方法将父类的变量初始化。

⑦ 当父类为抽象类时，子类可覆盖父类中的抽象方法，并在子类中实现该方法。

⑧ 父类成员被 protected 修饰时，在一个不同包的子类中只能由该子类对象自己调用它继承的实例成员，不能由父类对象或其他子类的对象调用该子类继承的实例成员或其他父类的实例成员。即此种情况下，在不同包的子类中，父类看不到自己的实例成员。

【例 3.4】 继承。

```
class SuperClass {
    private int i=1;
    int j=2;
        int plus(){
        return i+j;
    }
}
```

```
class SubClass extends SuperClass{
    int i=10,j=20;
    int subduce(){
        return j-super.j;
    }
}
public class CopyOfTest{
    public static void main(String args[]){
        SuperClass sup=new SuperClass();
        SubClass sub=new SubClass();
        SuperClass supsub=new SubClass();
        //System.out.println("sup.i="+sup.i);          //i 在别的类中不可见
        System.out.println("sup.plus()="+sup.plus());
                                    //调用 A 中的 plus(),i 此时在 plus()中可以调用
        System.out.println("sub.plus()="+sub.plus());
                                    //继承 A 中的 plus(),i 为 A 中的
        System.out.println("supsub.plus()="+supsub.plus());
                                    //调用 B 中继承自 A 中的 plus(),i 为 A 中的
    }
}
```

输出：

```
sup.plus()=3
sub.plus()=3
supsub.plus()=3
```

Java 中的类都是 Object 的子类。Java 语言中的类具有树状结构的层次体系,Object 类是这个树状结构的根类,即 Object 类是其他类的父类或祖先类。Object 类定义了所有对象都具有的基本状态和行为。例如,Object 类定义了比较两个对象的 equals()方法,转化为字符串的 toString()方法等。

如果在定义类时没有声明父类,Java 会自动将类定义为 Object 的子类。例如,之前声明的 People 类实际上等价于下列定义：

```
public class People extends Object;
```

Java 中的每个类都从 Object 类继承了成员方法,因而每个对象都可以调用 Object 类的 equals()和 toString()方法。

3.6.2 对象的赋值相容性与上转型

继承性具有"是一种"性质：子类对象是一种父类对象。如"桃树是树","学生是人"。反之则不然,父类对象不是它的子类对象。如"树是桃树","人是学生"都讲不通。因此,子类对象可以赋给父类类型的变量,反之则不行。

对象的上转型即声明一个父类类型的变量,但将子类的实例赋给了它。或叫父类变量指向了子类对象。有什么意义呢？因为子类是对父类的改进和扩充,所以一般子类在功能

上较父类更强大,属性较父类更独特。定义一个父类类型的引用指向一个子类的对象既可以使用子类强大的功能,又可以抽取父类的共性。例如:

```
People p1=new Student();              //赋值相容,上转型,子类对象即是父类对象
Student s1=new People();              //赋值不相容,编译错误,父类对象不是子类对象
```

使用对象运算符 instanceof 可以判断一个对象是否属于指定类及其子类,例如:

```
People p1=new People("李小明",21);
Student s1=new Student("王大伟",19);
p1 instanceof People                  //返回 true,p1 是 People 类对象
s1 instanceof People                  //返回 true,子类对象即是父类对象
p1 instanceof Student                 //返回 false,父类对象不是子类对象
```

3.6.3　隐藏、覆盖与动态绑定

如果父类成员适用于子类,则子类不需要重新定义父类成员,子类继承父类的成员变量和成员方法。此时,子类对象引用的是父类定义的成员变量,调用的是父类定义的成员方法。

如果父类的成员不适合于子类,子类不能删除它们,但可以重定义自己的成员。另外,父类的 private 的成员变量不让继承,或者人们不想让子类继承父类的成员,那么就可以使用同名的变量或方法重定义。

子类重定义父类成员有以下几种情况。

(1) 对于成员变量和静态方法,子类的隐藏父类的。上转型对象引用的是父类的。

(2) 对于实例成员方法,子类覆盖(Override)父类的。上转型对象引用的是子类的。这种方式称为动态绑定。

(3) 子类继承并重载父类成员方法。如果子类重定义父类的同名成员方法,当子类方法的参数列表与父类方法的参数列表不同时,子类继承了父类的成员方法(指参数列表相同的部分),并重载了继承来的该成员方法(指参数列表增加的部分)。所以,子类中有两个重载的同名成员方法,参数列表不同。

隐藏与覆盖要注意以下几点。

(1) 覆盖的方法不应有更窄的访问权限。因为假如没有这个限制,将与 Java 语言的多态机制发生冲突。在运行时,根据动态绑定规则,Java 虚拟机会调用子类的实例方法,如果这个方法为 private 类型,Java 虚拟机就没有办法访问它.所以为了避免这样的矛盾,Java 语言不允许子类实例方法缩小父类中被覆盖方法的权限。

(2) 覆盖的方法不应产生更多的异常,避免应该捕获的异常而未被捕获。

(3) 静态方法和最终方法(带关键字 final 的方法)不能被覆盖。

(4) 抽象方法必须在具体类中被覆盖(参见 abstract 修饰一章)。

(5) 子类的静态方法不能覆盖子类的实例方法,子类的实例方法不能覆盖父类的静态方法,只能子类的实例方法覆盖父类的实例方法,子类的静态方法隐藏父类的静态方法。

总结:对于成员,如果父类有,子类没有,则子类继承;如果父类没有,子类有,则属于子类增加的;如果父类子类都有,便属于隐藏或覆盖。其中对于成员变量和静态方法,属于隐

藏;对于实例方法,属于覆盖。一般的,子类对象调用子类的成员,父类对象调用父类的成员。但对于上转型的对象,则调用成员变量和静态方法时,调用的是父类的,因此叫隐藏成员变量和静态方法;调用实例方法时调用的是子类的,因此叫覆盖实例方法。private, static,final修饰的成员都属于静态绑定,即在编译时确定调用父类的还是子类的,只有实例方法才是动态绑定,即在运行时确定调用父类的还是子类的。

【**例3.5**】 实例变量和实例方法的隐藏和覆盖。

```
class A {
    int i=1, j=2;
    int plus(){
        return i+j;
    }
}
class B extends A{
    int i=10, k=20;                      //i与父类同名,隐藏了父类的i
    int plus(){
        return i+j+k;                    //覆盖了父类的同名方法
    }
}
public class Test{
    public static void main(String args[]){
        A a=new A();
        B b=new B();
        A c=new B();
        System.out.println("a.i="+a.i+","+"a.j="+a.j+","+"a.plus()="+a.plus());
                                         //调用A中的plus(),i为A中的
        System.out.println("b.i="+b.i+","+"b.j="+b.j+","+"b.k="+b.k+","+"b.
        plus()="+b.plus());             //调用B中的plus(),i为B中的
        //System.out.println("c.i="+c.i+","+"c.j="+c.j+","+"c.k="+c.k+","+"c.
        plus()="+c.plus());             //k是B中增加的,上转型对象只能调用重写的
        System.out.println("c.i="+c.i+","+"c.j="+c.j+","+"c.plus()="+c.plus());
                                         //调用B中的plus(),i为A中的
    }
}
```

输出:

```
a.i=1,a.j=2,a.plus()=3
b.i=10,b.j=2,b.k=20,b.plus()=32
c.i=1,c.j=2,c.plus()=32
```

【**例3.6**】 静态变量和静态方法的隐藏。

```
class A2 {
    static int i=1, j=2;
    static int plus(){                   //如果将static去掉不行,静态的不能覆盖实例的
        return i+j;
    }
```

```
}
class B2 extends A2{
    static int i=10, k=20;                //i与父类同名,隐藏了父类的i
    static int plus(){
                /* 覆盖了父类的同名方法,如果将 static 去掉不行,实例的不能覆盖静态的 */
        return i+j+k;
    }
}
public class Test2{
    public static void main(String args[]){
        A2 a=new A2();
        B2 b=new B2();
        A2 c=new B2();
        System.out.println("a.i="+a.i+","+"a.j="+a.j+","+"a.plus()="+a.plus());
                                    //调用 A 中的 plus(),i 为 A 中的
        System.out.println("b.i="+b.i+","+"b.j="+b.j+","+"b.k="+b.k+","+"b.plus()="+
        b.plus());                    //调用 B 中的 plus(),i 为 B 中的
        //System.out.println("c.i="+c.i+","+"c.j="+c.j+","+"c.k="+c.k+","+"c.
        plus()="+c.plus());           //k是 B 中增加的,上转型对象只能调用重写的
        System.out.println("c.i="+c.i+","+"c.j="+c.j+","+"c.plus()="+c.plus());
                                    //调用 B 中的 plus(),i 为 A 中的
    }
}
```

输出:

```
a.i=1,a.j=2,a.plus()=3
b.i=10,b.j=2,b.k=20,b.plus()=32
c.i=1,c.j=2,c.plus()=3
```

3.6.4 super 引用

1. 为什么要有 super

在子类的方法中,如何引用父类中被隐藏的同名实例成员? Java 用代词 super 达到这一目的。super 在程序中表示当前对象的父类,是对当前对象的父类对象的引用。在 Java 中,当子类的变量或方法隐藏了父类中的变量或静态方法,而在子类中又要引用父类的成员时,就要使用 super。super 有以下两种用法。

(1) 调用父类的构造方法。子类不能继承父类的构造方法,在子类的构造方法体中,可以使用 super 调用父类的构造方法。其语法格式如下:

```
Super([参数列表]);
```

(2) 引用父类同名成员。当子类重定义了父类成员时,则存在同名成员问题。此时,在子类方法体中,成员变量和成员方法均默认为子类的成员变量或成员方法。如果需要引用父类的同名成员,则需要使用 super 引用。在以下两种同名成员情况下,需要使用 super 引用。

① 子类覆盖父类实例成员方法。当子类成员方法覆盖父类同名实例成员方法时,如果需要调用被子类覆盖的父类实例成员方法,则需要使用 super 调用父类的同名成员方法。其引用语法格式如下:

super.成员方法([参数列表])

当子类成员方法仅重载而没有覆盖父类同名成员方法时,重载的多个同名成员方法之间能够通过调用时的实际参数而互相区别,不需要使用 super 引用。

② 子类隐藏父类成员变量和静态方法。当子类成员变量隐藏父类同名成员变量和静态方法时,如果需要访问被子类隐藏的父类同名成员变量和静态方法,则需要使用 super。其引用语法格式如下:

super.成员变量

2. super 与 this 的区别

super 不能像 this 一样单独使用。如:可以 this＝a;或 return this;但 super 就不能类似使用。即 super 不是一个变量。

3. 如何使用 super

(1) super()一般用于子类构造方法的第一个语句,相当于用 super()调用父类的构造方法生成父类对象,而 super()之后的语句是子类自己新增的内容。如果 super()不是第一句,那么它之前的所有的子类的构造方法的初始化语句,在 super()之后又归零,工作白做。

(2) super 只在子类中使用,不能在其他类中使用,就像儿子可以称呼"父亲",其他人不能随便直呼"父亲",而只能称呼他父亲的名字(对象的名字)一样。同样,this 也只用在本类中,不用在其他类中,就像一个人称呼自己时说"本人",而其他人称呼他时便称呼他的名字(对象的名字)一样。

(3) super 不能引用父类的私有成员。

(4) super 与 this 一样,不能用在静态方法中,如 main()方法中,这一点与其他的对象不同,其他的对象可以在静态方法中创建,以引用实例变量。因此,super 和 this 引用成员,只是形式上类似对象引用成员,但含义不是,只是语法形式上相似而已。

3.6.5 对象初始化顺序

1. 对象被创建的过程

new 一个对象的过程是怎样的? 以 new Animal()为例。

第 1 步,寻找类定义。JVM 会在自己的一个名叫"方法区"的内存块中,寻找名叫 Animal 的 Class 类的对象 class(class 也是一个对象,该对象记录了所有类的定义),如果有,则按照 Class 对象的定义,生成一个 Animal 对象。

第 2 步,加载类定义。如果"方法区"中没有名为 Animal 的 Class 对象,JVM 会用当前类的类加载器(classloader)从当前的 classpath 路径寻找名为 Animal.class 的文件,如果找到,则将文件进行分析,转换为 Class 对象存放在"方法区"中,否则抛出 ClassNotFoundException。对于 jdk 的 class,JVM 启动时,会用启动类加载器加载,对于用户的 class,则会用应用程序类加载器实时加载,所谓实时加载,指的是遇到的时候再加载,而不是预先一次性加载。

第 3 步,给对象分配内存空间。找到 Animal 的类定义后,JVM 在内存"堆"中,开辟一个空间,该空间按照 Animal 类定义开辟,并将该空间中的各个内存段设置默认值,对应的就是对象的属性初始化默认值。

第 4 步,对象的初始化顺序。对象的初始化都先从父类开始,顺序如下:

(1) 给父类静态变量默认值;

(2) 对父类静态变量赋值;

(3) 执行父类静态块;

(4) 给当前类静态变量默认值;

(5) 对当前类静态变量赋值;

(6) 执行当前类静态块;

(7) 给父类变量默认值;

(8) 对父类变量赋值;

(9) 执行父类构造函数;

(10) 给当前类变量默认值;

(11) 对当前类变量赋值;

(12) 执行当前类构造函数。

第 5 步,对象构造完成。

当 new 一个 String 的时候,只是生成一个 String 对象,而没有生成 Object 对象,Object 的类定义在"方法区"这块内存中,当 new String 的时候,JVM 会检查 String 的父类,找出父类的定义,并找出哪些是 String 可以拥有的,然后按照筛选出来的父类定义和 String 本身的类定义,在堆中分配一个内存块(就是俗称的生成了一个对象),而没有专门为 String 的父类 Object 分配空间。

比如,针对(8)、(9)两条,在一个类中,如果有其他类的对象作为成员,那么不管这些对象创建的早晚,都要在该类的构造方法执行或创建该类对象之前初始化。也就是说,在对象初始化之前,应该先对成员赋值。再比如,如果在一个类中,有静态成员和非静态成员两种,那么静态成员先初始化,而且只初始化一次。

总结:父类与子类相比,父类优先;静态成员与实例成员相比,静态成员优先;变量与构造方法相比,变量优先;默认值与赋初值相比,默认值优先。

2. 类的加载

当一个类首次被使用时系统就会加载该类。可以是以下方式之一:

(1) 第一次创建该类的对象;

(2) 首次访问该类的静态变量或静态方法时。

【例 3.7】 对象初识化顺序。

```
class Father{
    private String name="FATHER";
    private int i=1;
    public Father(){
        whoAmI();
        tellName(name);
```

```
            tellValue(i);
        }
        public void whoAmI(){
            System.out.println("Father says, I am "+name+", i="+i);
        }
        public void tellName(String name){
            System.out.println("Father's name is "+name+", i="+i);
        }
        public void tellValue(int i) {
            System.out.println("Father's name is "+name+", i="+i);
        }


    }
}

class Son extends Father{
    private String name="SON";
    private int i=2;
    public Son(){
        whoAmI();
        tellName(name);
        tellValue(i);
    }
    public void whoAmI(){
        System.out.println("Son says, I am "+name+", i="+i);
    }
    public void tellName(String name){
        System.out.println("Son's name is "+name+", i="+i);
    }
    public void tellValue(int i) {
        System.out.println("Father's name is "+name+", i="+i);
    }


    }
}
public class Demo {
    public static void main (String [] args){
        //Father f1=new Father();
        //Son s=new Son();
        Father f=new Son();
        System.out.println(f);
    }
}
```

输出：

```
Son says, I am null, i=0
Son's name is FATHER, i=0
```

```
Father's name is null, i=1
Son says, I am SON, i=2
Son's name is SON, i=2
Father's name is SON, i=2
Son@d9f9c3
```

该程序调用过程分析：

main()中调用子类构造函数即 new Son()时，创建了 Son 的对象，与此同时调用父类的构造函数 Father()，注意此处是调用，而不是 new。因此，父类对象没有产生(由最后一个输出也可以看出，f 是子类对象，父类对象并没有生成)，进而父类的成员变量 name 和 i 并没有给赋初值，只是有了默认值。子类对象访问 Father()中 whoAmI()等 3 个实例方法。由于父类的引用指向了子类的对象，属于多态，并且子类的方法覆盖了父类的方法，因此子类对象要执行子类的 whoAmI()等 3 个方法，但成员变量却是父类的，即 name 和 i 调用的是父类的。执行 whoAmI()时，方法中的 name 和 i 相当于 super.name 和 super.i，且 name 和 i 没有赋初值，因此 name 取默认值 null，i 取默认值 0。但执行 tellName(String name)时，由于形参与父类成员变量正好匹配，而上转型对象调用的也是父类的成员变量，因此，父类的成员变量 name 被当成实参传入 tellName(String name)。而 i 仍然没有被赋值，仍然取默认值 0。由此可见，虽然成员变量 String name="FATHER"没有与父类对象对应起来，即没有 this.name="FATHER"成立，但它作为一个字符串类型的变量，并赋值"FATHER"还是存在的。当执行 tellValue(int i)时，name 由于对象没有创建，还是 null，而形参 int i 由于与成员变量 int i 正好匹配，于是成员变量的 i=0 作为实参传到了方法中。执行完父类构造方法 Father()后，开始执行子类构造方法 Son()，仍然执行其中的 3 个实例方法，但由于子类对象已经创建，因此，对象的成员变量在内存中已存在，已赋值，因此，3 个方法的输出结果中 name 和 i 的值都是子类中的成员变量的值。

注意：执行父类构造方法时，访问其中被子类覆盖的实例方法，上转型对象真正调用的是子类的同名实例方法。由此可见在多态中，不但子类直接引用覆盖的实例方法，即便是访问覆盖的实例方法，也要调用子类的同名实例方法。也就是说，多态是指访问实例方法，而不是仅仅指引用方法。

如果将 tellName()方法声明中的形参 name 改成 name1 或其他，i 改成 i1 或其他，方法调用中的实参 name 和 i 不变，则输出结果：

```
Son says, I am null i=0
Son's name is null i=0
Father's name is null i=0
Son says, I am SON i=2
Son's name is SON i=2
Father's name is SON i=2
```

这说明，方法声明中的形参具有声明 String 类型的变量 name 的功能，而且此声明与父类的成员变量 name 一致，因此，将父类中的 name 的赋值"FATHER"给了形参，相当于实参是"FATHER"。因此，给形参赋值的方式有两种，一种是调用方法时，将方法中的形参换成实参；另一种是本例的方法，即形参与成员变量名相同，成员变量的赋值就是对形参的赋

值。这与局部变量不同。在 tellValue(int i)中由于没有 String name 的形参,所以,
"FHATHER"的输出又变回了 null。

另外,在方法中,只能有其他方法的调用,不能有其他方法的定义。如父类和子类的构
造方法中只有其他方法的调用。

还有,在 main()方法中调用构造方法,构造方法要么没有参数,要么形参赋具体值,如
果形参还是以变量的形式存在,因为不是静态变量,在静态方法中不允许存在。

用 new 生成上转型对象调用子类的无参构造方法时,主动调用父类的无参构造方法,
如果在父类的无参构造方法中有其他方法被子类覆盖,那么也要调用子类的方法。即多态
时,调用方法不一定直接用“.”调用,也可以在其他方法中被间接调用。

注意:该例代码只是为了验证语法现象,实际编码时,要尽量避免这种连自己有可能都
弄不清楚的代码。

下例同样演示了继承中调用子类构造函数主动调用父类无参构造函数,并且在这个过
程中,只要父类中有与子类同名的实例方法,就调用子类的,而不是调用父类的。因为当访
问者是子类对象时,只要存在覆盖,就要调用子类的实例方法。

【例 3.8】 构造方法的调用。

```
1.  public class Test{
2.      public static void main(String[] args){
3.          B b=new B(0);
4.          int y=b.getY();
5.      }
6.  }
7.  class A {
8.      public static int x=2;
9.      private int y=2;
10.     protected int z;
11.     A(){
12.         x=x+1;
13.         showX();
14.     }
15.     public void showX(){
16.         System.out.println("A.x="+x);
17.     }
18.     public int getY(){
19.      return y;
20.     }
21. }
22. class B extends A {
23.     B(int x){
24.         x=x+2;                    //只对局部 x 操作
25.         showX();
26.     }
```

```
27.     public void showX(){
28.         System.out.println("B.x="+x);
29.     }
30.     public int getY(){
31.     System.out.println("B.y="+(super.getY()+x));
32.     return super.getY()+x;
33.     }
34. }
```

输出

```
B.x=3     //动态绑定
B.x=3
B.y=5
```

该程序执行过程分析：

new B(0)是调用子类构造方法,则应首先调用父类无参构造方法 A()。当执行其中的语句时,静态变量 x 增加到 3。执行 showX()时,由于子类覆盖了父类的 showX(),此时调用者又是子类对象,因此,应该调用子类的方法 showX()。另外,public static int x 被继承到 B,成为 B 的私有域,于是输出 B. x＝3。然后执行子类的构造方法 B(0),但由于该方法内的 x 是局部变量,而该局部变量又没有被返回,因此,该局部变量出了 B(0)就会消失,到执行 showX()时,其中的 x 仍然是 B 的对象的 x,即从父类继承来的 x,也即仍然输出 B. x＝3。

由以上两个例子可以看出,如果不注意父类子类构造函数之间的隐含调用,会给程序带来未曾想到的结果。而有时人们也利用该规定达到父类与子类之间的关联,如在父类无参构造方法中设定一静态变量 i＋＋,子类对象增加一个时,父类对象也增加一个。

3.7 方法调用的优先顺序

在编译阶段,编译器会为制造两种表,一种叫做方法表,一种叫做常量表。

方法表以数组的形式记录了当前类及其所有超类的可见方法字节码在内存中的直接地址。此表有两个特点。

(1) 子类方法表中继承了父类的方法。

(2) 相同的方法(相同的方法签名:方法名和参数列表,即被覆盖的方法)在所有类的方法表中的索引相同。

而常量表(CONSTATN_Methodref_info)记录的是被调用方法信息的符号引用(包括方法所在的类名,方法名和返回类型)。

详细调用过程如下。

(1) JVM首先根据常量表中的符号索引找到调用方法的全额限定名(要用多态机制的话,一般是用基类来声明引用)。

(2) 在基类的方法表中查找到调用方法,如果找到,则将此方法在基类方法表中的索引记录到常量表中。这里要注意,基类中必须要有此方法的定义,如果没有,即使子类中存在,编译器也会报错。

优先级由高到低依次为 this. show(obj)、super. show(obj)、this. show((super)obj)、super. show((super)obj)。请看下面例题中的代码。

【例3.9】 方法调用的优先顺序。

```
class A {
    public String show(D obj){
            return ("A and D");
    }
    public String show(A obj){
            return ("A and A");
    }
    public String show(C obj){
        return ("A and C");
    }
}
class B extends A{
    public String show(B obj){
            return ("B and B");
    }
    public String show(A obj){
            return ("B and A");
    }
    public String show(C obj){
            return ("B and C");
    }
}
class C extends B{}
class D extends B{}
public class Test{
    public static void main(String[] args){
        A a1=new A();
        A a2=new B();
        B b=new B();
        C c=new C();
        D d=new D();
        System.out.println(a1.show(b));     //1
        System.out.println(a1.show(c));     //2
        System.out.println(a1.show(d));     //3
        System.out.println(a2.show(b));     //4
        System.out.println(a2.show(c));     //5
        System.out.println(a2.show(d));     //6
        System.out.println(b.show(b));      //7
        System.out.println(b.show(c));      //8
```

```
        System.out.println(b.show(d));        //9
    }
}
```

输出：

```
A and A
A and C
A and D
B and A
B and C
A and D
B and B
B and C
A and D
```

解释：对于第一个结果，由于 A 类中没有 show(B obj)方法，且它没有父类，故它会调用第 3 个优先级，即调用方法 show(A obj)，很容易得出上面的结果。

对于第 4 个，a2.show(b)，a2 是一个引用变量，类型为 A，则 this 为 a2，b 是 B 的一个实例，于是它到类 A 里面找 show(B obj)方法，没有找到，于是到 A 的 super(超类)找，而 A 没有超类，因此转到第三优先级 this.show((super)obj)，this 仍然是 a2，这里 obj 为 B，(super)obj 即(super)B 即 A，因此它到类 A 里面找 show(A obj)的方法，类 A 有这个方法，但是由于 a2 引用的是类 B 的一个对象，B 覆盖了 A 的 show(A obj)方法，因此最终锁定到类 B 的 show(A obj)，输出为"B and A"。

3.8 abstract 修饰的类

1. 声明抽象类

使用关键字 abstract 声明的类称为抽象类，例如：

```
public abstract class Graphics
{   //图形类,抽象类
    public abstract double area();        //计算面积,抽象方法,分号";"不可少,但没有{}
}
```

声明 Graphics 是抽象类，其中包含抽象方法 area()。

2. 抽象类的性质

(1) 抽象类中可以不包含抽象方法，但是包含抽象方法的类必须被声明为抽象类。

(2) 抽象类不能被实例化，即使抽象类中没有包含抽象方法，也不能创建抽象类的实例。

3. 声明抽象方法

抽象方法只需要给出方法声明，不需要给出方法体，所以方法声明以分号(;)结束，没有大括号。在类声明时，习惯上将关键字 public 放在 abstract 前面。

```
public abstract String doSomething();        //抽象方法
```

```
public abstract String doSomething(){ }        //实例方法
```

4. 抽象方法的性质

（1）抽象方法必须被子类覆盖，由于抽象方法在抽象类中没有具体的方法实现，所以抽象方法必须被子类覆盖。反之，如果一个子类不能覆盖父类的抽象方法，则该类自己也必须声明为抽象类。抽象方法不能为 private。

（2）不能将构造方法、类成员方法声明为抽象方法。

（3）abstract 抽象方法不能和 static 同用。

（4）父类的非抽象方法可以被子类的抽象方法覆盖。

5. 抽象类与抽象方法的作用

既然抽象类不能创建实例，而且抽象方法没有具体实现，那么它们的作用何在呢？

抽象类用于描述抽象的概念，抽象方法用于声明方法的参数和返回值，抽象方法的具体实现由抽象类的子类完成，子类必须覆盖父类的抽象方法。

抽象类声明的抽象方法约定了多个子类共用的方法声明，每个子类可以根据自身的实际情况，给出抽象方法的具体实现，显然不同的子类可以有不同的方法实现。因此，一个抽象方法在多个子类中表现出多态性。抽象类提供了方法声明与方法实现相分离的机制，使得多个不同的子类能够表现出共同的行为能力。

例如，当需要描述图形的抽象概念时，可以声明一个抽象类 Graphics，其中包含计算图形面积的 area()方法声明。在没有确定图形的具体形状时，无法给出 area()方法的具体实现，因此 area()方法被声明为抽象方法。显然，也不可能创建抽象的、没有任何形状的图形对象。

再声明长方形类 Rectangle 作为抽象类 Graphics 的子类，Rectangle 类中实现了 area()方法，从而计算出长方形面积；同理，再声明椭圆类 Ellipse 作为抽象类 Graphics 的子类，Ellipse 类中也实现 area()方法，从而计算出椭圆面积。

由此可知，抽象类 Graphics 中声明的抽象方法 area()约定了描述面积的方法声明，抽象方法在各个子类中表现出多态性。这样，对于类的使用者来说，计算面积都调用 area()方法，它既可以计算正方形面积，也可以计算圆面积，Java 会根据不同对象自动选择不同的计算公式。这充分体现出面向对象程序设计思想，一个概念由一种方法定义，却可以对应多种不同的实现手段，不会混淆。

3.9 final 修饰

final 在 Java 中并不常用，然而它却为人们提供了诸如在 C 语言中定义常量的功能，不仅如此，final 还可以让人们控制成员、方法或者是一个类是否可被覆写或继承等功能，这些特点使 final 在 Java 中拥有了一个不可或缺的地位，也是学习 Java 时必须要知道和掌握的关键字之一。

（1）final 修饰的变量。在类中定义变量时，其前面加上 final 关键字，这个变量一旦被初始化便不可改变。对基本类型来说是其值不可变，而对于对象变量来说其引用不可再变。

① 如何使用 final 修饰变量。可以在两个地方对用 final 修饰的变量进行初始化。一是在其定义处，也就是说在 final 变量定义时直接给其赋值。二是在构造函数中。这两个地方

只能选其一,不能同时既在定义时给了值,又在构造函数中给另外的值。注意对象的初始化是指用 new 创建一个新的对象。在构造函数中进行初始化具有灵活性。无参数构造函数用以提供默认的值,而重载的带参数构造函数可以根据所提供的值或类型为 final 变量初始化。然而有时并不需要这种灵活性,只需要在定义时便给定其值并永不变化。这要看实际需要。

② final 修饰方法中的参数。如上所述,对象被 final 修饰后,不允许两次初始化。但如果这个对象作为另一个类的构造方法的参数,它在方法内部还是可以被修改的。因此,如果人们彻底不想一个对象被改变时,当其作为方法的参数时也要用 final 修饰。

作参数时,对于基本类型的变量,这样做并没有什么实际意义,因为基本类型的变量在调用方法时是传值的,也就是说可以在方法中更改这个参数变量而不会影响到调用语句,然而对于对象变量,却显得很实用,因为对象变量在传递时是传递其引用,这样在方法中对对象变量的修改也会影响到调用语句中的对象变量,当在方法中不需要改变作为参数的对象变量时,明确使用 final 进行声明,会防止无意的修改而影响到调用方法。

另外,如果一个方法带有参数,方法中有内部类,如果这个内部类会用到方法中的参变量,此参数在方法中也必须声明为 final 才可使用。

(2) final 修饰类。使用关键字 final 声明的类称为最终类,最终类不能被继承,即不能声明最终类的子类。最终类中的成员变量可以是 final 的,也可以不是 final 的。但最终类中的方法自动变成 final 的。

例如:

```
public final class Math extends Object          //数学类,最终类
public class MyMath extends Math                //编译错,最终类不能被继承
```

如何使用 final 修饰的类:如果不希望一个类被继承,则声明该类为最终类。这意味着该类不需要再扩展,处于类层次树的叶子位置。因此,声明类为最终类要谨慎。类声明时,习惯上将 public 放在 final 前面。注意:抽象类不能被声明为最终类。因为抽象类必须被继承,而最终类不让继承。二者的用意正好相反。

(3) final 修饰对象。一个对象是常量,不代表不能改变对象的成员,仍可以对其成员进行操作。

(4) final 修饰方法。使用 final 声明的成员方法称为最终方法。最终方法不能被子类覆盖。

如何使用 final 方法:方法被 final 修饰后,就意味着这个方法提供的功能已经满足要求,不需要进行扩展,不再允许任何从此类继承的类来覆写这个方法,但是仍然可以继承这个方法,也就是说可以直接使用。一般要慎用 final 方法。例如:

```
public class Circle extends Graphics
{
    public final double area()
    {                                           //最终方法,不能被子类覆盖
        return Math.PI * this.radius * this.radius;
    }
}
```

最终类中包含的都是最终方法,非最终类也可以包含最终方法。

总结:

① 当 final 修饰类时,意味着该类不能被继承。

② 当 final 修饰方法时,代表该方法不能被重写。

③ 当 fianl 修饰成员变量时,该变量可以理解为常量,必须赋以初值(可在声明时赋值,或在类的构造方法中赋值);当 final 修饰局部变量时,该局部变量只能被赋一次值;当 final 修饰方法中的参数时,如果参数是基本数据类型,该参数的值不能被改变;如果参数是对象类型,则对象的引用不可变,即不能两次声明同一引用,但对象的内容仍可以变。

3.10 接口

接口是一组常量和抽象方法的集合。抽象方法不给出方法体,由实现接口的类去实现,它提供方法声明与方法实现相分离的机制,使多个类之间表现出共同的行为能力。接口机制使 Java 具有实现多重继承的能力。

接口类型类似于类类型,可以声明变量为一种接口类型,也可以声明方法的实参接受接口类型,还可以指定一个方法的返回类型为接口类型。

在类的多重继承下,如果在一个子类继承的多个父类中拥有相同方法,子类中又没有覆盖该方法,那么调用该方法时将产生歧义,无法判断应该调用哪个父类的方法。如果在一个子类继承的多个父类中拥有相同名字的实例变量,子类在引用该变量时将产生歧义,无法判断应该使用哪个父类的变量。

Java 允许一个接口继承多个父接口,也允许一个类实现多个接口,而这样的多继承没有上面提到的缺点,这是由接口的抽象性决定的。

因为在接口中不能有实例变量,只能有静态的常量,不能有具体的方法(包含方法体),只能有抽象方法,因此也就摒弃了多继承的缺点。

对于一个类实现多个接口的情况,因为接口只有抽象方法,具体方法只能由实现接口的类实现,在调用的时候始终只会调用实现类的方法(不存在歧义),因此不存在多继承的第二个缺点;而又因为接口只有静态的常量,但是由于静态变量是在编译期决定调用关系的,即使存在一定的冲突也会在编译时提示出错;而引用静态变量一般直接使用类名或接口名,从而避免产生歧义,因此也不存在多继承的第一个缺点。对于一个接口继承多个父接口的情况也一样不存在这些缺点。

3.10.1 接口与实现接口的类

在 Java 中,接口是一种引用数据类型,相当于一种特殊的抽象类。接口也用于描述抽象的概念,约定多个类共同使用的常量和抽象方法。抽象方法的具体实现由实现接口的类完成,实现接口的类必须覆盖接口中的所有抽象方法。在接口中不能声明变量,因为接口要具备 3 个特征,分别是公共性、静态的和最终的。

1. 声明接口

使用关键字 interface 声明接口,语法格式如下:

[public] interface 接口 [extends 父接口] {

```
    [public] [static] [final] 数据类型 成员变量=常量值;          //常量,必须赋初值
    [public] [abstract] 返回值类型 成员方法[(参数列表)];          //抽象方法
}
```

例如,以下声明 Plane 是一个接口,其中包含抽象方法 area()。

```
public interface Plane{                                          //平面图形接口
    public abstract double area();                               //计算面积
}
```

2. 声明实现接口的类

用关键字 implements 声明一个类将实现指定接口,语法格式如下:

[修饰符] class 类<泛型>[extends 父类] [implements 接口列表]

3. 接口的作用

(1) 多继承。一个类可以实现多个接口,以此实现C++中的多继承的功能。比如一个成功人士既是父亲又是老板,在家里时作为父亲给孩子讲故事,在单位时作为老板给员工开会。让一个成功人士类继承父亲和老板两个类在 Java 中不能做到,但如果实现父亲和老板两个接口就行。此时,可以定义一个工作场合类,其中有开会的方法,该方法的参数是老板接口类型的变量,以及一个家庭场合类,其中有讲故事的方法,方法的参数是父亲接口类型的变量。

一个类实现多个接口,声明时必须用逗号分隔每个接口名。与抽象类一样,接口也具有继承性,一个接口允许继承一个或多个已存在的父接口。即接口的继承性是多重继承,不同于类的继承。

(2) 解耦。接口中声明的抽象方法约定了多个类共用的方法声明,每个实现接口的类可以根据自身的实际情况,给出抽象方法的具体实现,显然不同的类可以有不同的方法实现。因此,接口中的一个抽象方法在实现接口的多个类中表现出多态性。

在程序中应用接口可以使程序易于扩展。定义一个统一的接口后,就可以用多种具有不同功能的类来实现这一接口。于是类之间的调用就改为类与接口、接口再与类的耦合,达到类与类之间的解耦。通过接口实现多态,使得实现原有逻辑的代码不变,系统扩展时只要添加代码即可,而原来的代码甚至都不用重新编译。因此基于接口的编程适用于分布式开发、外包开发、大项目开发以及更新扩展。

4. 接口的特点

接口具有以下特点。

(1) 接口中的方法默认是 public 和 abstract 的(可省略)。但类在实现接口方法时一定用 public 修饰。接口中的成员方法都是抽象的实例成员方法。不能用 protected、private、final、static 修饰它们。

(2) 接口中的所有抽象方法必须全部被实现接口的类或其子类覆盖。一个非抽象类如果实现一个接口,则该类必须覆盖接口中的所有抽象方法,即参数列表必须一样,不能仅重载而不覆盖,并且类中的成员方法必须声明为 public。即使该类不需要某方法,也必须覆盖接口中的抽象方法,可以用一个空方法或返回默认值的方法覆盖。

如果仅仅覆盖接口中的部分抽象方法,那么这个类应该设计为抽象类。

一个类虽只实现了一个接口,但不仅要实现这个接口的所有方法,还要实现这个接口继承的接口的方法,接口中的所有方法均须在类中实现。

(3) 接口中的成员变量都是常量。接口中成员变量的默认修饰符为 public static final,final 是不能变的意思,而 static 是唯一的意思。接口中不能声明实例成员变量。声明时,必须为常量赋值,在实现接口的类中,不能为接口中的成员变量赋值。

(4) 接口不能被实例化。Java 中不能创建接口的实例。由于构造方法不能是抽象的,接口中不包含构造方法。但可以声明接口类型的变量,并将其实现类的实例赋予它。

(5) 接口是引用数据类型。可以声明接口的变量。接口变量能够获得实现接口的类的对象,也称为接口对象。接口变量不能调用接口中没有声明的方法。如果使用 public 来修饰接口,则接口必须与文件名相同。

(6) 接口嵌入类中,可以使用 private 修饰。此时,接口只能在所在的类中实现,其他类不能访问。

(7) 嵌入接口中的接口一定要为 public。

(8) public 接口可以被任何一个类使用,如果不加 public,即友好接口,可以被同一包中的类使用。

3.10.2　编程中选择抽象类还是接口

(1) 接口与抽象类的相同点。

① 两者都包含抽象方法,约定多个类共用方法的参数列表和返回值。

② 两者都不能被实例化。

③ 两者都是引用数据类型,其变量可被赋值为子类或实现接口类的对象。

(2) 接口与抽象类的不同点。

① 抽象类约定多个子类之间共同使用的方法;接口约定多个互不相关类之间共同使用的方法。

② 抽象类与子类之间采用单重继承机制;一个类实现多个接口则实现了多重继承的功能。

③ 抽象类及其类中成员具有与普通类一样的访问权限;接口的访问权限有 public 和默认两种,接口中成员的访问权限均是 public。因此,实现类的方法的访问权限不能降低,即只能显式地声明为 public。抽象类中的变量默认是 friendly 型,其值可以在子类中重新定义,也可以重新赋值。

④ 抽象类中可以包含非抽象方法,也可以声明构造方法;接口中的方法全部是抽象方法,不能声明构造方法。

⑤ 抽象类中可以声明成员变量,子类可以对该成员变量赋值;接口中只能声明常量。假如接口中也可以声明变量,比如有一个静态变量,一个实现它的类将其更改了,其他实现类中的这个变量也被更改了,于是就与抽象类一样了。

⑥ 接口的意思是指这个东西"能做什么";类的意思是这个东西"是什么"。只有知道了"是什么"(is a)才能创造出一个实例来(类可以实例化),而光知道"能做什么"没有办法创造实例(接口不能实例化),但是可以用"能做什么"来描述一个"是什么"(类的实例可以隐式转换为接口被使用)。

（3）选择抽象类还是接口。

① 如果不需要定义成员变量和方法，那就优先使用接口而不是抽象类。只有在不得不具体定义成员变量和方法的情况下才考虑用抽象类或实体类。

② 变更已存在的功能时用继承。如父类销售方法 sell() 在子类内具有不同表现时，可以在子类中重写该方法。增加功能时用接口。如在子类中需要增加租赁方法 rent() 时，可以让该子类实现具有租赁功能的接口 hire。

③ 当几个人写一个模块的时候，接口有利于并行开发。另外接口有利于单元测试。

④ 采用继承的一个重要原则是确定方法是否能够共享。抽象类和派生类并不一定具有 IS-A 关系，有时只是为了避免重复的方法定义和实现而选择继承。因此，使用接口还是抽象类的原则是，如果多个派生类的方法内容没有共同的地方，就用接口作为抽象；如果多个派生类的方法含有共同的地方，就用抽象类作为抽象。

⑤ 对于任意两个类，不管它们是否属于同一个父类，只要它们存在相同的功能，就能从中抽象出一个接口类型。对于已经存在的继承树，可以方便的从类中抽象出新的接口，但从类中抽象出新的抽象类却不那么容易，因此接口更有利于软件系统的维护与重构。对于两个系统，通过接口交互比通过抽象类交互能获得更好的松耦合。

⑥ 相比于继承，多态的概念要更重要。一个接口可以对应多个实现类，对于声明为接口类型的方法参数、类的字段，它们要比继承类更易于扩展、稳定，这也是多态的优点。假如以实现类作为方法参数定义了一个方法 void doSomething(ArrayList list)，如果哪天主管觉得 ArrayList 不如 LinkedList 更好用，拟或以后又改为 set，甚至改回 ArrayList，那么就会很麻烦。如果一开始就将方法定义为 void doSomething(Collection collection)，Collection 的抽象程度最高，更易于替换具体的实现类，因而达到访问的统一。即便需要 List 或者 Set 固有的特性，也可以做向下类型转换解决问题，尽管这样做并不安全。面向接口编程最重要的价值在于隐藏实现，将抽象的实现细节封装起来而不对外开放，封装对于 Java EE 中的分层设计和框架设计尤其重要。

⑦ 如果要抽象出相互之间没有必然的内部联系的类的公有方法时，可以使用接口；子类有两重以上的身份需要实现多重继承时，必须使用接口。

⑧ 抽象类与其继承类的耦合性强。如 C 类继承 B 类，B 类又继承 A 类，因为 B 继承于 A，B 不得不对外暴露出 A 所有的 public 方法，即便其中的某些方法对它可能是不需要的；甚至更糟的是，可能其中的某些方法能改变 B 的状态，而 B 对这些改变并不知情，这就会造成 B 的逻辑错误。如果要在 A 中添加新的方法，这个方法就有可能在逻辑上破坏它的派生类 B 和 C。因此在父类添加方法（修改代码）时，必须检查这些修改是否会对派生类产生影响；如果产生影响的话，就不得不对派生类做进一步的修改。如果类的继承体系不是一个人完成的，或者是修改别人的代码的情况下，很可能因为继承产生难以觉察的 BUG。引起这一问题的很重要的原因便是父类和派生类之间的耦合。往往只是对基类做了小小的改动，却不得不重构它们所有的派生类，这就是所谓的"脆弱的基类"问题。由于类之间的关系是存在的，因此耦合是不可避免的甚至是必要的。

⑨ 具体类处于抽象的最低层，抽象类处于抽象的中间层次，接口处于抽象的最高层次，各有各的目的。要变化的东西，放在实现类中，而不放在接口中去，接口是对一类事物的属性和行为更高层次的抽象。对修改关闭，对扩展（不同的实现 implements）开放，接口是对

开闭原则的一种体现。

（4）接口、抽象类的结合。声明类型的工作由 Java 接口承担，但是同时给出的还有一个 Java 抽象类，为这个接口给出一个默认实现。如果一个具体类直接实现这个 Java 接口的话，它就必须自行实现所有的接口；相反，如果它继承自抽象类的话，它就可以省去一些不必要的方法，因为它可以从抽象类中自动得到这些方法的默认实现。这其实就是默认适配模式。

用接口定义协议即抽象方法，然后为接口提供一个抽象类。当具体类继承该抽象类时，只需实现其中自己需要的方法，如果具体类直接实现接口，则需要实现接口中所有的抽象方法，即便没用，不需要实现，也要照抄下来。

3.11 多态

多态的概念如下：在程序中同一符号或名字在不同情况下具有不同的语义解释。符号或名字可以是对象或变量的，也可以是方法的。

3.11.1 多态的 3 种情形

情形 1：重载，方法名字相同，但参数不同，很容易区分。

情形 2：现实中，动物的"生育"，禽类的"生育"，与人的"生育"，虽然名称相同，但含义不同，动物的"生育"是个抽象方法，相当于父类中的方法；而禽类的"生育"是卵生，人的"生育"是胎生，除了具有动物生育的共同特征外，还各有自己具体的生育特征，相当于子类的方法。这也是一种多态，相当于方法的覆盖。在不同的语言环境，人们会特指不同的"生育"。比如，在讲人时，生育显然是指人的胎生的"生育"。在 Java 中，子类对象调用子类的方法，父类对象调用父类的方法。如果子类没有父类中的某个方法，则子类继承父类的这个方法。

情形 3：客车可以"拐弯"，卡车可以"拐弯"，轿车也可以"拐弯"。虽然"拐弯"名称相同，但"拐弯"的含义即具体操作不同。另外，虽然几种车名称不同，但都属于"车"。如人们坐在客车里说"车拐弯"，当然指的是客车拐弯；人们驾驶卡车时说"车拐弯"，那指的就是卡车拐弯。尤其当人们区分不开是什么车或只想笼统的表达时，人们就只说"车拐弯"。显然这种表达具有通用性、能代表各种具体的场合。这相当于 Java 中的动态绑定。人们将"车"的对象引用指向具体的各种车型，对这些具体车型的对象给予上转型，则这些上转型的对象具有指代的普遍性，将来增加具体车辆时，这种代码由于具有普遍性，可以不用更改代码。

（1）Java 中为什么设计多态。一是模拟现实；二是为了代码简洁；三是为了代码维护扩展的需要。

（2）多态可使代码简洁。简而言之，多态是让虚拟机完成很多比较判断的工作，而避免了用代码实现。如程序要处理方块和圆两种图形。假如需要求面积和边长。面向过程的方法是写上

    if 是圆 and 面积{}else if 是方 and 面积{}

程序里任何在方形和圆形不同的地方都要用 if else 语句，很长的程序，很复杂的逻辑。以后方形改成三角形了，还要察看所有的程序，更改所有和形状有关的东西。

如果使用面向对象的方法,就可以把所有和方形相关的东西都放在方形对象里,和圆形相关的东西都放在圆形的对象里,程序里只要简单的调用圆.getAraea()或者方.getAraea()方法就可以了。以后方块变成三角形了,只需用一个三角对象替换方块对象就可以了。

可是,程序里还要判断方形对象和圆对象。特别是不知道传进来的会是什么对象的时候,因此就不得写一个以方形为参数和一个以圆为参数的程序(重载)。

如果引入接口和多态的概念就解决了。定义一个接口为"图形",方块和圆都实现这个接口。然后就不再需要知道操作的是圆还是方块,把它们统统当作"图形"来对待,求面积和边长的时候只要调用图形接口的求面积和边长的方法就可以了,接口会返回正确的结果,所以程序就简洁了,简单的两句话替代了之前错综复杂的语句。

这只是两种不同的图形,如果要处理几十种图形的话,这种方式的简洁清晰度和节省的代码是不可限量的。

比如有 10 种不同的图形,要进行 5 种不同的操作,每种操作平均调用两次,那么传统的代码需要写 $10×5×2=100$ 段 if 语句,错综复杂。如果某些操作之间再有些互动的因素,最后几乎是不可能实现的代码。

但是利用面向对象、接口、设计模式的方法。主程序 5 种操作只需要 5 行就可以实现。而复杂的逻辑就分散到 10 个对象和每个对象里的 5 个方法里去,变得简单多了。如果再利用继承,那么很可能只需要写 10 几个方法就完成了编程。

重载、覆盖、动态绑定,都是由 JVM 自动判断该调用哪个方法,避免了由程序代码判断该调用哪些方法和成员变量。重载根据方法的参数个数、类型和顺序判断;覆盖根据调用方法的对象是父类还是子类对象来判断,父类对象调用父类方法,子类对象调用子类方法;动态绑定根据上转型对象指向的实际对象类型判断,指向哪个对象,调用的就是哪个对象的方法。

(3)多态使得代码易于维护和扩充。人们编写的大量代码,应该具有模板的性质,应该随着时间的推移和场合的改变,仍然保持不变性或只需更改少量的代码,剩下的工作只是添加代码。动态绑定就是为了达到这一目的,即能够适应代码扩充,易于维护。以上分析得知,如果用实现图形接口的类的对象调用求面积和周长的方法,而不用具体的图形的对象调用,就能在未来增加具体图形的情况下,不用更改调用的代码,因为增加的图形也是具体的一种图形。这就是为什么上转型对象,具有父类或接口的类型但指向子类或具体类的对象,调用具体子类的方法而不调用父类的方法的缘故。

Object 类是所有类的祖宗,它的 equals 方法比较的是对象的引用。Java 类库包含了150 多个 equals 方法的实现,正是这 150 多种方法覆盖,让人们有了更加实用高效的相等操作。

(4)Java 中多态是针对实例方法的,不是针对成员变量和静态方法的。即成员变量和静态方法不存在多态。重载是指方法的重载,方法名相同但随着调用它的对象不同,方法的含义不同。覆盖也是指方法的覆盖,方法名相同,但父类对象调用时,调用的是父类的方法,子类调用时是子类的方法。这两种情形属于静态多态或编译期多态。都是相同的行为受驱于不同类型的对象会获得不同的结果;第二种情形是指一个变量指向多种类型的对象,因而调用不同对象的方法。这种情形发生在程序运行时,Java 动态地确定对象的类型以及其调用的方法,因此也叫运行期多态或动态绑定。当有很多同名方法时,人们只要一个语句,JVM 根据对象的类型或参数的不同自己能确定该调用哪个方法,代码既具有通用性,又不至于混淆。

3.11.2 多态的具体实现

1. 方法的重载

重载表现为同一个类中方法的多态性。一个类中可以定义多个参数不同的同名方法，程序编译时，究竟执行重载同名方法中的哪一个，取决于调用该方法的实际参数的个数、参数的数据类型和参数的次序。称为编译时多态或静态多态。

2. 实例成员变量和静态成员的隐藏

如果父类中的实例成员变量是 private 修饰的，则子类不能继承，只能重新定义自己的。在子类中，子类实例变量隐藏了父类同名实例变量，不能通过子类对象调用。但父类实例变量可以通过 super 在子类中调用，或通过上转型对象调用。对于静态成员，因为只与类有关，与任何对象无关，用类名就可以调用，因此，虽然用子类对象无法在子类中调用，但用类名就可以将父类子类的静态成员在调用时区分开。当然也可以用 super 或上转型对象调用。Java 在编译期确定调用父类子类的同名实例成员变量和静态成员，因此，隐藏也属于编译期多态。

3. 实例方法的覆盖

如果一个父类实例方法不适用于子类，子类可以重新定义它，即声明并实现父类中的同名实例方法并且参数列表也完全相同，返回类型也相同。则父类和子类具有两个同名实例方法，此时称子类实例方法覆盖了父类实例方法。子类实例方法覆盖父类实例方法时，既可以完全重新定义，也可以在父类方法的基础上进一步增加功能。

人们说父类的实例方法被子类实例方法覆盖而不是隐藏，是因为子类的对象在子类内无论如何都不能调用父类的实例方法，即便用上转型对象也无法调用。只有通过 super 或父类的对象调用。因为上转型对象调用同名实例方法时，调用的是子类的实例方法。对于同名的实例方法，Java 在运行时确定对象到底是什么类型，因此，覆盖属于运行期多态，也叫动态绑定。

覆盖表现了父类与子类之间方法的多态性。Java 寻找执行方法的原则是：从对象所属的类开始，寻找匹配的方法执行；如果当前类中没有匹配方法，则逐层向上依次在父类或祖先类寻找匹配方法，直到 Object 类。

从类的使用者角度看，方法的多态性使类及其子类具有统一的风格，不但同一个类中具有相同含义的多个方法之间可以共用同一个方法名，而且父类与子类之间具有相同含义的多个方法之间也可以共用同一个方法名。

从类的设计者角度看，类的继承性和方法的多态性使类更易于扩充功能，同时增强了软件的可维护性。

4. 动态绑定

上转型对象调用父类的变量和静态方法，而调用子类的实例方法。Java 里没有多继承，一个类只能有一个父类。而继承的表现就是多态。一个父类可以有多个子类，而在子类里可以重写父类的方法，这样每个子类里重写的代码不一样，自然表现形式就不一样。用父类的变量去引用不同的子类，在调用这个相同的方法的时候得到的结果和表现形式就不一样了，即调用相同的方法，会有不同的结果。

（1）动态绑定。它是一种调用对象方法的机制。如果在编译时不能确定、只有在运行时才能确定执行多个同名方法中的哪一个，则称为运行时多态性或动态绑定。

（2）Java 的方法调用过程。首先，编译器查看对象的声明类型和方法名（对象变量的声明类型）。通过声明类型找到方法列表。然后，编译器查看调用方法时提供的参数类型。如果方法是 private、static、final 或者构造器，编译器就可以确定调用那个方法。这是静态绑定。如果不是上述情况，就要使用运行时（动态）绑定。在程序运行时，采用动态绑定意味着，虚拟机将调用对象实际类型所限定的方法。

```
People p1=new People("李小明",21);      //对象获得本类的实例,对象与其获得的实例类型一致
Student s1=new Student("王大伟",19);
p1.print();                            //编译时多态性,执行 People 类的方法
s1.print();                            //编译时多态性,执行 Student 类覆盖的方法。
People p2=new Student();               //p2 获得子类对象,对象与其获得的实例类型不一致
p2.print();                            //运行时多态,执行 Student 类覆盖的方法
```

此时，p2 声明为父类对象却获得子类 Student 的实例，那么 p2.print()究竟是执行父类方法还是执行子类覆盖的方法呢？这有两种情况，取决于子类是否覆盖了父类的该方法。如果子类覆盖了该方法，则执行子类方法；如果没有覆盖则执行父类方法。在编译时，仅仅依据对象所属的类，系统无法确定到底该执行哪个类的方法，只有到运行时才能确定，因此这是运行时多态。

上转型对象并不能执行所有子类实例方法，只能执行那些在父类中声明、子类覆盖的子类方法。

3.11.3　总结

1. 方法的特征因素

在 Java 规范里，一个方法的特征仅包括方法的名字、参数的数目和种类，而不包括返回类型、参数的名字以及抛出的异常。Java 编译器检查方法的重载时会根据这些条件判断两个方法是否重载了。但是 Java 编译器在检查方法的重写时，则会进一步的检查两个方法的返回类型和抛出的异常是否相同。

2. 覆盖的特点

（1）覆盖方法的标志必须要和被覆盖的方法的标志完全匹配，才能达到覆盖的效果。

（2）覆盖方法的返回值必须和被覆盖的方法的返回一致。

（3）覆盖方法所抛出的异常必须和被覆盖方法的所抛出的异常一致，或者是其子类。

（4）被覆盖的方法不能为 private，否则在其子类中只是新定义了一个方法，并没有对其进行覆盖。

3. 重载的特点

（1）重载只能通过不同的参数样式。例如，不同的参数类型，不同的参数个数，不同的参数顺序。

（2）不能通过访问权限、返回类型、抛出的异常进行重载。

（3）方法的异常类型和数目不会对重载造成影响。

（4）对于继承来说，如果某一方法在父类中访问权限是 priavte，那么就不能在子类对其

进行重载,如果定义的话,也只是定义了一个新方法,而不会达到重载的效果。

(5) main 方法也可以被重载。

4. 方法覆盖和方法重载的相同点

(1) 都要求方法名相同。

(2) 都可以用于抽象方法和非抽象方法之间。

5. 方法覆盖和方法重载的不同点

(1) 方法覆盖要求参数签名必须一致,而方法重载要求参数签名必须不一致。

(2) 方法覆盖返回类型必须一致,方法重载对此不做限制。

(3) 方法覆盖只能用于子类覆盖父类的方法,方法重载用于同一个类的所有方法(包括从父类中继承而来的方法)。

(4) 方法覆盖对方法的访问权限和抛出的异常有特殊的要求,而方法重载在这方面没有任何限制。

(5) 父类的一个方法只能被子类覆盖一次,而一个方法在所在类中可以被重载多次。

6. 隐藏和覆盖的区别

子类对象转换成父类对象后,能够访问父类被隐藏的变量和静态方法,而不能访问父类被覆盖的实例方法。这说明变量和静态方法是被隐藏了,实例方法是被覆盖了。覆盖有"使失效"的意思。隐藏只是把父类的成员变量和静态方法藏起来,但是其还是实质存在的;而覆盖就是把父类的实例方法完全抹掉以替换成子类的,是不可恢复的。在子类被强制转换成父类类型后,被隐藏的东西又被恢复了,而被覆盖的方法却是一去不复返了(子类的方法在这个实例里面永久替代了原先父类的方法)。

7. 子类成员变量与父类成员变量之间的隐藏

实例变量和静态变量可以互相隐藏,但静态方法只能隐藏静态方法,实例方法与静态方法之间不能相互隐藏。

继承是子类获得父类的成员,覆盖是继承后重新实现父类的实例方法。重载是在一个类里一系列参数不同名字相同的方法。多态则是用父类的引用指向子类的对象。

继承是子类使用父类的方法,而多态则是父类使用子类的实例方法。

8. 子类继承父类方法时的变量类型

(1) 子类继承父类方法时,子类对象调用父类方法,父类方法中引用的是父类的成员变量,甚至是私有变量。

(2) 子类实例方法覆盖父类实例方法时,子类对象调用的是子类的方法,方法中的成员变量是子类的。

(3) 多态时,即父类引用指向子类对象时,对象调用同名方法,调用的是子类的方法。

3.12 继承与多态的综合用例

1. 用多态代替重载

【例 3.10】 用多态代替重载。

```
class Triangle extends Shape {
    public int getSides() {                                      //重写
```

```
            return 3;
        }
    }
    class Rectangle extends Shape {
        public int getSides(int i) {                              //重载
            return i;
        }
    }
    public class Shape {
        public boolean isSharp(){
            return true;
        }
        public int getSides(){                                     //重载
            return 0 ;
        }
        public int getSides(Triangle tri){                         //重载
            return 3 ;
        }
        public int getSides(Rectangle rec){                        //重载
            return 4 ;
        }
        public static void main(String[] args) {
            Triangle tri=new Triangle();
            //继承
            System.out.println("Triangle is a type of sharp?"+tri.isSharp());
            Shape shape=new Triangle();                            //多态
            //多态
            System.out.println("My shape has "+shape.getSides()+" sides.");
        }
    }
```

输出:

```
Triangle is a type of sharp?true
My shape has 3 sides.
```

注意:Triangle 类的方法是重写,而 Rectangle 类的方法是重载。比较重载与多态的代码,可以发现多态相对于重载的优点:如果用重载,则在父类里要对应每一个子类都重载一个取得边数的方法;如果用多态,则父类只提供取得边数的接口,至于取得哪个形状的边数,怎样取得,在子类里各自实现(重写)。即人们得出以下代码编写原则:

尽量在各个子类中各自覆盖实现,到父类或另外一个类中多态实现。而不在父类中用重载,每个重载的方法都要单独调用。

从上面的例子可以看到,有的继承是为了类的多态的实现,即调用父类 shape 的某个共同方法,实质上是这些子类就会调用自己的方法来实现。

若干重载的方法的参数如果是对象,而这些对象在性质上可以是某个父类的不同子类的对象,那么这些方法可以改成每个子类的方法,覆盖父类的同名方法,引进多态机制。对象作为参数相当于对象作为动词的宾语,而设计成不同的子类的方法并覆盖父类的方法后,这些子类的方法就可以用子类的对象调用,这时,子类的对象变成了动词的主语,因此,面向对象与面向过程的区别之一是对象作为方法的参数还是作为方法的调用者,是作为行为的宾语,还是行为的主语。

因此,多态可以说是为了避免在父类里大量重载引起代码臃肿且难于维护。

2. 获得不同类的成员变量的方法

编程中,人们经常需要获得某个成员变量的值(如 name)用于输出或计算。一般的,获得某个成员变量的值有以下几种方式。

(1) 用 this. name 或 super. name。

(2) 如果是 static 的变量,用类名. name。

(3) 用 getter 方法。即定义一个 getName()的方法,从中 return name。在这 3 种方式中,第 3 种方式具有通用性。因为第 1 种方法只能在本类或子类中可以使用。第 2 种方式局限于静态变量,而且方法中出现该成员变量的所在的类名,会使得该方法绑定到该类,有可能破坏该方法的通用性。

由前所述,为了代码的通用性,人们一般采用面向抽象编程,这样就要用到上转型和多态,即上转型变量调用的实例方法是子类的方法,而调用的变量是父类的变量,那么又如何调用子类的成员变量呢? 可以用 getter 形式。

【例 3.11】 获得不同类的成员变量的方法。

```java
class Father {
    protected String name="父亲属性";
    public String getName() {
        return name;
    }
    public void method() {
        System.out.println("父类方法,对象类型:"+this.getClass());
    }
}
public class Son extends Father {
    protected String name="儿子属性";
    public String getName() {
        return name;
    }
    public void method() {
        System.out.println("子类方法,对象类型:"+this.getClass());
    }
    public static void main(String[] args) {
        Father sample=new Son();                    //向上转型
        System.out.println("调用的成员:"+sample.getName());
    }
}
```

输出：

调用的成员：儿子属性

【例 3.12】 继承与多态。

```
class A{
    int i;
    public void getA(int i){
        System.out.println("i="+i);
    }
}
class B extends A{
    int i;
    public void getB (int i){
        getA(1);
        System.out.println("i="+i);
        System.out.println("i="+i);            //调用的是 C 中的方法
    }
}
class C extends B{
    int i;
    public void getC(int i){
        getB(1);
        System.out.println("i="+i);
    }
    public    void getA(int i){                //覆盖了 Class A 中的方法
        System.out.println("i="+i);
        System.out.println("i="+i);
    }
    public static void main(String args[]){
        B c=new C();
        //a.getA(1);
        c.getB(3);

    }
}
```

输出：

i=1
i=1
i=3
i=3

c 调用的是 C 中 getB()，但 C 中没有，继承 B 中的 getB()，执行 getA()，此时要执行 C 中的 getA()，因此输出两个 i＝1。

3. Java 的 6 种变量类型

Java 中有 6 种类型的变量：类变量、实例变量、方法参数、构造函数参数、异常处理参数和局部变量。类变量包括在类中定义的静态数据成员以及在接口中声明的静态或非静态的数据成员。实例变量是在类体中声明的非静态变量。方法参数是用来传入方法体的。构造函数参数是用来传入构造函数的。异常处理参数用来传入一个 try 语句中的 catch 块的。局部变量是在一个代码块或一个 for 语句中声明的变量。下例主要演示实例成员变量、方法参数之间的关系。

【例 3.13】 实例成员变量、方法参数之间的关系。

```
class Parent{
    int i=10;                               //父类变量
    public void setI(int i){
        this.i=i;
    }
    public int getI(int i){
        return this.i;                      //如果改为 return i;呢
    }
}
public class Son extends Parent{
    int i=11;                               //子类与父类同名的变量
    public void setI(int i){
        this.i=i;
    }
    public static void main(String args[]){
        Son son=new Son();
        System.out.println("son.i="+son.i);
        son.setI(100);
        System.out.println("After setI(100) : son.i="+son.i);
        Parent parent=son;
        System.out.println("See son as Parent : parent.i="+parent.i);
        System.out.println("See son as Parent : son.i="+son.i);
        System.out.println("See son as Parent : son.getI(200)="+son.getI(200));
        System.out.println("See son as Parent : new Parent().getI(200)="+new Parent().
        getI(200));
    }
}
```

输出：

```
son.i=11
After setI(100) : son.i=100
See son as Parent : parent.i=10
See son as Parent : son.i=100
See son as Parent : son.getI(200)=10
See son as Parent : new Parent1().getI(200)=10
```

3.13 内部类

一个类可以声明包含另一个类,被包含的类称为内部类,直接包含内部类的类称为外部类,在内部类之外且不包含内部类的类称为外围类。人们在设计图形化组件的"事件"时,经常会用到"内部类"。内部类和接口是 Java 引以为傲的两个部分,接口部分地实现了多继承,而内部类完整的实现了多继承。当有些逻辑不容易实现时,用内部类可以较简单和优雅的实现。

1. 为什么要设计内部类

(1) 准备实现某个 interface,使自己能创建和返回一个引用。

(2) 要解决一个复杂的问题,并希望创建一个类,用来辅助自己的程序,同时不愿意把类的细节公开,达到隐藏内部类的目的。其实是一种设计模式。

(3) 一个内部类的对象能够访问外部类,包括私有数据。当 A 类对于 B 类需要完全公开时,又不想将 A 类定义为 public 的,此时,将 B 类定义为 A 类的内部类即可,此时达到隐藏外部类的目的。

(4) 对于同一个包中的其他类来说,内部类能够隐藏起来,达到隐藏内部类的目的。

(5) 匿名内部类可以很方便地定义回调。

(6) 使用内部类可以非常方便的编写事件驱动程序。

(7) 实现多继承,即原先由一个外部类继承多个类,改为多个内部类分别继承不同的类。

2. 内部类含两种情形

(1) 属于类的成员,即在类中方法外定义一个类,实例成员内部类作为外部类的实例成员,静态成员内部类作为外部类的静态成员。

(2) 在方法中定义一个类(局部内部类与匿名内部类)。

3. 内部类所处的环境

内部类可以是其他类的成员;可以在一个语句块的内部定义;可以在表达式内部匿名定义。

3.13.1 实例成员内部类

实例成员内部类是外部类的实例成员。如果内部类中定义的变量与外部类中变量名称相同时,如何确保正确地访问每一个变量呢?

【例 3.14】 实例成员内部类。

```
public class Outer {
    private static int i=1;
    private int j=10;
    private int k=20;
    public static void outer_f1(){ }
    public void outer_f2(){ }
    class Inner{                    //实例成员内部类中,可以访问外部类的所有成员
```

```
        // static int inner_i=100;              //实例成员内部类中不允许定义静态变量
        int j=100;                              //内部类和外部类的实例变量可以共存
        int inner_i=1;
        void inner_f1(){
            int j=200;
            System.out.println(i);
            System.out.println(j);              //局部变量 j=200
            System.out.println(this.j);         //在内部类中访问内部类自己的变量用 this.变
                                                //量名
            System.out.println(Outer.this.j);   //在内部类中访问外部类中与内部类同名
                                                //的实例变量用外部类名.this.变量名
            System.out.println(k);              //如果内部类中没有与外部类同名的变量,则可以
                                                //直接用变量名访问外部类变量
            outer_f1();
            outer_f2();
        }
    }                                           //内部类结束
    public void outer_f3(){
                    //外部类的实例方法访问实例成员内部类,可以直接创建实例成员内部类的对象
        Inner inner=new Inner();
        inner.inner_f1();
    }
    /* 外部类的静态方法访问实例成员内部类,与在外部类外部访问成员内部类一样,需先创建外部类
    的对象 */
        public static void outer_f4(){
            Outer out=new Outer();              //建立外部类对象
            Inner inner=out.new Inner();        //根据外部类对象建立内部类对象
            inner.inner_f1();                   //访问内部类的方法
        }
        public static void main(String[] args) {
            outer_f4();
        }
    }
```

成员内部类的优点:

(1) 内部类作为外部类的成员,可以访问外部类的私有成员或属性。(即使将外部类声明为 private,但是对于处于其内部的内部类还是可见的。)

(2) 用内部类定义在外部类中不可访问的属性。这样就在外部类中实现了比外部类的 private 还要小的访问权限。

注意:内部类是一个编译时的概念,一旦编译成功,就会成为完全不同的两类。

对于一个名为 outer 的外部类和其内部定义的名为 inner 的内部类。编译完成后出现 outer.class 和 outer $ inner.class 两个类。

注意:当 Outer 是一个 private 类时,外部类对于其外部访问是私有的,所以就无法建立外部类对象,进而也无法建立内部类对象。

【例 3.15】 显式返回内部类引用。

```
class Outer{
private int index=10;
    class Inner{
        private int index=20;
        void print(){
            int index=30;
            System.out.println(index);
            System.out.println(this.index);
            System.out.println(Outer.this.index);
        }
    }
    Inner getInner(){
        return new Inner();                    //返回一个内部类的引用
    }
}
public class Test{
    public static void main(String[] args){
        Outer outer=new Outer();
/* 在另一个类中必须先创建外部类对象,由它创建内部类对象 */
        Outer.Inner inner=outer.getInner();
        inner.print();
    }
}
```

Inner 是 Outer 的内部类,所以在类 Test 中必须用属性引用符来标识出内部类。

【例 3.16】 main()方法在 Outer 类内部。

```
public class Outer{
    private int index=10;
    class Inner{
        private int index=20;
        void print(){
            int index=30;
            System.out.println(index);
            System.out.println(this.index);
            System.out.println(Outer.this.index);
        }
    }
    Inner getInner(){
        return new Inner();                    //返回一个内部类的引用
    }
    public static void main(String[] args){
        Outer outer=new Outer();
        Inner inner=outer.getInner();          //因为 main()是静态方法,需用外部类
```

```
        inner.print();                              //对象创建内部类对象
    }
}
```

因为 main()方法在 Outer 内部,故可以直接引用 Inner,不需要属性引用符 Outer.
Inner。

【例3.17】 在 main 方法中直接产生内部类对象。

```
class Test {
    public static void main(String[] args){
        Outer outer=new Outer();
        Outer.Inner inner=outer.new Inner();                //注意此处变化
        inner.print();
    }
}
```

在利用 new 构造方法构造一个外部类对象时,并没有连带着构造一个内部类对象,故
需要访问内部类方法时,必须使用 new 操作符为这个外部类对象再构造一个内部类对象。
因为静态方法内是不能访问其他非静态成员的,而内部类 Inner 此时为一个非静态成员,当
然不能直接在 main 方法内访问,因此,人们通过创建外部类的对象创建它的对象。

3.13.2 局部内部类

在方法中定义的内部类是局部内部类,它只能访问方法中的 final 类型的局部变量,因
为用 final 定义的局部变量相当于是一个常量,延长了其生命周期,使得方法在消亡时,其内
部类仍可以访问该变量。另外,它同样也可以引用定义在外部类的变量和方法。而且方法
体中的局部内部类不允许有访问修饰符,这点和局部变量相同。

【例3.18】 局部内部类。

```
public class Outer{
    int num=10;
    public void print(final int aArgs){
        class Inner{                  //类定义在方法中
            int num=20;               //可以定义和外部类同名的变量,但静态变量不可定义
            public Inner(){
                System.out.println("This is Inner.");
                //可看出它与匿名内部类用法的不同。
            }
            public void print(){
                int num=30;
                System.out.println(this); //the object created from the local Inner
                System.out.println(num);
                System.out.println(this.num);
                System.out.println(Outer.this.num);
                System.out.println(aArgs);     //可以访问外部类的 final 修饰的局部变量
            }
```

```
        }    //内部类结束
//在外部类中访问内部类,下句必须放在定义类 Inner 的后面
        Inner inner=new Inner();
        inner.print();
    }
    public static void main(String[] args){
        Outer outer=new Outer();
        outer.print(40);
    }
}
```

注意：不能在内部类所在的方法或语句块之外调用内部类。对于局部类的命名,不管是在一个方法中定义多个类还是在几个方法中分别定义类,其编译后命名是 OuterClass $ nInnerClass. class,n 为该局部的第 n 个内部类。

3.13.3　匿名内部类

匿名内部类作为一种特殊的内部类,除了具有普通内部类的特点,还有自己的一些独有特性：匿名内部类必须继承一个基类或实现一个接口,但是不能有显式的 extends 和 implements 子句;匿名内部类必须实现父类以及接口中的所有抽象方法;匿名内部类总是使用父类的无参构造方法来创建实例。如果是实现了一个接口,则其构造方法是 Object();匿名内部类编译后的命名为：OuterClass $ n. class,其中 n 是一个从 1 开始的整数,如果在一个类中定义了多个匿名内部类,则按照它们的出现顺序从 1 开始排号。匿名类是在一个表达式内部包含一个完整的类定义,将类声明和该类的实例的创建相结合,从而在一个操作中创建了一个"只用一次"的没有名字类和一个该类的实例。匿名类没有名字,不能用来声明对象引用,但可以显式地调用一个无参的父类(或接口)的构造方法,直接创建一个对象。

匿名类不能声明 static 成员变量和方法。

匿名类的主要用途是向方法的参数传值。

在 new 关键字之后,指定一个类名或一个接口名,其后为一个类的类体,可以扩展所指定的类或实现所指定的接口。

```
new[类 A 或接口 A( )] {
//类体
}
```

以上得到的匿名类是类 A 的子类(在匿名类中可以继承类 A 的成员,或重写继承的方法),或者是实现接口 A 的类(在匿名类中实现接口的抽象方法)。new A()可以作为方法的参数,也可以在 return 之后等表达式中。

【例 3.19】 匿名内部类。

```
package pack2;
abstract class A{
    abstract public void sayHello();
}
public class Outer{
```

```
public static void main(String[] args){
    new Outer().callInner(new A(){              //内部类开始
        public void sayHello(){
            System.out.println(this);
                                    //the object created from the anonymous Inner
            System.out.println("Hello!");
        }
    });                                         //内部类结束
}
public void callInner(A a){
    a.sayHello();
}
}
```

输出结果：

```
pack2.Outer$1@d9f9c3
Hello!
```

上段内部类的意思是：创建某个匿名类，它继承自类 A。new 传回的引用会被自动上转型为一个 A 类型的引用。上面匿名类的语法可以展开为：

```
Class B extends A{
    public void sayHello(){
        System.out.println(this);    //the object created from the anonymous Inner
        System.out.println("Hello!");
    }
}
return new B();
```

3.13.4　静态成员内部类

静态成员内部类是外部类的静态成员。因为实例内部类自动记录一个引用指向外部类的对象，如果人们不需要内部类与外部类对象之间的关联，就可以将内部类定义成静态内部类。当内部类被定义成静态时，就意味着两点。

（1）产生其对象时，并不需要同时存在一个外部类对象。

（2）无法在静态内部类中访问外部类的对象。静态内部类属于整个外部类，而与外部类的对象无关。人们知道，在任何实例内部类中，都不能有静态数据、静态方法或者又一个静态内部类（内部类的嵌套可以不只一层）。因为实例内部类相当于外部类的实例成员，所以它内部不能定义静态成员。和实例内部类相比，静态内部类没有了指向外部类的引用。一个静态的内部类，可以声明 static 成员，也可以声明非静态成员。根据静态成员不能访问非静态成员的原则，静态内部类只可以访问外部类的静态成员（包括 private static 的成员）。静态内部类实例化的时候不必先实例化外部类，可以直接实例化内部类。即不通过外部类的对象引用内部类来创建内部类对象，而是由外部类引用内部类来创建内部类对象。而对于实例内部类则必须先实例化其外部类，才能再实例化本身。静态内部类可以被视为顶层类的静态成员,可在不创建顶层类对象的情况下被使用,这是与实例内部类的区别。

3.13.5 内部类的继承

当一个类继承自一个内部类时,默认的构造器不可用。

【例3.20】 继承内部类。

```
class WithInner{
    class Inner{
        public void sayHello(){
            System.out.println("Hello.");
        }
    }
}
public class Test extends WithInner.Inner{
    Test(WithInner wi){
        wi.super();
    }
    public static void main(String[] args){
        WithInner wi=new WithInner();
        Test test=new Test(wi);
        test.sayHello();
    }
}
```

因为每一个内部类都有一个指向外部类的引用,在继承一个内部类,必须先创建一个外部类,通过这个外部类引用来调用其内部类的构造方法。如果继承的内部类是一个静态内部类,则就不需要这样,直接 super()调用即可。

3.13.6 内部类的两种特殊用法

一个类从另一个类派生出来,又要实现一个接口。但在接口中定义的方法与父类中定义的方法的意义不同,则可以利用内部类来解决这个问题。

【例3.21】 用内部类解决继承与实现同名但含义不同的方法。

```
interface Machine{
    void run();
}
class Person{
    void run(){
        System.out.println("run");
    }
}
class Robot extends Person{
    private class MachineHeart implements Machine{
```

```
        public void run(){
            System.out.println("heart run");
        }
    }
    Machine getMachine(){
        return new MachineHeart();
    }
}
public class Test{
    public static void main(String[] args){
        Robot robot=new Robot();
        Machine m=robot.getMachine();
        m.run();
        robot.run();
    }
}
```

在 Robot 类内部使用内部类 MachineHeart 来实现接口 Machine 的 run 方法。同时 Robot 类又继承了父类 Person 的 run 方法。如果不使用内部类 MachineHeart 而使 Robot 直接实现接口 Machine,则该如何调用父类的 run 方法?

利用内部类可解决 C++ 中多重继承所解决的问题。

【例 3.22】 用内部类解决继承不同的父类的问题。

```
class A{
    void fn1(){
        System.out.println("It's fn1.");
    }
}
abstract class B{
    abstract void fn2();
}
class C extends A{
    B getB(){
        return new B(){
            public void fn2(){
                System.out.println("It's fn2.");
            }
        };
    }
}
public class Test{
    public static void main(String[] args){
        C c=new C();
        c.fn1();
        c.getB().fn2();
```

```
        }
    }
```

类 C 既要继承类 A 又要继承类 B,则可将类 B 的定义放入类 C 内部,使之成为内部类。一般情况下当人们需要在某一情形下实现一个接口,而在另一情形下又不需要实现这个接口时,人们可以使用内部类来解决这一问题。让内部类来实现这个接口。另外一个很好的理由是 Java 内部类加上接口可以有效地实现多重继承。

3.13.7 内部类总结

1. 内部类的共性

在外部类中声明内部类之后,从类与类之间的关系来看,外部类包含内部类,外部类与内部类之间构成类的嵌套结构;从类与成员之间的关系来看,内部类是外部类的成员。因此,内部类既有类的特性,也有类中成员的特性。内部类也是一个类,在前面所讲解的类的所有知识,例如 final 关键字、重载、重写等,这些内容对内部类来说同样适用。

(1)内部类的类特性。

① 内部类不能与外部类同名。

② 内部类可以有各种访问权限,这个访问权限约定和外部类完全一样。

③ 内部类具有封装性。内部类中可以声明成员变量和成员方法,通过创建内部类的对象,可以引用其成员变量和调用其成员方法。内部类成员可以与外部类成员同名。

④ 内部类具有继承性,可以声明内部类继承指定父类或实现指定接口。

⑤ 内部类具有抽象性,可以声明内部类为抽象类,但该抽象类必须被其他内部类继承。

⑥ 可以声明内部类为接口,但该内部接口必须被其他内部类实现。

⑦ 只有静态内部类能嵌入接口中。

(2)内部类的成员特性:

① 使用点操作符“.”引用内部类,如直线类 Line 中的内部类点类 Point 引用格式如下:

```
Line.Point
```

② 内部类具有类成员的 4 种访问权限。

2. 各种内部类各自的特征

(1)实例成员内部类。

① 外部类和实例成员内部类可互相访问对方的私有成员及其他成员。内部类还可以访问外部类的静态成员。

② 在外部类的类体内可以任意创建内部类对象,即使内部类是私有的(私有内部类)。即内部类对包围它的外部类可见。

③ 在内部类中可以直接引用其外部类的所有域,即使是私有域。即外部类对内部类可见。用外部类创建内部类对象时,此内部类对象会秘密的捕获一个指向外部类的引用,于是,可以通过这个引用来访问外部类的成员。通常,这些都是编译器来处理。正是因为如此,人们创建内部类对象时,必须与外围类对象相关联。

④ 实例内部类中不能定义静态成员变量。

⑤ 在实例内部类中,如果是访问自己定义的属性,可以直接访问,也可以通过 this 关键

字来访问。

⑥ 在实例内部类中,如果外部类和内部类定义的属性同名,可以通过"外部类类名.this.外部类成员变量名"的形式来访问。

⑦ 在外部类的静态方法之内以及外部类之外创建一个内部类对象,就要用OuterClassName.InnerClassName 的形式制定该对象的类型。

(2) 静态成员内部类。

① 只能访问外部类的静态成员。

② 静态内部类变为顶层类,不能再使用局部变量。

③ 若想在 Inner Class 中声明任何 static 成员,则该 Inner Class 必须声明为 static。

(3) 在方法中定义的局部内部类。

① 局部内部类没有任何的访问控制权限,外部类看不见方法中的局部内部类,局部内部类不能从所在方法外引用,但是局部内部类可以访问外部类的任何成员。即局部类可以看到所在方法范围内及其上类的所有内容,包括静态和非静态的成员。

② 方法体中可以访问局部内部类,但是访问语句必须在定义局部内部类之后。

③ 在局部内部类中,如果要访问外部方法的局部变量,则此变量必须是 final 修饰的,否则不能访问,因为方法的生命周期只是在调用时存在,方法调用完后就结束了。

④ 在局部内部类中不能定义静态的属性。

⑤ 和实例成员内部类类似,内部类的实例化必须先实例化外部类。

(4) 在方法中定义的匿名内部类。没有构造器,取而代之的是将构造器参数传递给超类构造器。

3. 各种内部类的特征比较

各种内部类的特征比较如表 3-3～表 3-6 所示。

表 3-3　各种内部类可用的修饰符

	final	abstract	static	public	缺省	protected	private
实例内部类	√	√	√	√	√	√	√
静态内部类	√	√		√	√	√	√
局部内部类	√	√					
匿名内部类							

表 3-4　创建内部类对象并用其调用自己的成员

	外部类的类体内	外部类的实例方法内	外部类的静态方法内	外部类外部
实例内部类	Inner inner=new Inner();	Inner inner=new Inner();	Outer out=new Outer(); Inner inner = out. new Inner();	Outer out=new Outer(); Inner inner=out. new Inner();
静态内部类	Inner inner=new Inner();	Inner inner=new Inner();	Inner inner=new Inner();	Outer. Inner in=new Outer. Inner();
局部内部类				
匿名内部类				

表 3-5　内部类内声明成员

	声明实例成员	声明静态成员
实例内部类内	√	
静态内部类内	√	√
局部内部类内	√	
匿名内部类内	√	

表 3-6　内部类访问外部类成员或当前代码块的局部变量

	访问外部类实例成员	访问外部类静态成员	访问外部类私有成员	访问与内部类成员同名的外部类成员	访问外部类的局部变量（当前代码块,内部类之外）
在实例内部类内	n	n	n	Outer. this. n	
在静态内部类内		可以	私有静态可以	静态成员可以	
在局部内部类内	n	n	n	Outer. this. n	局部变量须被 final 修饰
在匿名内部类内	n	n	n	Outer. this. n	局部变量须被 final 修饰

3.14　设计原则

初步掌握一定的 Java 语法后,应该学习有关设计原则和设计模式的知识。Java 语法就像英语中的单词,仅仅懂语法编不出面向对象的代码,很可能是面向过程的代码。设计模式和设计原则告诉我们如何编出既符合 Java 语法又满足维护、复用要求的代码。

1. 面向抽象原则

面向抽象编程包括面向抽象类编程和面向接口编程。应当使用抽象类和接口进行变量的类型声明、参量的类型声明、方法的返还类型声明以及数据类型的转换等。比如:

```
List list=new Linkedlist();
```

要保证做到这一点,一个具体 Java 类应当只实现 Java 接口和抽象 Java 类中声明过的方法,而不要给出多余的方法。

从复用的角度来说,高层次的模块是应当复用的,而且是复用的重点,因为它含有一个应用系统最重要的宏观商务逻辑,是较为稳定的。在传统的过程性设计中,复用则侧重于具体层次模块的复用。

抽象层次应该不依赖于具体的实现细节,这样才能保证系统的可复用性和可维护性,这也就是所谓的倒转。在实际中如何应用这一原则呢? 就是要针对接口编程,而不针对实现编程。当实现变化时,不会影响到其他的地方。

面向抽象编程将抽象概念和具体实现相隔离。这一原则使得人们拥有了更高层次的抽象模型,在面对不断变更的需求时,只要抽象模型做得好,修改代码就要容易得多。因为基类是抽象类或是接口做一个描述,底下继承的类有若干个,人们只需要对接口或抽象类操作,而不用管有多少个实现。如果是多人共同开发的项目的话,是非常有意义的。一个人写的代码,怎么实现的不用告诉别人,他看个接口就好了。因此有一种说法,与其说 Java 是面向对象编程,还不如说它是面向接口编程。强调的是接口的抽象性。它也是对C++ 的一种改进,C++ 里面没有接口。所以说 Java 语言适合多人团队合作的大项目。

面向接口编程,可以降低程序的耦合性,即调用者不必关心调用的是哪个对象,只需要针对接口编程就可以了,被调用者对于调用者是完全透明的。让你更关注父类能做什么,而不去关心子类是具体怎么做的,你可以随时替换一个子类,也就是随时替换一个具体实现,而不用修改其他。

面向接口编程中,制定标准,使用标准和实现标准三者分开,标准的使用者和标准的实现者通过标准间接发生联系,耦合度减弱。制定标准就是接口中的抽象方法,实现标准就是在实现接口的类中实现接口中的抽象方法,使用标准就是在另外一个类中接口类型的变量作为方法的参数,并且实现了该接口的类的实例的引用传给该参数,以及在该方法中接口参数变量调用实现了的接口中的方法。

【例 3.23】 制定标准、使用标准和实现标准三者分开(接口回调)。

```java
public class TestCallBack{
    public static void main(String[] args){
        UseDriver ud=new UseDriver();
        DBdriver db=new IBMdriver();              //上转型
        ud.useDriver(db);
    }
}


//sun 公司定义的接口,制定标准
interface DBdriver{
    void connect() ;
}


//使用者使用标准
class UseDriver{
    public void useDriver(DBdriver db){          //接口变量作为该类方法的参数
    db.connect();                                //方法中的参数调用接口中的方法
    }
}


//实现者实现标准
class IBMdriver implements DBdriver{
    public void connect(){
    System.out.println("IBM Connect") ;
    }
}
```

2. 开闭原则

开闭原则就是让代码对扩展开放,对修改关闭。即在增加新的功能模块时,不要修改之前的模块。比如360杀毒软件,当出现新的病毒后,只需要研发专门针对新病毒的程序,添加到系统中,而不再改原来的针对其他病毒的程序。要做到这一点,就要用到抽象,即将不变的通用的功能模块尽量抽出来。另外尽量针对抽象编程,因为抽象的东西是通用的,不随意变的,而且抽象的东西应该和具体的东西分离。

根据这一原则,尽量不覆盖具体的方法。即如果子类中一个方法打算覆盖父类的具体方法,那父类中的这个方法就不要实现而是声明成抽象方法。

3. 少用继承多用组合原则

组合复用原则(Composite/Aggregate Reuse Principle,CARP)经常又叫做合成复用原则。组合复用原则就是在一个新的对象里面使用一些已有的对象,使之成为新对象的一部分;新的对象通过向这些对象的委派达到复用已有功能的目的。它的设计原则是,要尽量使用组合,尽量不要使用继承。

1)组合复用的好处

(1)新对象存取已有对象的唯一方法是通过已有对象的接口。

(2)这种复用是黑箱复用,因为已有对象的内部细节是新对象所看不见的。

(3)这种复用支持包装。

(4)这种复用所需的依赖较少。

(5)每一个新的类可以将焦点集中在一个任务上。

(6)这种复用可以在运行时间内动态进行,新对象可以动态地引用与已有对象类型相同的对象。

(7)一般而言,如果一个角色得到了更多的责任,那么可以使用组合关系将新的责任委派到合适的对象。这种复用的缺点就是通过使用这种复用建造的系统会有较多的对象需要管理。

(8)能够实现多继承。

2)继承复用的优点

(1)新的实现较为容易,因为超类的大部分功能都可以通过继承关系自动进入子类。

(2)修改或扩展继承而来的实现较为容易。

3)继承复用的缺点

(1)继承复用破坏包装,因为继承将超类的实现细节暴露给子类。由于超类的内部细节常常是对子类透明的,因此这种复用是透明的复用,又称"白箱"复用。

(2)如果超类的实现发生改变,那么子类的实现也不得不发生改变。

(3)从超类继承而来的实现是静态的,不可能在运行时间内发生改变,因此没有足够的灵活性。

(4)不能实现多继承。

一般来说,对部分满足"Is-A"的关系,可以采取两种办法:一是加入一个抽象超类;二是将继承关系改写为组合关系。"Has-A"适用组合,"Is-A"适用继承。但要准确区分这两种关系不容易。例如:人和角色的关系。一般人认为是"Is-A"关系,因而使用继承,把每个角色如学生,雇员,经理等作为人的子类。但是继承是静态的,一旦一个人具有了一个角色后就不能再拥有其他的角色。比如一个人是经理,但他也是雇员,也可能是学生。这显然是不合理的。应该采用组合复用原则。实际上人与角色是"Has-A"而不是"Is-A"的关系。

4)用例

编程时,虽然先定义类然后在 main 方法中创建对象,但思考时应先以对象为单位去分析,找到对象后再归纳类,并确定应有哪些方法以及这些方法应该放在哪些类中。具体实施,应该先定义接口,然后用抽象类实现接口,最后再用具体类继承抽象类或实现接口。

【例 3.24】 面向抽象编程、开闭原则、组合代替继承应用举例。

一个超市类 SuperMaket 作为主类,一个抽象商品类 Goods,一个抽象家具类 Furniture,一个具体桌子 Table 类,以及进货类 Purchase,销售类 Sell,库存类 Deposite。要求商品进货时库存中商品自动增加,商品销售时库存商品自动减少;货物原有 200,其中家具 100,桌子 0。

输出:

```
进货:桌子 5
库存:桌子 5,家具 105,货物 205
销售:桌子 1
库存:桌子 4,家具 104,货物 204
```

```java
/**
 * 超市类
 */
public class SuperMarket {

    public static void main(String[] args){

        Table table=new Table();
        Purchase p=new Purchase();
        Sell s=new Sell();
        Deposit d=new Deposit(table);

        p.purchase(table, 5);
        d.display();
        s.sell(table, 1);
        d.display();
    }
}
/**
 * 抽象商品类
 */
public abstract class Goods {
    private static int numGoods=200;
    public void add(int count){
        numGoods+=count;
    }
```

```java
    public void remove(int count){
        numGoods-=count;
    }

    public String show(){
        return "货物"+numGoods;
    }
}
/**
 * 抽象家具类
 */
public abstract class Furniture extends Goods {
    private static int numFurniture=100;
    public void add(int count){
        numFurniture+=count;
        super.add(count);
    }

    public void remove(int count){
        numFurniture-=count;
        super.remove(count);
    }

    public String show(){
        return "家具"+numFurniture+","+super.show();
    }
}
/**
 * 具体桌子类
 */

public class Table extends Furniture {
    private static int numTables=0;
    public void add(int count){
        numTables+=count;
        super.add(count);
        System.out.println("进货：桌子"+count);
    }

    public void remove(int count){
        numTables-=count;
        super.remove(count);
        System.out.println("销售：桌子"+count);
    }
}
```

```
public String show(){
    return "桌子"+numTables+","+super.show();
}
}
/**
 * 进货类
 */
public class Purchase {

    public void purchase(Goods goods, int count){
        goods.add(count);
    }
}
/**
 * 销售类
 */
public class Sell {

    public void sell(Goods goods, int count){
        goods.remove(count);
    }
}
/**
 * 库存类
 */
public class Deposit {
    private Goods goods;
    public Deposit(Goods g){
        goods=g;
    }

    public void display(){
        System.out.println("库存: "+goods.show());
    }
}
```

分析：

（1）Deposit、Purchase、sell 类中只出现了 Goods 类，没有出现 Furniture 和 Table 类。如果出现了 Furniture 和 Table 类，将来出现其他类如家电类和电视类等时，还要往里面添加这些类，这样，Deposit、Purchase、sell 类便没有了不变的特性，难以维护。Goods 类中也没出现 Furniture 和 Table 类。只出现 Goods 类实现了面向抽象编程的目的，使得程序具有通用性。

（2）SuperMaket 类中首先定义 4 个对象，然后是对象调用相应的方法得到 4 个要求的输出结果，即每句输出结果都是一个对象运行的结果。main 方法中体现了对象运行，而主类之外的其他类便是模板。

（3）购买和销售后商品的加减逻辑体现在了互相继承的 3 个类中。这样就会导致强耦合，下面的第二种编码方法将加减逻辑从互相继承的 3 个类中移出来，用组合替代继承。

（4）每个输出结果中隐含着方法中包含的参数。比如，根据"进货：桌子，5"，就可以将 Goods 和 count 作为方法的参数，这些参数类似于自变量，而方法本身就是函数，方法的返回值就像因变量。

（5）SuperMaket 类中最后四句调用语句如果重复调用一遍，桌子、家具与货物的数量会保存下来，在原先的数值的基础上叠加。

以上编码由于将购买和销售后货物数量的加减逻辑放到了继承的 3 个类中，在调试、测试以及维护代码时，3 个类互相耦合，必须同时考虑。这就是继承的缺点。在下面的代码中，我们将购买和销售后货物数量的加减逻辑放到了 Deposite 一个类中，继承的类之间的耦合不存在了，调试、测试以及维护代码时针对这一个类就行了。

```
/**
 * 超市类
**/
public class Supermarket {

    public static void main(String[] args) throws InstantiationException, Illegal
AccessException, ClassNotFoundException {

        Purchase.buy(new Table(), 5);
        Deposit.deposit(new Table());
        Sell.sell(new Table(), 1);
        Deposit.deposit(new Table());

        /**又买 5 把桌子: */
        Purchase.buy(new Table(), 5);
        Deposit.deposit(new Table());

        /**又买 5 把桌子并销售 1 把: */
        Purchase.buy(new Table(), 5);
        Sell.sell(new Table(), 1);
        Deposit.deposit(new Table());

        Purchase.buy(new TV(), 5);
        Deposit.deposit(new TV());
        Sell.sell(new TV(), 1);
        Deposit.deposit(new TV());

        /**买 8 张床 */

        Purchase.buy(new Bed(), 8);
        Deposit.deposit(new Bed());
```

```java
        /**卖出三张床 */
        Sell.sell(new Bed(), 3);
        Deposit.deposit(new Bed());
    }
}


/**
 * 商品祖宗类
 **/
public class Goods {

    private static String name="货物";
    private static int count=200;

    public String getName() {
        return name;
    }
    public void setName(String name) {
        this.name=name;
    }
    public int getCount() {
        return count;
    }
    public void setCount(int count) {
        this.count=count;
    }
}


/**
 * 家具类
 **/
public class Furniture extends Goods {

    private static String name="家具";
    private static int count=0;

    public String getName() {
        return name;
    }

    public void setName(String name) {
        this.name=name;
    }

    public int getCount() {
```

```
            return count;
        }

        public void setCount(int count) {
            this.count=count;
        }
    }


/**
 * 桌子类
 **/
public class Table extends Furniture {

    private static String name="桌子";
    private static int count=0;

    public String getName() {
        return name;
    }
    public void setName(String name) {
        this.name=name;
    }
    public int getCount() {
        return count;
    }
    public void setCount(int count) {
        this.count=count;
    }
}


/**
 * 床类
 **/
public class Bed extends Furniture {

    private static String name="床";
    private static int count=0;

    public String getName() {
        return name;
    }

    public void setName(String name) {
        this.name=name;
    }
```

```java
    public int getCount() {
        return count;
    }

    public void setCount(int count) {
        this.count=count;
    }

}

/**
 * 家电类
 **/
public class HomeElectricity extends Goods {

    private static String name="家电";
    private static int count=100;

    public String getName() {
        return name;
    }
    public void setName(String name) {
        this.name=name;
    }
    public int getCount() {
        return count;
    }
    public void setCount(int count) {
        this.count=count;
    }
}

/**
 * 电视类
 **/
public class TV extends HomeElectricity {

    private static String name="电视";
    private static int count=50;

    public String getName() {
        return name;
    }
    public void setName(String name) {
```

```java
            this.name=name;
        }
        public int getCount() {
            return count;
        }
        public void setCount(int count) {
            this.count=count;
        }
    }


/**
 * 查看库存类,提供查看库存方法
 **/
public class Deposit {

    /**
     * 作用：查看库存方法
     * 参数：所要查看商品的实例
     **/
    public static void deposit (Goods g) throws InstantiationException,
IllegalAccessException, ClassNotFoundException {

            System.out.print("库存: ");

            System.out.print(g.getName()+g.getCount()+",");

            Goods father=(Goods)Class.forName(g.getClass().getSuperclass().
            getName()).newInstance();
            System.out.print(father.getName()+father.getCount()+",");

            Goods gradfather=(Goods)Class.forName(father.getClass().
            getSuperclass().getName()).newInstance();
            System.out.print(gradfather.getName()+gradfather.getCount());
            System.out.println();
        }
    }



/**
 * 进货类,提供静态进货方法
 **/
public class Purchase {

    /**
     * 作用：进货
```

```
    * 参数：g所要买入的商品实例，n所要买入的商品数量
  **/
    public  static  void  buy (Goods  g,  int  n)  throws  InstantiationException,
IllegalAccessException, ClassNotFoundException {

        g.setCount(g.getCount()+n);

        Goods father= (Goods)Class.forName(g.getClass().getSuperclass().getName()).
        newInstance();
        father.setCount(father.getCount()+n);

        Goods gradfather= (Goods)Class.forName(father.getClass().getSuperclass().
        getName()).newInstance();
        gradfather.setCount(gradfather.getCount()+n);

        System.out.println("进货：成功进货"+n+"个"+g.getName());
    }
}


/**
 * 销售类
 **/

public class Sell {

    /**
     * 作用：销售
     * 参数：g所要销售的商品实例，n所要销售的商品数量
     **/
    public  static  void  sell (Goods  g,  int  n)  throws  InstantiationException,
IllegalAccessException, ClassNotFoundException {

        /**判断库存是否充足 */
        if(g.getCount()<n) {
            System.out.println("库存不足,此次销售失败。");
            return;
        }

        g.setCount(g.getCount()-n);

        Goods father= (Goods)Class.forName(g.getClass().getSuperclass().getName()).
        newInstance();
        father.setCount(father.getCount()-n);

        Goods gradfather= (Goods)Class.forName(father.getClass().getSuperclass().
```

```
getName()).newInstance();
gradfather.setCount(gradfather.getCount()-n);

System.out.println("销售:成功销售"+n+"个"+g.getName());
    }
}
```

分析：该代码在原有几个类的基础上增加了家电抽象类和电视具体类,以及床具体类。可以看出,其他类并没有因为增加新的类而改变,满足开闭原则。并且,新增的家电类在原有的家具类的基础上稍微修改即可。同理,新增的电视类和床类在原先的桌子类的基础上稍微修改即可。增加了一些输出,是为了说明不断进货或销货后,各种货物的数量在原来的基础上会自动变化。

第 4 章 Java 基本结构程序

和 C++ 一样,Java 结构化程序由基本的流程控制语句组成。本章主要介绍 Java 中的流程控制语句和递归方法。

4.1 流程控制语句

在程序流程控制中,除了顺序执行语句外,还有分支、循环、跳转等语句。图 4-1 是各种结构程序的分类。

图 4-2 为顺序结构、二路分支结构与 while 循环结构流程图。图 4-3 为不执行与死循环示意图。

4.1.1 顺序结构

(1) 表达式语句。

表达式;

(2) 空语句:只一个分号(;)。

(3) 复合语句:用大括号括起来的语句序列。

```
{
    [变量声明或常量声明];
    语句序列;
}
```

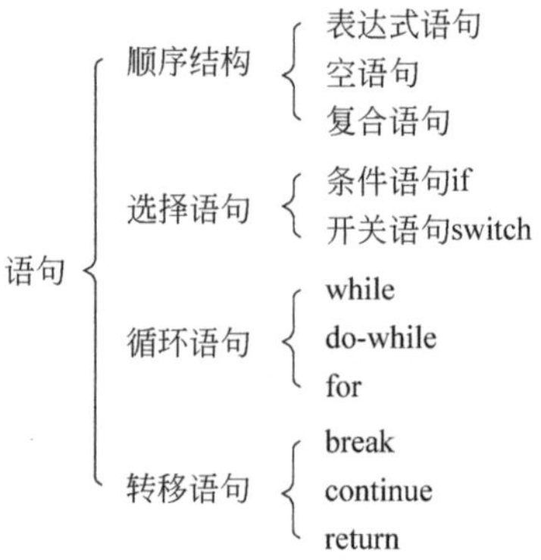

图 4-1 各种结构程序分类

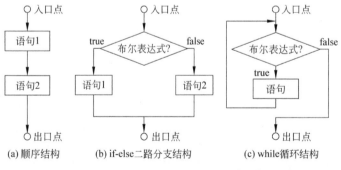

图 4-2 顺序结构、二路分支结构与 while 循环结构流程图

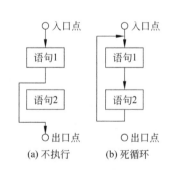

图 4-3 不执行与死循环示意图

4.1.2 分支语句

1. if 语句

格式 1:

· 112 ·

```
if(布尔表达式)
    {一条语句;}
```

当只有一条语句时,大括号可有可无,但有两条语句以上时,大括号必须有。

格式 2:大多数场合,条件为真时都会执行两条或两条以上的语句序列,这时需要将这些语句代码放在大括号中。

```
if (布尔表达式)
    {语句序列}
```

格式 3:有时多个条件共存,满足哪个条件,就执行哪个条件对应的操作。

```
if(布尔表达式 1)
    {语句序列 1}
if (布尔表达式 2)
    {语句序列 2}
...
```

2. if…else 语句
格式:

```
if (布尔表达式){
    语句序列 1
}
    else{
    语句序列 2
}
```

执行过程:当布尔表达式的值为 true 时,执行语句序列 1,当布尔表达式的值为 false 时,就会转向 else 部分去执行语句序列 2。两部分的代码只能有一部分被执行。

注意:if…else 语句是 if 语句第 3 种格式中多种条件的特殊情形,即 if…else 语句中 else 部分可以转化成另一个 if 语句,只不过其条件部分与前一个条件正好相反,即是前一个条件的否。

3. if…else 语句的嵌套
有时,一个 if…else 语句中嵌套另一个 if…else 语句,此时要注意,else 匹配的是最近的 if。

语法格式:

```
if (布尔表达式 1)
    if (布尔表达式 2)
        {语句序列}
    else
        {语句序列}
else
    {语句序列}
```

4. if 的表达式为复合表达式
如:

```
if (n>=100) && (n<=999)
```

5. else if…else 语句

语法格式：

```
if (布尔表达式 1){
    语句序列 1
}
else if (布尔表达式 2){
    语句序列 2
}
…
else{
    以前所有条件都为假时执行的语句序列
}
```

最后的 else 语句经常作为默认的条件，即其他所有条件都不满足，就执行最后 else 语句。如果没有最后一个 else，并且其他条件都为假，就不再进行任何操作。注意 else 和 if 是分开的，不能连写成 elseif。

【例 4.1】 ElseIf 测试。

```java
public class ElseIf {
    private int month;
    private String season;
    public void setMonth(int month){
        this.month=month;
    }
    public int getMonth(){
        return this.month;
    }

    public void judgeSeason(){
        if (month==12||month==1||month==2)
            season="Winter";
        else if(month==3||month==4||month==5)
            season="Spring";
        else if(month==6||month==7||month==8)
            season="Summer";
        else if(month==9||month==10||month==11)
            season="Autumn";
        else
            {season="no season! ";}
        System.out.println("Month "+this.month+" belongs to "+season);
                                //this.month 可以改成 this.getMonth()
    }
}
```

```
public class TestElseIf{
    public static void main(String args[]){
        ElseIf ei=new ElseIf();
        ei.setMonth(4);
        ei.judgeSeason();
        ei.setMonth(13);
        ei.judgeSeason();
    }
}
```

输出结果：

```
Month 4 belongs to Spring
Month 13 belongs to no season!
```

如果将上题中 judgeSeason() 的 else if 语句改成标准的 if 语句的第 3 种格式，那么所有的 else if 以及最后一个 else 都必须改成 if，但最后这个 if 的表达式要是所有以上条件的非，因此会很长。else if 这种情形相当于下面要讲的 switch 语句，最后的 else 相当于 switch 语句中 default 字句。

如果 ElseIf 类中最后的 else 相应的语句没有，两个类的其他代码不变，则会输出：

```
Month 4 belongs to Spring
Month 13 belongs to Spring
```

即 season 的值仍然保留了前面的 Spring，出现逻辑错误。因此，为了防止这种情形发生，最后的 else 对应的语句还是应该保留。

另外，如果仅仅将最后的 else 去掉，而其后的语句保留，将 else 之前的 else if 之后的语句添加{}，即变为{season＝"Autumn";}，则此时的输出为：

```
Month 4 belongs to no season!
Month 13 belongs to no season!
```

可见，if…else if…语句最后的 else 不能省略。

6. switch 语句
格式：

```
switch (表达式)
{
    case 常量表达式 1: 语句序列 1;
        [break;]
    case 常量表达式 2: 语句序列 2;
        [break;]
    [default: 语句序列;]
}
```

说明：

（1）表达式的值只能是以下类型：byte、short、char、int。多分支语句把表达式的值与每个case子句中的常量表达式的值相比较,如果匹配成功则执行该case子句后的语句序列。

(2) case子句中的常量表达式的值不能重复,即任意两个case子句的值不能相同。

(3) default子句是可选的。当表达式的值与任意一个case子句中的常量表达式的值都不匹配时,程序执行default后面的语句。如果没有default子句而且表达式的值与任意一个case子句中的常量表达式的值都不匹配时,程序不做任何操作,并直接跳出switch语句。

(4) break语句用来在执行完一个case分支后,使程序跳出switch语句,即终止switch语句的执行。

(5) case分支中包括多个执行语句时,可以不用大括号({})括起来。

(6) switch语句的功能可以用if…else来实现,但在某些情况下,使用switch语句更简练、可读性强,而且可以提高程序的执行效率。if…else用于浮点型数据比较,switch则用于整型变量;表达式返回值不同,即if…else的返回值是boolean型,而switch的返回值是整型。

(7) 在一些特殊情况下,多个不同的case值可以执行一组相同的操作,此时相同操作的代码并不必要在每个case子句中重复编写,而是将多个case子句重合,共享同一个操作的代码。例如:

```
switch(i)
{
    case 0: System.out.println("操作无效");
            System.out.println("i 为 0");
            break;
    case 2:
    case 3: System.out.println("操作成功");          //当 i 值为 2 或 3 都执行这段代码
            System.out.println("i 为"+i);
            break;
    default: …
}
```

【例4.2】 使用switch语句,完成对成绩等级的判定。

```
public class SwitchExample {
    private int grade;
    public void setGrade(int grade){
        this.grade=grade;
    }
    public int getGrade(){
        return this.grade;
    }
    public void grade(){
        switch(grade/10)
        {
            case 6: System.out.println(this.getGrade()+" 分属于及格");
```

```
                break;
        case 7:
        case 8: System.out.println(this.getGrade()+"分属于良好");
                break;
        case 9: System.out.println(this.getGrade()+"分属于优秀");
                break;
        case 10: System.out.println(this.getGrade()+"分属于满分");
                break;
        default: System.out.println(this.getGrade()+"分属于不及格");
                break;
        }
    }
}
public class TestSwitch {
    public static void main(String args[]){
        SwitchExample se=new SwitchExample();
        se.setGrade(76);
        se.grade();
    }
}
```

程序运行结果：

76 分属于良好

注意：简单的逻辑，或条件满足后执行的语句很少时，可以用条件转移语句。如果逻辑复杂，或条件满足时执行的语句很多，那么就要用面向对象中的多态解决。可以说，面向对象中很多的模式是为了解决复杂的条件逻辑的。也就是说，当逻辑复杂时，尽量不用条件语句表达。

4.1.3　循环语句

循环语句是反复执行一段代码，直到满足终止条件为止。它包括 4 个部分：

（1）初始化部分。该部分用于设置循环的初始条件。

（2）循环体。反复执行的一段代码，用大括号括起来。如只有一句可以不括。

（3）控制循环次数的部分。该部分也叫计数器。

（4）终止部分。该部分为一逻辑表达式，每次循环都要对它求值，以验证是否满足循环终止条件。

Java 提供的循环语句有 while、do…while 和 for 语句。

1. while 语句

执行过程：先测试一个布尔表达式，如果表达式的值为真，则会重复执行下面的语句或语句块，即循环体，直到表达式的值为假时终止循环。

语法格式：

while(布尔表达式)

```
{
    语句序列;
}
```

【例 4.3】 使用 while 语句计算 $1+2+3+\cdots+100$ 的值。

```java
public class WhileExample {
    private int startNum, sum, endNum;
    public void set(int startNum,int endNum){
        this.startNum=startNum;
        this.endNum=endNum;
    }
    public void print(){
        System.out.println(this.startNum+" 到 "+this.endNum+" 之间的连加和: ");
    }

    public void whileEx(){
        while (startNum<=endNum) {
            sum +=startNum;
            startNum++;
        }
        System.out.println("sum="+sum +",最后计数器多运行一次,值为"+startNum);
    }
}


public class TestWhile {
    public static void main(String[] args) {
        WhileExample we=new WhileExample();
        we.set(1,100);
        we.print();
        we.whileEx();
    }
}
```

运行结果:

1 到 100 之间的连加和:
sum=5050,最后计数器多运行一次,值为 101

注意:因为 while 语句在循环一开始就测试布尔表达式,若为假,则循环体一次也不会执行。不能让布尔表达式永为真,否则将是死循环。因此,计数器要让布尔表达式在某一时刻为假。

2. do…while 语句

如果想让一段代码至少执行一次,可以使用 do…while 语句来实现。

执行过程:do…while 语句是先执行循环体,然后再判断循环条件表达式,若条件满足则继续循环,若条件不满足则退出循环。

格式：

```
do
{
    语句序列;
}while(条件表达式);
```

【例 4.4】 使用 do…while 循环求出 1 到 100 以内所有能被 3 整除的自然数。

```
public class DoWhileEx {
    private int startNum, sum,endNum;
    public void set(int startNum,int endNum){
        this.startNum=startNum;
        this.endNum=endNum;
    }
    public void doWhileEx(){
        do{
            if(startNum%3==0)
            System.out.println(startNum);
            startNum++;
        }while (startNum<=endNum);

    }
}


public class TestDoWhile {
    public static void main(String[] args) {
        DoWhileEx dwe=new DoWhileEx();
        dwe.set(1,100);
        dwe.doWhileEx();
    }
}
```

用途：若循环次数确定，可使用 for 语句来实现循环。如果循环次数不确定，可使用 do…while语句或 while 语句实现循环。图 4-4 表示了 do…while 循环 while 循环的区别。

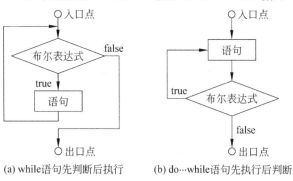

(a) while语句先判断后执行　　(b) do…while语句先执行后判断

图 4-4　do…while 循环 while 循环的区别

3. for 语句

（1）格式：

```
for(初始表达式;条件表达式;增量表达式)
{
    语句体;
}
```

（2）执行过程。for 语句执行时,首先执行初始化操作,然后判断终止条件是否满足,如果满足,则执行循环体中的语句,最后执行增量部分。完成一次循环后,重新判断终止条件。初始化、终止以及迭代部分都可以为空语句(但分号不能省),三者均为空的时候,相当于一个无限循环。初始化只执行一次,语句体执行 n 次。增量部分运行 n 次。for 语句通常用来执行循环次数确定的情况,例如对数组元素执行操作。

（3）for 语句的相关说明。

① 在初始表达式和增量表达式中,可以使用逗号语句来进行多个操作。逗号语句是用逗号分隔的语句序列。例如：

```
for(i=0,j=5;i<j;i++,j--)
{
    ...
}
```

② for 循环还可以实现循环的嵌套,即 for 语句的循环体内部又可定义 for 语句。

4.1.4 跳转语句

在某种情况下,不希望程序继续运行下去,而是转向程序的另一处执行。如循环还未执行完想跳出循环,执行循环体外部的代码。此时可以用跳转语句实现控制权的转移。

1. break 语句

break 语句用于停止执行一些语句而转向执行另一些语句。它主要用于跳出 switch 以及循环语句,使程序从 switch 语句后的第一个语句开始执行,或退出循环。

格式 1：

```
break;
```

格式 2：

```
break BlockLabel;
```

在 Java 中,可以为每个代码块加一个标号,一个代码块通常是用大括号｛｝括起来的一段代码。加标号的格式如下：

```
blockLabel: { codeBlock }
```

标号的命名也要符合标识符的命名规则。

```
a:{...
b:     {...
```

```
c:          {…
                break b;
                …//will not be executed
                }
        … //will not be executed
        }
    …//execute from here
    }
```

2. continue 语句

continue 语句只能出现在循环语句的语句块中。

（1）格式：

```
continue [label];
```

（2）说明：此处 label 是语句标号，可带可不带。无标号的 continue 语句的作用是跳过此次循环的剩余语句块，然后判断循环条件，决定是否继续执行下一个循环。对于 for 语句，在进行循环条件的判断之前，还需要先执行增量表达式语句。若 continue 后跟有标号，则表示转向执行 label 标识的代码段。例如：

```
outer: for(int i=0;i<8; i++) {             //外层循环
    for(int j=0;j<20;j++){                 //内层循环
        if(j>i)
            continue outer;
    }
}
```

本例中，当满足 j＞i 的条件时，程序执行 continue 语句，然后转向执行 outer 所标识的代码段，即跳转执行外层循环的相应语句，也即执行外层循环的迭代语句 i＋＋；判断此时 i＜8 的条件满足后，开始下一次循环。

【例 4.5】 测试 break 与 continue。

```
public class BreakContinue{
    public static void main (String[]args){
        int i;
        int j;
        for(i=1;i<3;i++) {
            for(j=1;j<3;j++)
            System.out.println("i="+i+"j="+j);
        }
        System.out.println("--------");
    loop2:
        for(i=1;i<3;i++) {
            for(j=1;j<3;j++){
                if(j==2)
                    break loop2;
                System.out.println("i="+i+"j="+j);
```

```
                }
            }
            System.out.println("--------");
    loop3:
            for(i=1;i<3;i++) {
                for(j=1;j<3;j++) {
                    if(j==2)
                    continue loop3;
                  System.out.println("i="+i+"j="+j);
                }
            }
        }
    }
```

代码的运行结果为：

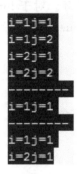

```
i=1j=1
i=1j=2
i=2j=1
i=2j=2
--------
i=1j=1
--------
i=1j=1
i=2j=1
```

总结：

（1）break 用于 switch 和循环语句中。

（2）continue 只能用于循环语句中。

（3）标号语句必须紧接在循环的头部，这意味着，标号语句和循环语句之间不能有其他语句。或者，标号语句不能用在非循环语句的前面。例如，不能在 int i; 前加上一个语句标号。

（4）break 和 continue 的标号必须在自己的循环（内或外循环）上，不能在别外的循环语句上。就像人要由自己脱去内衣和外衣，而不能由别人脱去你的内衣和外衣。

（5）当 break 和 continue 被有条件执行时，其后可以有其他语句，但这些语句是 break 和 continue 不被执行时才起作用，因为二者起作用时，之后的语句永远不会执行。因此，当无条件执行 break 和 continue 时，其后不应设计语句；当然，break 和 continue 之前有 if 语句时，if 语句和 break、continue 形成一体，break 和 continue 不再是单独的语句。

3. return 语句

return 语句的作用是执行程序从当前方法或程序中退出，返回到调用该方法的语句处，并从紧跟该语句的下一条语句继续程序的执行。

格式：

return [表达式];

说明：其中，表达式为可选项。如果方法声明中，返回值为 void，则表达式可省，此时 return 语句仅仅将控制返回到此方法的调用方，而不返回值；如果方法声明中，返回值是一个数据类型值，则表达式必须存在，而且表达式的值必须和返回值的类型保持一致或相容（可以使用强制类型转换实现类型一致性）。

不管有无表达式，return 语句后的代码段是永远不会被执行。所以，return 语句通常用在一个方法体的最后，以退出该方法并返回一个值。Java 中，单独的 return 语句用在一个方法体的中间时，会产生编译错误，此时可以把 return 语句放入分支语句（如 if…else）中，作为某种分支情况的处理方式，退出程序。例如：

```java
int method(int num){
    //return num;                    //此语句如果没有被注释掉,将导致编译错误
    if(num>0)
        return num;
    ...                              //此段代码是否被执行取决于 num 的值
}
```

4.2　递归

定义：递归就是用自身的结构来描述自身。为了得到问题的解，将问题推到比原问题更简单的解，然后再回到原问题上来。最典型的例子是阶乘运算的定义。阶乘运算的定义如下：

$$n!=n\times(n-1)!$$
$$(n-1)!=(n-1)\times(n-2)!$$
$$...$$
$$2!=2*1$$

也就是用阶乘本身来定义阶乘，这样的定义就称为递归定义。

在 Java 中，一个方法在自身定义的内部调用自己，这样的方法称为递归方法。有了递归，很多问题的解决都可以用递归来实现。递归不仅思路直观，而且大大提高了程序的可读性。

【例 4.6】 用递归求正整数 n＝10 的阶乘。

```java
public class Recursion {
    private int n;
    public void setN(int n){
        this.n=n;
    }
    public int getN(){
        return n;
    }
    public int f(int n){              //递归方法
        if (n==0){
            return 1;
```

```
        }
        else if (n==1 ){
            System.out.println("1!=1");
            System.out.println("0!=1");
            return 1;
        }
        else {
            System.out.println(n+"!="+n+"*"+(n-1)+"!");
            return n * f(n -1);
        }
    }
}


public class TestResursion {
    public static void main(String[] args){
        Recursion re=new Recursion();
        int result=re.f(10);
        re.setN(10);
        System.out.println(re.getN()+"的阶乘="+result);
    }
}
```

程序运行结果:

```
10!=10*9!
9!=9*8!
8!=8*7!
7!=7*6!
6!=6*5!
5!=5*4!
4!=4*3!
3!=3*2!
2!=2*1!
1!=1
0!=1
10的阶乘= 3628800
```

第 5 章 Java 基本类

为了方便程序员开发程序,JDK 提供了非常丰富的类,这些类功能全面,使用方便。学习这些类,对提高编程能力非常有帮助。本章介绍一些常用的类。学习这些类,对于理解后续章节内容非常重要。

由于 JDK 中的类众多,为了便于组织管理,Java 采用包的机制来组织这些类,功能相关的类往往统一放到相同的包中。

5.1 java.lang 语言包

java.lang 语言包中的类和接口如表 5-1 所示。

表 5-1 java.lang 语言包中的类和接口

类　名	功　能　说　明
Object	Java 类层次的顶层类,所有类的祖先类
String 和 StringBuffer 字符串类	提供字符串操作
8 种基本数据类型包装类	8 种基本数据类型的对象表示
Math 数学类	提供基本数学函数和常量
System 类和 Runtime 类	提供访问系统和运行时环境的方法
Class 操作类	提供类的运行时信息
Error 错误类和 Exception 异常类	对应错误和异常的类
Thread 线程类和 Runnable 接口	提供多线程功能

5.1.1 Object 类

Object 类是 Java 中所有类的父类或祖先类,它定义了一个 Java 对象所需要的基本操作和属性。Object 类部分方法声明如表 5-2 所示。

表 5-2 Object 类部分方法声明

方　法　声　明	功　能　说　明
public Boolean equals(Object obj)	判断两个对象变量所指向的是否为同一个对象
public String toString()	将调用 toString()方法的对象转换成字符串
public final Class<> getClass()	返回对象所属的类
protected Object clone()	返回对象的一个副本

1. equals( )方法

equals( )方法比较的是两个对象的引用是否相等,即这两个对象在内存中的地址是否相同。实际应用中,可能需要比较的是两个对象的某些属性值是否相等,而不是它们的地址是否相同。所以,大多数自定义类通常需要覆盖 equals( )方法,给出比较对象的不同之处。

2. toString( )方法

toString( )方法将当前对象的一些信息用字符串进行描述,但默认返回的是对象名和哈希码的十六进制表示,没有实际意义。因此,大多数情况下,要覆盖 toString( )方法,返回对象的实际内容,比如某些属性的值。

3. getClass( )方法

调用 getclass( )方法能够在运行时知道当前对象所在的类是什么,返回值类型是 Class类。Class 是类的操作类。Class 定义为泛型类,＜＞中内容的是 Class 类的参数。

5.1.2　字符串类

Java 的字符串类型,叫做字符串(string),它不是一种简单的类型,也不是简单的字符数组。字符串在 Java 中被定义为对象,就可以拥有很多方法来完成各种操作,这比将字符串作为字符数组处理,有很多优点。

就概念而言,字符串是由一连串字符组成,因此,它可以包含字母、数字、特殊符号、空白或中文等。它的表示方式是以双引号来包围这串字符。

要注意,在 Java 语言里,字符串与字符是完全不同的数据类型。单纯的字符是属于char 类型,是基本数据类型,不是对象。

字符串主要是以 String 类来处理,String 类含有一个 char[]类型的成员变量,以数组的方式存放字符串(连续字符),而且 String 类还拥有许多和该字符串有关的方法。

除了可以用 String 类对象来存放字符串。较常用的还有 StringBuffer 类对象。String和 StringBuffer 最大的差别是:String 对象存放"固定不变"的字符串内容,而 StringBuffer对象则存放"可变动"的字符串内容。不过 StringBuffer 不像 String 那么常用,所以这一节要谈的是如何建立 String 对象以及一些简单应用。

1. 声明字符串

```
String s;
```

2. 创建字符串

使用 String 类的构造方法。例如:

```
s=new String("Hello Java");
```

也可以写成:

```
s="Hello Java";
```

声明和创建可一步完成:

```
String s=new String("Hello Java");
```

注意:以上语句实际上有两个字符串对象,一个是赋予变量 s 的字符串对象 new String(),

一个是字符串常量"Hello Java"对应的字符串对象。只不过是用一个字符串对象创建另一个字符串对象。

用一个已创建的字符串创建另一个字符串：

```
String s="Hello Java";
String s1=new String(s);
```

注意空字符串与包含一个空格的字符串的区别。

```
String empty="";                    //这是一个空字符串
String blank=" ";                   //这个字符串只包含一个空格字符
```

3. 字符串的长度获取

String 类拥有一个 length 方法,使用此方法会传回一个代表该字符串长度的 int 值,该值即为 String 对象所存放的字符串内容的长度(字符数量)。如:

```
String s="students";
```

那么 s.1ength()的值是 8。

4. 字符串比较

String 类提供了两种比较字符串是否相等的方法：equals()和 equalsIgnoreCase(),它们与相等运算符==的比较方式是不同的。相等运算符比较两个字符串对象是否引用同一个地址。而 equals()和 equalsIgnoreCase()则比较两个字符串中对应的每个字符值是否相同。

equals()方法在比较时区分大小写,equalsIgnoreCase()方法比较时忽略大小写。例如：

```
String s1="Hello Java";
String s2=new String(s1);
```

那么,s1==s2 的结果是 false,因为它们对应的地址不同。

s1.equals(s2)的结果是 true,因为它们对应的值相同。

String 类还提供了两种比较字符串大小的方法：compareTo ( ) 和 compareToIgnoreCase()。这两种方法按字典序对字符串比较大小。如果当前字符串与参数字符串 s 相同,该方法返回值为 0;如果当前字符串对象大于 s,该方法返回正值;如果小于 s,该方法返回负值。

compareToIgnoreCase()方法忽略大小写。例如,"ABC". compareTo("ACB")的结果是-1,因 B 比 C 小一个位置。

5. 检索字符串

String 类中提供了 charAt()、indexOf()、lastIndexOf()等方法来获得字符串内容或返回字符在字符串中的位置。

public char charAt(int index)方法返回字符串中 index 位置上的字符,其中 index 值的范围是 0~length-1。

public int indexOf(int ch)和 public lastIndexOf(int ch)返回字符 ch 在字符串中出现的第一个和最后一个的位置。

它们有多种重载方法。

public int indexOf(String str)和 public int lastIndexOf(String str)返回子串 str 中第一个字符在字符串中出现的第一个和最后一个的位置。

public int indexOf(int ch,int fromIndex)和 public lastIndexOf(int ch,int fromIndex)返回字符 ch 在字符串中位置 fromIndex 以后出现的第一个和最后一个的位置。

public int indexOf(String str,int fromIndex)和 public int lastIndexOf(String str,int fromIndex)返回子串 str 中的第一个字符在字符串中位置 fromIndex 后出现的第一个和最后一个的位置。

public void getChars(int srcbegin,int end,char buf[],int dstbegin)方法返回字符串中的若干字符,其中 srcbegin 为要提取的第一个字符在源串中的位置,end 为要提取的最后一个字符在源串中的位置,字符数组 buf[]存放目的字符串,dstbegin 为提取的字符串在目的串中的起始位置。

public void getBytes(int srcBegin,int srcEnd,byte[]dst,int dstBegin)方法功能和参数含义与 getChars()相同,只是字符串中的字符均用字节表示。

6. 修改字符串

修改字符串的目的是得到新的字符串,String 类提供了如下的方法。

public String concat(String str)方法将当前字符串对象与给定字符串 str 连接起来。

public String replace(char olclChar,char newChar)方法把串中出现的所有特定字符替换成指定字符以生成新串。

public String trim()方法是去掉前后空格。

public String substring(int beginIndex)和 public String substring(int beginIndex,int endIndex)用来得到字符串中指定范围内的子串。注意第一个方法获得从 beginIndex 开始到结尾的子串,第二个方法获得从 beginIndex 到 endIndex－1 的子串。

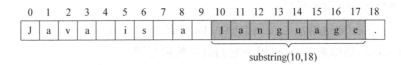

public String toLowerCase()把串中所有的字符变成小写。

public String toUpperCase()把串中所有的字符变成大写。

注意:String 中对字符串的操作不是对源操作串对象本身进行的,而是对新生成的一个源操作串对象的备份进行的,其操作的结果不影响源串。

7. 字符串的＋操作

运算符＋可用来实现字符串的连接,例如:

```
int age=9;
String s="He is"+age+"years old";
```

其他类型的数据与字符串进行＋运算时,将自动转换成字符串。

8. 利用 valueOf 方法将其他数据类型转换为 String 类型

String 类提供 public String valueOf(int n)方法将整数值转换为 String 对象。valueOf()方法有多种重载形式,将不同类型变量转为字符串。

5.1.3 数组

所谓数组,就是一组有序数据的集合,数组中的每个元素都具有相同的数据类型,可以用一个统一的数组名和下标来唯一地确定数组中的元素。数组是 Java 语言中的特殊类型。它们存放能通过索引来引用的一系列对象。数组类型可以是基本类型如 int、double 等,也可以是引用类型。

另外,在 Java 编程语言中,数组(array)是一个可以动态创建的对象,可以向数组分配 Object 类型的变量,在数组上可以调用 Object 类的所有方法。另外,还可以定义数组的数组,从而实现多维数组的支持。

1. 数组的创建与使用

Java 的数组是用 new 创建的,当数组不用时,和其他对象一样,并不需要在程序中显式地释放,而是由 Java 的垃圾收集器自动地回收所占的空间。

和变量一样,数组必须先定义。数组的定义有两个部分:数组类型和数组的名字。数组类型是指数组中各元素的类型,它可以是任意的 Java 类型,甚至可以是数组。数组的名字必须是合法的 Java 标识符。下面是数组定义的一般形式:

数组类型 数组名[ ];

或

数组类型 [] 数组名;

示例如下:

```
int i[];
char c[];
float t[][];
```

声明数组类型的变量并不实际地创建数组对象或为数组分配任何空间,为了使用数组,还需要创建数组。Java 中有两种创建数组的方法,一种是与一般的对象创建一样,采用 new 操作符,例如下面语句为数组 s 创建有 10 个元素的存储空间:

```
s=new char[10];
```

在数组创建时,并没有创建存放在数组中的对象,因此数组创建并不需要调用构造方法。在上面形式的 new 操作符中,并没有参数列表,此时被创建的数组元素将初始化为该类型的默认值。默认值要与数据类型相匹配,其中数值类型为 0,布尔类型为 false,字符类型为'\u0000',类对象为 null。也可以在声明数组时直接初始化,例如:

```
char s[]=new char[10];
char [] s=new char[10];
```

第二种创建数组的方法是用静态的初始化器,用这种方法创建数组的例子如下:

```
int itable={1,2,3,48,9}
```

一旦数组被创建,那么数组对象的长度就不能再改变。数组元素由数组名和下标组成,下标的下界为 0,上界为数组元素的个数减一,当要访问数组元素时,程序员可以通过在数组名后跟一个放在方括号中的下标值来实现,例如,a[10]有 10 个元素,其元素分别为 a[0],a[1],…,a[9]。在 Java 语言中,一个数组的大小一般是通过访问数组的 length 域得到,例 5.1 中演示了 length 域的使用。

【例 5.1】 数组作为方法的参数。

要求:在歌唱比赛中,共有 10 位评委进行打分,在计算歌手得分时,去掉一个最高分,去掉一个最低分,然后剩余的 8 位评委的分数进行平均,就是该选手的最终得分。如果已知每个评委的评分,求该选手的得分。

该题实际上涉及到求数组的最大值、最小值,以及求数组中所有元素的和,也是数组方便统计的用途体现。

实现思路:求出数组元素的最大值、最小值以及和,然后使用其和减去最大值和最小值,最后除以 8 获得得分,则实现的代码如下:

```java
public class ArrayCacu {
    double avg;                                    //存储平均数
    int sum;                                       //存储和
    int max ;                                      //存储最大值
    int min ;                                      //存储最小值

    public int getArraySum(int score[]){
        sum=0;
        for(int i=0;i<score.length;i++){           //求和
            sum +=score[i];
        }
        return sum;
    }
    public int getArrayMax(int score[]){
        max =score[0];
        for(int i=0;i<score.length;i++){           //获得最大值
            if(max<score[i]){                      //比较
                max=score[i];
            }
        }
        return max;
    }

    public int getArrayMin(int score[]){
        min =score[0];
        for(int i=0;i<score.length;i++){           //获得最小值
            if(min >score[i]){                     //比较
                min=score[i];
            }
        }
        return min;
```

```
    }
    public double getArrayAvg(int score[]){
        avg=(double)(this.sum-this.max-this.min)/(double)(score.length-2);
        return avg;
    }
    public void print(int score[]){
        System.out.println(this.getArraySum(score));
        System.out.println(this.getArrayMax(score));
        System.out.println(this.getArrayMin(score));
        System.out.println(this.getArrayAvg(score));
    }

    public static void main(String args[]){
        int[] score={90,78,90,96,67,86,78,92,79,85};        //评委打分
        ArrayCacu ac=new ArrayCacu();
        ac.print(score);
    }
}
```

输出结果：

```
841
96
67
84.75
```

【例 5.2】 数组作为返回值。

要求：统计一个整数中出现次数最多的数字。如果数字个数一样，则以最大的数字为准，例如 1 输出 1，121 输出 1，23231 输出 3。该题是一个综合的题目，在实际分析时可以分解成 3 个问题：(1)把整数中的每个数字拆分出来，(2)统计拆分出的数字中 0~9 每个的个数，(3)获得数字个数的最大值。

实现思路：

(1) 拆分并统计数字：整数对 10 求余可以获得个位值，除以 10 可以去掉个位(整数除法)。边拆数字边计数，然后循环，将每个被拆出的数出现的次数存储到一个数组中。

(2) 获得最大值对应的数字：获得个数数组中最大值的下标，就是需要的数字。代码如下：

```
public class CountNum {
    int m,num,index;
    int n[];
    int n1[];
    public void setM(int m){
        this.m=m;
    }
    public int getM(){
        return this.m;
```

```
        }

        public int[] dic(int m) {
            int[] count=new int[10];
            int n;
            while(m !=0){                          //未拆分完
                n=m%10;                            //获得个位数字
                count[n]++;                        //拆分出的数字个数加 1
                m /=10;                            //去掉拆分出的数字
            }
            return count;
        }


        public void print(int count[]){
            for(int i=0;i<count.length;i++){
                System.out.println(""+count[i]);
                System.out.println();
            }
        }


        public int getIndex(int count[]){
            index=0;                               //获得最大值的下标
            for(int i=0;i<count.length;i++){
                if(count[index]<=count[i]){
                    index=i;
                }
            }
            return index;
        }


        public static void main(String args[]){
            CountNum cn=new CountNum();
            cn.setM(22366);
            int count[]=cn.dic(cn.getM());         //注意方法调用中还有方法调用
            cn.print(count);
            System.out.println("输出: "+cn.getIndex(count));
        }

    }
```

2. 多维数组

与 C 和 C++ 语言相同,在 Java 语言中,多维数组被看作数组的数组。例如,二维数组为一个特殊的一维数组,其每个元素又是一个一维数组。下面主要以二维数组为例来说明多维数组,高维的情况是类似的。

二维数组的定义方式为:

数组类型 多维数组名[ ][ ];

例如：

```
int intArray[ ][ ];
```

与一维数组一样，这时对数组元素也没有分配内存空间，同样要使用运算符 new 来分配内存，然后才可以访问每个元素。

对高维数组来说，分配内存有下面几种方法。

（1）直接为每一维分配空间，如：

```
int a[][]=new int[2][3];
```

（2）从最高维开始，分别为每一维分配空间，如：

```
int a[][]=new int[2][];
a[0]=new int[3];
a[1]=new int[3];
```

这一点与 C 利C++ 语言是不同的，C 和C++ 语言中必须一次指明每一维的长度。

对二维数组中每个元素，引用方式为：

```
arrayName[index1][index2]
```

其中，index1、index2 为下标，可以是整型常数或表达式，如 a[2][3]等。同一维数组一样，每一维的下标都从 0 开始。

同样，多维数组的初始化也有两种方式：

（1）直接对每个元素进行赋值；

（2）在定义数组的同时进行初始化，如：

```
int a[][]={{2,3},{1,5},{3,4}};
```

【例 5.3】　方法参数作为数组的下标。

要求：实现任意阶拉丁矩阵的存储和输出。拉丁矩阵是一种规则的数值序列，例如 4 阶的拉丁矩阵如下所示：

$$1\ 2\ 3\ 4$$
$$2\ 3\ 4\ 1$$
$$3\ 4\ 1\ 2$$
$$4\ 1\ 2\ 3$$

该矩阵中的数字很规则，在实际解决该问题时，只需要把数值的规律描述出来即可。

实现思路：声明一个变量 n，代表矩阵的阶，声明和初始化一个 $n \times n$ 的数组，根据数据的规律，则对应的数值为(行号＋列号＋1)，当数值比 n 大时，取 n 的余数。

实现的代码如下：

```
public class Latin {
    int n;
    int data;
    int[][] arr;
    public int[][] assigin(int n){                         //循环赋值
```

```
        arr=new int[n][n];                                        //放在方法之外如何?
        for(int row=0;row<arr.length;row++){
            for(int col=0;col<arr[row].length;col++){
                    data=row+col+1;
                    if(data<=n){
                                arr[row][col]=data;
                    }else{
                                arr[row][col]=data%n;
                    }
            }
        }
        return arr;
    }
    public void print(int [][]arr){                               //输出数组的值
        for(int row=0;row<arr.length;row++){
            for(int col=0;col<arr[row].length;col++){
                System.out.print(arr[row][col]);
                System.out.print(' ');
            }
            System.out.println();
        }
    }

    public static void main(String[] args) {
        Latin la=new Latin();
        int k[][]=la.assigin(4);
        la.print(k);
    }
}
```

该代码中变量 data 存储"行号＋列号＋1"的值,每次在赋值时判别 data 的值是否小于等于 n,根据判断的结果赋值对应数组元素的值。

在解决实际问题时,观察数字规律,并且把该规律使用程序进行表达,也是每个程序员需要的基本技能。

5.1.4　基本数据类型的包装类

Java 语言提供数据的两种使用方式:基本数据类型和类。为实现完全面向对象的特性,Java 为每种基本数据类型都声明有对应的一个类。例如,与整数类型 int 对应的类是 Integer 类。一个整数既可以作为整数变量的值,也可以当做 Integer 类中一个对象的成员变量值。

与基本数据类型对应的类称为基本数据类型的包装类,共有 8 个:Byte、Short、Integer、Long、Float、Double、Character、Boolean,它们分别对应 Java 的 8 个基本数据类型。其中,数值类 Byte、Double、Float、Integer、Long、Short 拥有共同的父类 Number,Number

类中定义了获得数值的基本操作。

下面以 Integer 类为例,介绍包装类。

Integer 类部分成员声明如表 5-3 所示。

表 5-3　Integer 类部分成员声明

成 员 声 明	功 能 说 明
public static final int MIN_VALUE	最小整数值
public static final im MAX_VALUE	最大整数值
public Integer(int value)	构造方法,参数为整数
public Integer(String s) throws NumberFormatException	构造方法,参数为字符串,如果字符串不能转换成整数,产生 NumberFormatException 异常
public static int parseInt(String s) throws NumberFormatException	将字符串转换为整数,静态方法。如果字符串不能转换成整数,产生 NumberFormatException 异常
public int compareTo(Integer anotherInteger)	比较两个对象的大小,返回两者之间的差值
public static Integer valueOf(int i)	以整数产生 Integer 对象
public static Integer valueOf(String s)	以字符串产生 Integer 对象,如果字符串不能转换成整数,产生 NumberFormatException 异常

其他包装类请查阅帮助手册。

5.1.5　Math 数学类

Math 类提供数值计算中常用的数学常量和各种数学函数。

Math 类部分成员声明如表 5-4 所示。

表 5-4　Math 类部分成员声明

成 员 声 明	功 能 说 明
public static final double E	E 常数
public static final double PI	PI 常数
public static double abs(double a)	求绝对值
public static double max(double a,double b)	求最大值
public static double min(double a,double b)	求最小值
public static double random()	返回一个 0.0 到 1.0 之间的随机数
public static double sin(double x)	求 x 的 sin 三角函数
public static double log(double x)	求 x 的自然对数
public static double exp(double x)	求 e 的 x 幂次方
public static double sqrt(double x)	求 x 的平方根
public static double pow(double y,double x)	求 y 的 x 幂次方

Math 是最终类，不能被继承；其中所有的变量和方法都是静态的，可以直接通过类名引用。Math 中的很多方法都有多种重载形式。Math 类的构造方法是 private，所以不能声明 Math 类的对象。

5.2 java.util 实用包

java.util 实用包提供了很多实现各种不同实用功能的类。该包中主要包含的类如下：

(1) 日期类（Date、Calendar 等）；

(2) 链表类（LinkedList）；

(3) 向量类（Vector）；

(4) 散列表类（Hashtable）；

(5) 栈类（Stack）；

(6) 树类（TreeSet）。

5.2.1 日期类

日期类包括 Date、Calendar、GregorianCalendar 类，它们描述日期和时间，提供对日期值的许多操作方法，如获得当前日期、比较两个日期、判断日期的先后等。

Java 以一个长整型表示一个日期，该长整型表示从格林尼治时间 1970-1-1 00:00:00 开始至某时刻的累计毫秒数。调用 System 类的 currentTimeMillis() 方法，返回表示当前日期和时间的一个长整型。

1. Date 日期类

Date 类是描述日期时间的类。早期版本的 Date 类在 JDK 1.3 及以后版本中有些方法被标记为 deprecated，即过时的方法。虽然这些方法现在还能用，但在将来的某个版本中可能就不支持了，因此建议少用或不用 Java 类的过时方法。

Date 类的构造方法和常用方法如表 5-5 所示。

表 5-5　Date 类的构造方法和常用方法

方 法 声 明	功 能 说 明
public Date()	用系统当前日期时间数据创建 Date 对象
public Date(1ong date)	用长整数 date 创建 Date 对象，date 表示从 1970 年 1 月 1 日 00:00:00 时开始到该日期时刻的毫秒数
public void setTime(1ong time)	设置时间，参数为对应的长整型值
public long getTime()	返回时间对应的长整数值
public boolean before(Date when)	判断是否在指定日期之前
public boolean after(Date when)	判断是否在指定日期之后
public int compareTo(Date anotherDate)	比较两个日期

2. Calendar 日历类

Calendar 类是描述日期时间的抽象类。Calendar 类通常用于需要将日期值分解时。Calendar 类中声明了 YEAR 等多个常量,分别表示年、月、日等日期中的单个部分值。Calendar 类的部分成员声明如表 5-6 所示。

表 5-6　Calendar 类的部分成员声明

方 法 声 明	功 能 说 明
public static final int YEAR	年,常量
public static final int MONTH	月
public static final int DATE	日
public static final int HOUR	时
public static final int MINUTE	分
public static final int SECOND	秒
public static final int MILLISECOND	百分秒
public static final int DAY_0F_WEEK	星期
public static Calendar getInstance()	创建实例
public int get(int field)	返回日期
public final Date getTime()	返回对象中的日期和时间
public final void setTime(Date date)	设置对象的日期和时间
public final void set(int year, int month,int date)	设置对象的日期
public final void set(int year, int month,int date,int hour, int minute)	设置对象的日期和时间

【例 5.4】　获得系统当前日期和时间。

本例使用 java.util 包中的 Date 和 Calendar 类表示日期。演示获得系统当前日期和时间的 3 种方法。

程序如下:

```
import java.util.Date;
import java.util.Calendar;

public class GetCurrentTime{
    public static void main (String args[]) {
        Date today=new Date();                          //当前日期和时间
        System.out.println("当前时间是 "+today.toString());

        long currentTime=System.currentTimeMillis();    //当前时间的毫秒数

        Date tomorrow=new Date(currentTime+24 * 60 * 60 * 1000);
        System.out.println("    明天是 "+tomorrow.toString());
```

```
Calendar now=Calendar.getInstance();
int year =now.get(Calendar.YEAR);                    //年份
int month=now.get(Calendar.MONTH)+1;                 //月份
int day=now.get(Calendar.DATE);                      //日期
System.out.print("今天是 "+year+"年"+month+"月"+day+"日");
int week=now.get(Calendar.DAY_OF_WEEK);              //星期
switch (week) {
    case 1: System.out.println(" 星期日");break;
    case 2: System.out.println(" 星期一");break;
    case 3: System.out.println(" 星期二");break;
    case 4: System.out.println(" 星期三");break;
    case 5: System.out.println(" 星期四");break;
    case 6: System.out.println(" 星期五");break;
    case 7: System.out.println(" 星期六");break;
    }
  }
}
```

程序运行结果如下：

```
当前时间是 Thu Aug 19 10:34:16 CST 2010
    明天是 Fri Aug 20 10:34:16 CST 2010
今天是 2010年8月19日  星期四
Press any key to continue...
```

5.2.2　集合 API

集合类是一系列对象的聚集,一个集合对象代表一组对象,集合中的对象也称为集合的元素。集合中的每一个元素都有一定的数据类型,任何数据类型的对象都可以存放在集合中,并且一个集合中的所有元素都具有相同的数据类型。

java.util 包提供了一组集合相关的类库定义及实现,称为集合 API(Collection API)。它们是 Java 程序设计中非常重要的数据结构形式。

集合 API 中最基本的接口是 Collection(无序集合),它定义了聚集数据的基本操作方法,如增加一个元素、删除一个元素、清除所有元素等。

Collection 有两个子接口：Set(不重复集合)和 List(有序不重复集合)。表示数据结构的类有：LinkedList(链表)、Vector(向量)、Stack(栈)、HashTable(散列表)、TreeSet(树)等。这些接口和类都是带泛型参数的。

下面介绍两种常用的类。

1. LinkedList 类

LinkedList 类是 List 接口的链接列表实现。实现所有可选的列表操作,并且允许所有元素(包括 null)。除了实现 List 接口外,LinkedList 类还为在列表的开头及结尾执行获得、删除和插入元素提供了统一的命名方法。这些操作允许将链接列表用作堆栈、队列或双向队列。

LinkedList 类的部分方法声明如表 5-7 所示。

表 5-7　LinkedList 类的部分方法声明

方 法 声 明	功 能 说 明
LinkedList()	构造一个空列表
LinkedList(Collection<? extends E> c)	构造一个包含指定集合中的元素的列表
public boolean add(Object o)	将指定元素追加到此列表的结尾
public void add(int index, Object o)	在此列表中指定的位置插入指定的元素
publicvoid addFirst(Object o)	将给定元素插入此列表的开头
public void addLast(Object o)	将给定元素追加到此列表的结尾
public void clear()	从此列表中移除所有元素
public E element()	找到但不移除此列表的头(第一个元素)
public E get(int index)	返回此列表中指定位置处的元素
public E getFirst()	返回此列表的第一个元素
public E getLast()	返回此列表的最后一个元素
public int indexOf(Object o)	返回此列表中首次出现的指定元素的索引,如果列表中不包含此元素,则返回 −1
public int lastIndexOf(Object o)	返回此列表中最后出现的指定元素的索引,如果列表中不包含此元素,则返回 −1
public E remove()	找到并移除此列表的头(第一个元素)
public E remove(int index)	移除此列表中指定位置处的元素
public E removeFirst()	移除并返回此列表的第一个元素
public E removeLast()	移除并返回此列表的最后一个元素
public E set(int index, Object o)	将此列表中指定位置的元素替换为指定的元素
public int size()	返回此列表的元素数
public Object[]toArray()	以正确顺序返回包含此列表中所有元素的数组

2. Vector 类

Vector 类可以实现可增长的对象数组。与数组一样,它包含可以使用整数索引进行访问的组件。但是,Vector 的大小可以根据需要增大或缩小,以适应创建 Vector 后进行添加或移除项的操作。

Vector 有两个属性:capacity 和 capacityIncrement。capacity 是 Vector 等容纳的元素个数。capacityIncrement 是元素增加个数,当向量的容量不够时,其存储将按 capacityIncrement 的大小增加存储块。应用程序可以在插入大量元素前,增加向量的容量,这样就减少调整容量的次数。

Vector 类的部分方法声明如表 5-8 所示。

表 5-8 Vector 类的部分方法声明

方法声明	功能说明
Vector()	构造一个空向量,使其内部数据数组的大小为 10,其标准容量增量为零
Vector(int initialCapacity)	使用指定的初始容量和等于零的容量增量构造一个空向量
Vector(int initialCapacity, int capacityIncrement)	使用指定的初始容量和容量增量构造一个空的向量
public void add(Object o)	将指定元素追加到此向量的末尾
public int capacity()	返回 Vector 对象的元素数或容量
public boolean contains(Object o)	如果 Vector 对象包含指定对象,返回 true
public void copyInto(Object[] arr)	将 Vector 的元素复制到指定数组中
public Object elementAt(int index)	检索位于指定索引处的元素
public Object firstElement()	返回 Vector 中的第一个元素
public int indexOf(Object objelm)	搜索 Vector 对象并返回第一个匹配对象的索引
public Object lastElement()	返回 Vector 中最后一个元素
public void removeAllelements()	从 Vector 对象中删除所有元素
public void insetElementAt(Object obj, int index)	将元素添加到 Vector 对象中 index 指定的位置
public void setSize(int size)	根据 size 的值设置 Vector 对象的大小

【例 5.5】 LinkedList 和 Vector 演示。

本例演示 LinkedList 和 Vector 类的简单使用方法。程序运行结果如下:

程序如下:

```
import java.util.*;

public class ListVector{
    public static void main(String[] args){
        System.out.println("LinkedList: ");
        String a="A", b="B", c="C", test="Test";
        LinkedList<String>list=new LinkedList<String>();
        list.add(a);                              //索引位置为 0
        list.add(b);                              //索引位置为 1
        list.add(c);                              //索引位置为 2
        System.out.println(list.getFirst());      //获得并输出列表开头的对象
```

```
        list.addFirst(test);                              //向列表开头添加一个对象
        System.out.println(list.getFirst());              //获得并输出列表开头的对象
        list.removeFirst();                               //移除列表开头的对象
        System.out.println(list.getFirst());              //获得并输出列表开头的对象
        System.out.println("Vector:");

        //Vector 的创建
        //使用 Vector 的构造方法进行创建
        Vector v=new Vector(4);

        //向 Vector 中添加元素
        //使用 add 方法直接添加元素
        v.add("Test0");
        v.add("Test1");
        v.add("Test0");
        v.add("Test2");
        v.add("Test2");

        //从 Vector 中删除元素
        v.remove("Test0");                                //删除指定内容的元素
        v.remove(0);                                      //按照索引号删除元素

        //获得 Vector 中已有元素的个数
        int size=v.size();
        System.out.println("Vector size:"+size);

        //遍历 Vector 中的元素
        for(int i=0;i<v.size();i++){
            System.out.println(v.get(i));
        }
    }
}
```

5.2.3　随机数类 Random

生成随机数是许多程序设计语言提供的一种功能。在前面已经介绍过 Math 类中提供的生成随机数的成员方法 random(),它可以产生大于或等于 0.0 且小于 1.0 的 double 型数值。除此之外,Java 语言还提供了一个功能更加强大的 Random 类。使用它可以根据需求创建不同的随机数发生器。

在 Random 类中有一个私有的 long 类型的成员变量 seed,它记录了每个对象对应的随机数发生器的"种子","种子"决定了随机数发生器产生随机数时所采用的算法。不同的"种子"值将产生不同的随机数序列。

Random 类提供了两个构造方法:一个是不带参数的默认型构造方法,它将以计算机时钟的当前时间作为"种子"值创建随机数发生器对象;另一个带有一个 long 类型的参数作为"种子"值,使用这个构造方法可以显式地为随机数发生器指定"种子"值。

除此之外,在这个类中还声明了一些成员方法,以便能够对随机数序列进行必要的操作。

Random 类的部分方法声明如表 5-9 所示。

表 5-9 Random 类的部分方法声明

方 法 声 明	功 能 说 明
public Random()	构造方法
public Random(long seed)	构造方法
nextInt()	返回一个 int 类型的随机数,每次调用这个方法返回的数值将均匀地分布在 int 类型的取值范围内
nextInt(int limit)	返回一个大于或等于 0 且小于 limit 的 int 类型的随机数
nextLong()	返回一个 long 类型的随机数。每次调用这个方法返回的数值将均匀地分布在 long 类型的取值范围内
nextFloat()	返回一个 float 类型的随机数。每次调用这个方法返回的数值将均匀地分布在大于或等于 0.0f,小于 1.0f 的取值范围内
nextDouble()	返回一个 double 类型的随机数。每次调用这个方法返回的数值将均匀地分布在大于或等于 0.0,小于 1.0 的取值范围内
nextBoolean()	返回 true 或 false 作为随机数值
nextByte(byte[] bytes)	用产生的随机数为数组 bytes 中的每个元素赋值
setSeed(10ng seed)	将种子设置为 seed

【例 5.6】 Random 类演示。

本例演示 Random 类的简单使用方法。程序运行结果如下:

```
-1695594074
true
0.459761040467331
0.090049386
3423211892400448234
52
```

程序如下:

```
import java.util.Random;
public class RandomNum{
    public static void main(String[] args) {
        Random ran=new Random();
        System.out.println(ran.nextInt());          //产生任意大小的随机整数
        System.out.println(ran.nextBoolean());
        System.out.println(ran.nextDouble());
        System.out.println(ran.nextFloat());
        System.out.println(ran.nextLong());
        System.out.println(ran.nextInt(100));        //产生 0 至 100 的随机整数
    }
}
```

第6章 图形用户界面

图形用户界面(Graphical UserInterface,GUI)不仅可以提供各种数据的直观的图形表示方式,而且可以建立友好的交互方式,缩短用户与软件的距离,进而推动计算机迅速进入普通家庭的生活当中。图形用户界面易于学习和操作,现在几乎所有的应用都是图形用户界面的。

6.1 概述

从 Java 语言诞生到现在,Java 语言先后提供了两类图形用户界面技术:AWT 和 Swing。

1. AWT 图形用户界面

Java 的 java.awt 包,即 Java 抽象窗口工具包(Abstract Window Toolkit,AWT)提供了许多用来设计图形用户界面的组件类,如 Button(按钮)、Label(标签)、TextField(文本框)等。java.awt 包和 java.awt.event 包合起来提供了进行图形用户界面设计的技术。

在 Java SE 的早期版本中,主要是 AWT 图形用户界面。它的平台相关性较强,而且缺少基本的剪贴板和打印支持功能。java.awt 包中的主要类及类间关系如图 6-1 所示。

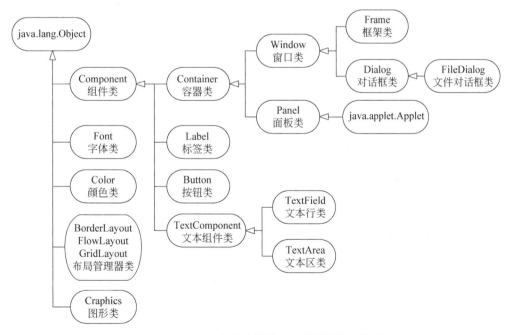

图 6-1 java.awt 包中主要类及组件类的继承关系

2. Swing 图形用户界面

JDK 1.2 推出之后,增加了一个新的 javax.swing 包,该包提供了功能更为强大的用来设计 GUI 的类。相对 AWT 图形用户界面而言,Swing 图形用户界面不仅增强了功能,而且减弱了平台相关性,即 Swing 图形用户界面与具体的计算机操作系统相关性较小。一方面,Swing 图形用户界面比 AWT 图形用户界面可以克服更多的由于不同操作系统所带来的在图形界面或交互方式上的差别;另一方面,Swing 图形用户界面还增加了功能,可以定制指定的操作系统风格的图形用户界面。

虽然 Swing 图形用户界面继承自 AWT 图形用户界面,但是这两类图形用户界面之间在组件控制机制等方面存在一些冲突,所以没有必要也并不提倡 AWT 组件和 Swing 组件混用。javax.swing 与 javax.swing.event 包也提供了一些新的布局管理器和事件类型,但可以把它们看作是对早期版本的一个扩充。或者说,在基于 Swing 的 GUI 设计中,仍然会大量使用 java.awt 与 java.awt.event 包提供的布局管理器和事件类型。

javax.swing 包中的主要类及类间关系如图 6-2 所示。

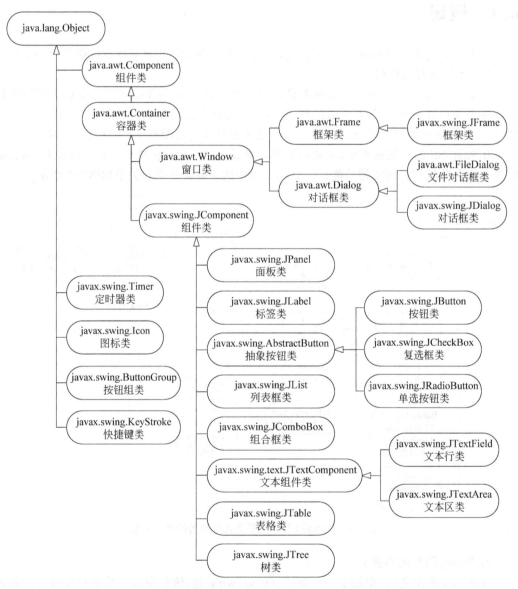

图 6-2　javax.swing 包中的主要类及类间的继承关系

javax.swing 包中的基本组件的形状如图 6-3 所示。

图 6-3　javax.swing 包中基本组件的形状

6.2　容器和布局

Swing 组件从功能上可以分为原子组件和容器组件两大类。原子组件往往有预定义的外观和功能,例如按钮 JButton,通常会居中显示指定的文本标题,被单击时会执行指定的事件处理方法。容器组件往往反映为屏幕上的一个空白区域,用于组织和显示其他组件。

放置在容器内的各组件,需要管理它们的位置和大小,也即布局。这也是图形用户界面设计时的一项重要工作,可以指定各组件的绝对位置,也可以提供相对位置。Java 提供了一组各具特点的布局管理器,能够自动完成组件的布局。本章将要讲的 3 种布局管理器为FlowLayout(流布局管理器)、BorderLayout(边布局管理器)和 GridLayout(网格布局管理器),都保存在 java.awt 包中。

6.2.1　容器组件

常用的容器组件有:窗口(JFrame)、对话框(JDialog)、小应用程序(JApplet)、面板(JPanel)、滚动窗格(JScrollPane)、框(Box)等。这些容器类均继承自 java.awt.Container类,继承关系如图 6-4 所示。

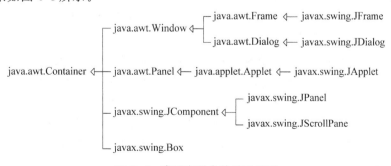

图 6-4　常用容器类的继承关系

1. 容器

容器(Container)是一个可包含其他组件的组件,在其可视区域内组织和显示这些子组件。容器中各组件的大小和位置由布局管理器进行控制,有些容器会有默认的布局管理器。如果布局管理器参数设置为 null,则指明该容器不采用任何布局管理器。此时,用户需要调用组件的 setLocation、setSize 或 setBounds 等方法,手动地设置各组件在容器中的位置和大小。

Container 类是组件类 Component 的子类,部分声明如表 6-1 所示。

表 6-1　Container 类包含的主要方法

方　法　定　义	方　法　说　明
public Component add(Component comp)	将指定组件追加到此容器的尾部
public void setLayout(LayoutManager mgr)	设置此容器的布局管理器
public void remove(Component comp)	从此容器中移除指定组件
public void removeAll()	从此容器中移除所有组件

2. 顶层容器和非顶层容器

一个图形用户界面程序应当提供一个能和操作系统直接交互的容器,该容器可以被直接显示、绘制在操作系统所控制的平台上,比如显示器上,这样的容器被称做顶层容器。顶层容器用于组织和显示原子组件的非顶层容器。顶层容器不能包含于其他容器。所有原子组件只有直接放置或通过非顶层容器间接地放置在顶层容器中才能显示出来。Swing 顶层容器包括 JFrame、JDialog 和 Japplet 这 3 种。

Swing 顶层容器在创建时会自动生成并包含一个称为内容窗格(ContentPane)的非顶层容器,用于管理该顶层容器内的所有可视组件(菜单组件除外)。当需要往顶层容器添加组件或设置其布局管理器时,都应该直接向该内容窗格而不是顶层容器发出请求。

所有顶层类都提供获取和设置内容窗格的方法:

```
Container getContentPane()                    //返回此窗体的 contentPane 对象
setContentPane(Container contentPane)         //设置 contentPane 属性
```

Java 提供的 JFrame 类的实例就是一个顶层容器(JDialog 类的实例也是一个顶层容器),即通常所称的框架。当需要一个框架时,可使用 JFrame 或其子类创建一个对象。框架也是一个容器,可以向框架添加组件。需要注意的是,框架默认地被系统添加到显示器屏幕上,因此不允许将一个框架添加到另一个容器中。

引入非顶层容器的目的主要是为了更好地管理和布置组件。具体实现时,可先将一部分组件放置在某个非顶层容器中,并设置该容器的布局管理器以放置各组件;然后将该非顶层容器作为一个组件添加到另外的非顶层容器或顶层容器中,并由该上层容器采用的布局管理器进行控制。例如,可将 JButton 等组件对象放入 JPanel 中,在该非顶层容器 JPanel 中对其进行布局,再将 JPanel 放入顶层容器 JFrame 中。常用的非顶层容器有面板 JPanel 和滚动窗格 JScrollPane。

面板 JPanel 是最普遍的一种非顶层容器,其默认布局管理器是 FlowLayout。人们经常会使用 JPanel 创建一个面板,向这个面板上添加组件,然后把这个面板添加到其他容器中。

滚动窗格 JScrollPane 用于观察一个大尺寸的复杂组件,可以有选择性地提供滚动条(水平方向或垂直方向)。在创建滚动窗格时可以指定被观察的组件和滚动条的提供策略。

6.2.2 框架 JFrame

包含图形用户界面的 Java 应用程序一般用 JFrame 对象作为顶层容器。一个 JFrame 对象中包含标题栏、窗口按钮、边框等元素。JFrame 类的部分声明如表 6-2 所示。

表 6-2　JFrame 类包含的主要方法

方　法　定　义	方　法　说　明
public JFrame() throws HeadlessException	构造一个初始时不可见的新窗体
public JFrame(String title) throws HeadlessException	创建一个新的、初始不可见的、具有指定标题的 Frame
public Container getContentPane()	返回此窗体的 contentPane 对象
public void setDefaultCloseOperation(int operation)	设置用户在此窗体上发起"close"时默认执行的操作
public void setLayout(LayoutManager manager)	设置 LayoutManager

其中,setDefaultCloseOperation(int operation)方法用来设置单击窗体右上角的关闭图标后,程序会做出怎样的处理。参数 operation 取 JFrame 类中的下列整型常量值:

DO_NOTHING_ON_CLOSE:什么也不做。

HIDE_ON_CLOSE:隐藏当前窗口。

DISPOSE_ON_CLOSE:隐藏当前窗口,并释放窗体占有的其他资源。

EXIT_ON_CLOSE:结束窗口所在的应用程序。

【例 6.1】　一个简单的 JFrame。

```
Example6_1.java
public class Example6_1{
    public static void main(String[]args){
        new MyJFrame();
    }
}
```

```
MyJFrame.java
import java.awt.*;
import javax.swing.*;
public class MyJFrame extends JFrame{
    public MyJFrame(){
        super("框架示例");
        this.setBounds(100,100,200,100);
        this.getContentPane().setBackground(Color.RED);
        this.setDefaultCloseOperation(EXIT_ON_CLOSE);
```

```
            this.setVisible(true);
    }
}
```

程序运行结果如图 6-5 所示。

图 6-5　一个简单的 JFrame

6.2.3　布局管理器

布局管理器用于指定组件间的相对位置,一种布局管理器对应一种组织方式。布局是容器类的特性,每种容器都有一种默认布局。JFrame 类的默认布局是 BorderLayout, JPanel 面板类的默认布局是 FlowLayout。如果一个容器要改变默认布局管理器,可以调用 setLayout( )方法。如在 JFrame 中由 BorderLayout 改为 FlowLayout,则可以 this. setLayout(new FlowLayout( ))

1. 流布局管理器 FlowLayout

流布局管理器是最常用的布局管理器,它按行从左到右依次排列组件,当一行排满时转到下一行继续排列组件。各组件保持自己的大小不变,容器中一行显示的组件数目随容器宽度的改变而变化。FlowLayout 类的部分声明如表 6-3 所示。

表 6-3　FlowLayout 类中包含的主要方法

方 法 定 义	方 法 说 明
public FlowLayout()	构造方法。默认居中对齐、水平和垂直间隙是 5 个单位
public FlowLayout(int align)	构造方法。参数 align 指定行对齐方式,常见的取值是以下常量之一:FlowLayout. LEFT, FlowLayout. RIGHT, FlowLayout. CENTER, FlowLayout. LEADING 或 FlowLayout. TRAILING
public FlowLayout(int align, int hgap, int vgap)	构造方法。hgap 指定同一行上相邻两个组件之间的水平间隙,vgap 指定相邻两行组件之间的竖直间隙

注意:组件的大小为默认的最佳大小,例如按钮的大小刚好能保证显示其上面的字符。对于添加到使用了 FlowLayout 布局的容器中的组件,组件调用 setSize(int x, int y)设置的大小无效。如果需要改变最佳大小,组件要调用 public void setPreferredSize(Dimension preferredSize)设置大小。

【例 6.2】　流布局管理器示例。

```
Example6_2.java
public class Example6_2{
    public static void main(String[]args){
        new MyFlowLayout();
    }
}


MyFlowLayout.java
import java.awt.*;
import javax.swing.*;
public class MyFlowLayout extends JFrame{
```

```
public MyFlowLayout(){
    super("FlowLayout 流布局示例");
    this.setBounds(100,100,300,200);
    this.setDefaultCloseOperation(EXIT_ON_CLOSE);
    this.getContentPane().setLayout(new FlowLayout());        //设置流布局管理器
    this.getContentPane().add(new JButton("button1"));
    this.getContentPane().add(new JButton("button2"));
    this.getContentPane().add(new JButton("button3"));        //依次添加 3 个按钮
    this.setVisible(true);                                    //设置框架的可见性
    }
}
```

程序运行结果如图 6-6 所示。

 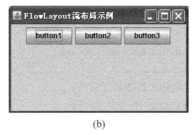 

(a) (b) (c)

图 6-6 流布局管理器的例子

图 6-6(a)是例 6.2 对应程序的运行结果。容器窗格采用默认流布局管理器,组件之间的间隙为 5 像素,每行组件居中对齐。随着容器的缩放,容器内的组件总是以最佳尺寸显示。图 6-6(b)展示了当容器往右拉大的效果,图 6-6(c)展示了当容器往左缩小的效果。当容器太小时,有些组件可能无法完全显示出来。

2. 边布局管理器 BorderLayout

边布局管理器将容器区域分为东、南、西、北、中间五部分,添加组件时可指定放置的位置,若未指定则默认放在中间。随着容器大小的改变,东南西北四条边的长度或宽度保持不变,中间部分的长度和宽度承受容器大小而改变。BorderLayout 类的部分声明如表 6-4 所示。

表 6-4 BorderLayout 类中包含的主要方法

方法及字段声明	方法及字段说明
public static final String NORTH＝"North"	容器的北边位置
public static final String SOUTH＝"South"	容器的南边位置
public static final String WEST＝"West"	容器的西边位置
public static final String EAST＝"East"	容器的东边位置
public static final String CENTER＝"Center"	窗口的中间位置
public BorderLayout()	默认构造方法,组件间的间距为 0 像素
public BorderLayout(int hgap,int vgap)	hgap 和 vgap 分别指定组件间的水平和垂直间距(像素)

注意：调用容器 Container 类的 add(Component comp，Object constraints)方法可向容器添加组件，第 2 个参数指定组件在容器中的位置，可采用表 6-4 中常量的任一值。若未指定，则该组件将居中放置。

【例 6.3】 边布局管理器示例。

```
Example6_3.java
public class Example6_3{
    public static void main(String[]args){
        new MyBorderLayout();
    }
}


MyBorderLayout.java
import java.awt.*;
import javax.swing.*;
public class MyBorderLayout extends JFrame{
    public MyBorderLayout(){
        super("BorderLayout 边布局示例");
        this.setBounds(100,100,500,200);
        this.setDefaultCloseOperation(EXIT_ON_CLOSE);        //框架组件默认为边布局管理器
        this.getContentPane().add(new JButton("button_north"),"North");
        this.getContentPane().add(new JButton("button_south"),"South");
        this.getContentPane().add(new JButton("button_west"),"West");
        this.getContentPane().add(new JButton("button_east"),"East");
        this.getContentPane().add(new JButton("button_center"),"Center");
        this.setVisible(true);
    }
}
```

程序运行结果如图 6-7 所示。

图 6-7　流布局管理器的例子

图 6-7 是例 5.3 的程序运行结果图，5 个按钮分别放在 5 个不同区域中。一个区域只能放置一个组件，若放置多个则后者将覆盖前者。使用 BorderLayout 布局的容器最多可以放置 5 个组件，若需要加入超过 5 个的组件，就必须使用容器的嵌套或改用其他布局策略。

3. 网格布局管理器 GridLayout

网格布局管理器将容器划分成若干行乘若干列的网格，每格大小相同，组件就放在这些小格当中。容器调用 add(Component comp)将组件 comp 加入容器中,放置到网格中的顺序是按第一行第一个,第一行第二个,…、第二行第,一个,…,最后一行最后一个。组件大小随容器的尺寸改变而变化。GridLayout 类的部分声明如表 6-5 所示。

表 6-5　GridLayout 类中包含的主要方法

方 法 声 明	方 法 说 明
public GridLayout()	默认构造方法
public GridLayout(int rows, int cols)	rows 和 cols 指定网格的行数和列数
public GridLayout (int rows, int cols, int hgap, int vgap)	hgap 和 vgap 分别指定组件间的水平和垂直间距

注意:由于网格布局管理器中每格大小相同,并且强制组件与网格的大小相同,使得容器中每个组件也是相同大小。若想改变,可使用容器嵌套。

【**例 6.4**】　网格布局管理器示例。

```
Example6_4.java
public class Example6_4{
    public static void main(String[]args){
        new MyGridLayout();
    }
}


MyGridLayout.java
import java.awt.*;
import javax.swing.*;
public class MyGridLayout extends JFrame{
    public MyGridLayout(){
        super("GridLayout 网格布局示例");
        this.setBounds(100,100,300,200);
        this.setDefaultCloseOperation(EXIT_ON_CLOSE);
        this.getContentPane().setLayout(new GridLayout(3,1));
        this.getContentPane().add(new JButton("button1"));
        JPanel jp=new JPanel();
        jp.setLayout(new FlowLayout());
        jp.add(new JButton("button2"));
        jp.add(new JButton("button3"));
        this.getContentPane().add(jp);
        this.getContentPane().add(new JButton
        ("button4"));
        this.setVisible(true);
    }
}
```

图 6-8　网格布局管理器的例子

程序运行结果如图 6-8 所示。

图 6-8 是例 6.4 的程序运行结果图,为了在第二

个网格中放置两个按钮,程序中增加了一个 JPanel 面板对象 jp,作为容器容纳 button2 和 button3,再将 jp 加入到 JFrame 框架对象 jf 设置的 3×1 网格布局中的第二个网格中。

网格布局管理器中组件的放置次序是行优先,从第一行到最后一行,每行从左至右依次存放。如果组件数超过网格数,则布局管理器在保持行数不变的原则下,通过增加列数来增加网格总数目。

6.3   常用组件

java.awt 包主要由组件类、事件类、布局类、菜单组件类等组成。所有的 AWT 组件 (Component) 都是抽象类 Component 或 MenuComponent 类的一个扩展。Component 类封装了组件的通用方法和属性,Component 类的部分声明如表 6-6 所示。

表 6-6   Component 类包含的主要方法

方 法 定 义	方 法 说 明
public void add(PopupMenu popup)	向组件添加指定的弹出菜单
public Color getBackground()	获取组件的背景色
public Font getFont()	获取组件的字体
public int getHeight()	获取组件的当前高度
public String getName()	获取组件的名称
public Toolkit getToolkit()	获取组件的工具包
public int getX()	返回组件原点的当前 x 坐标
public void paint(Graphics g)	绘制此组件
public void repaint()	重绘此组件
public void setBounds(int x,int y,int width,int height)	设置组件的位置和大小
public void setLocation(int x,int y)	设置组件的位置
public void setSize(int width,int height)	设置组件的大小
public void setVisible(boolean b)	设置组件的可见性

javax.swing 包提供了许多接口、类和组件,除了框架 javax.swing.JFrame 继承自 java.awt.Frame,对话框 javax.swing.JDialog 继承自 java.awt.Dialog 外,其他 swing 组件都是 javax.swing.JComponent 的子类,JComponent 继承自 AWT 的容器类 java.awt.Container,所以 swing 组件都是容器。

6.3.1   标签组件

JLabel 标签是简单的 Swing 组件,用于显示一行文本、一个图标,或两者皆有。它对应 java.awt 包中的 Label 组件。JLabel 类的部分声明如表 6-7 所示。

表 6-7　JLabel 类中包含的主要方法

方　法　声　明	方　法　说　明
public JLabel()	创建无图像并且标题为空字符串的 JLabel
public JLabel(Icon image)	创建具有指定图像的 JLabel 实例
public JLabel(String text)	创建具有指定文本的 JLabel 实例
public JLabel(String text, Icon icon, int horizontalAlignment)	创建具有指定文本、图像和水平对齐方式的 JLabel 实例
public String getText()	返回该标签所显示的文本字符串
public void SetText(String text)	设置标签显示的文本

6.3.2　文本编辑组件

文本编辑组件主要有：JTextField、JTextArea 和 JPasswordField。

1. 文本行 JTextField

文本行 JTextField 用于显示和编辑单行文本，与 java.awt 包中的 TextField 组件对应。
JTextField 类的部分声明如表 6-8 所示。

表 6-8　JTextField 类中包含的主要方法

方　法　声　明	方　法　说　明
public JTextField()	默认构造方法，初始字符串为 null，列数为 0
public JTextField(String text)	构造方法，初始字符串为 text，列数为 0
public JTextField(int columns)	构造方法，初始字符串为 null，列数为 columns
public JTextField String text, int columns)	构造方法，指定初始字符串和列数
public void setFont(Font f)	设置当前字体
public void SetHorizontalAlignment(int alignment)	设置文本的水平对齐方式

2. 文本区 JTextArea

文本区 JTextArea 用于显示和编辑多行文本。JTextArea 类的部分声明如表 6-9
所示。

表 6-9　JTextArea 类中包含的主要方法

方　法　声　明	方　法　说　明
public JTextArea()	默认构造方法，初始字符串为 null，行、列数为 0
public JTextArea(String text)	构造方法，初始字符串为 text，行、列数为 0
public JTextArea(int rows, int columns)	构造方法，初始字符串为 null，指定行、列数
public JTextArea(String text, int rows, int columns)	构造方法，指定初始字符串和行、列数
public void append(String str)	将给定文本追加到文档结尾

文本区本身不带滚动条,通常可将它放置在一个 JScrollPane 滚动窗格中。JScrollPane 为大尺寸组件提供一个可滚动的外观,它可以有选择地提供水平滚动条和垂直滚动条。

3. 密码框 JPasswordField

密码框 JPasswordField 允许用户在其中输入单行密码,但输入的字符回显时以"＊"代替。

【例 6.5】 文本编辑组件示例。

```java
Example6_5.java
public class Example6_5{
    public static void main(String[]args){
        new TextComponents();
    }
}


TextComponents.java
import java.awt.*;
import javax.swing.*;
public class TextComponents extends JFrame{
    public TextComponents(){
        super("文本显示和文本编辑示例");
        this.setBounds(100,100,310,220);
        this.setDefaultCloseOperation(this.EXIT_ON_CLOSE);
        this.getContentPane().setLayout(new FlowLayout(FlowLayout.RIGHT));
        this.getContentPane().add(new JLabel("user"));
        this.getContentPane().add(new JTextField(20));
        this.getContentPane().add(new JLabel("password"));
        this.getContentPane().add(new JPasswordField(20));
        this.getContentPane().add(new JLabel("description"));
        this.getContentPane().add
(new JTextArea
        ("my information:",5,20));
        this.setVisible(true);
    }
}
```

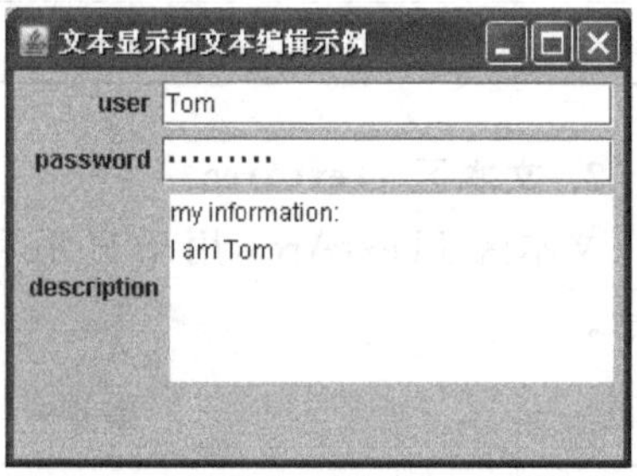

程序运行结果如图 6-9 所示。

图 6-9 是例 6.5 的程序运行结果图,在 JFrame 框架对象 jf 中添加了 3 个标签,一个文本行,一个密码框和一个文本区。用流式布局管理器管理各组件位置,且组件右对齐。

图 6-9 文本框、文本区、密码框的例子

6.3.3 按钮组件

Swing 的按钮组件包括 JButton 按钮与选项按钮组件 JCheckBox、JRadioButton,它们都是 AbstractButton 抽象按钮类的子类。

1. 抽象按钮类 AbstractButton

抽象按钮类 AbstractButton 定义了按钮和菜单项的一般行为,是一个抽象类,它继承自 javax. swing. JComponent,直接子类有 JButton、JMenuItem 和 JToggleButton。AbstractButton 类的部分声明如表 6-10 所示。

表 6-10　AbstractButton 类中包含的主要方法

方　法　声　明	方　法　说　明
public void addActionListener(ActionListener l)	将一个 ActionListener 添加到按钮中
public void removeActionListener(ActionListener l)	从按钮中移除一个 ActionListener
public String getActionCommand()	返回此按钮的动作命令
public void setEnabled(boolean b)	启用(禁用)按钮

2. 命令按钮 JButton

命令按钮 JButton 一般用于完成某个特定的功能。按钮被单击时,将会引发 ActionEvent 事件,当组件注册 ActionListener 监听器后,可用它监听、处理该事件,以完成特定功能。JButton 类的部分声明如表 6-11 所示。

表 6-11　JButton 类中包含的主要方法

方　法　声　明	方　法　说　明
public JButton()	默认构造方法,创建不带文本和图标的按钮
public JButton(Icon icon)	构造方法,创建一个带图标的按钮
public JButton(String text)	构造方法,创建一个带文本的按钮
public JButton(String text,Icon icon)	构造方法,创建一个带文本和图标的按钮

3. 复选框 JCheckBox

复选框 JCheckBox 是一个可以被选定和取消选定的项,它将其状态显示给用户,用户可以通过单击该组件切换状态。通常情况下,复选框由一个方框和一个标签组成,复选框被选中时方框内打对钩,未被选中时方框中无对钩。JCheckBox 类的部分声明如表 6-12 所示。

表 6-12　JCheckBox 类中包含的主要方法

方　法　声　明	方　法　说　明
public JCheckBox()	默认构造方法,创建不带文本和图标,且最初未被选定的复选框
public JCheckBox(Icon icon)	构造方法,创建一个带图标,最初未被选定的复选框
public JCheckBox(String text)	构造方法,创建一个带文本且最被未被选定的复选框
public JCheckBox(String text,Icon icon,Boolean selected)	构造方法,创建一个带文本和图标的复选框,并指定初始是否处于选中状态

复选框可以用来实现多项选择,也即多个复选项对应的选项间没有联系。一个复选项选中与否的状态变化,不会影响到其他复选框。故而一个容器内容纳多个复选框时,根据实

际需要,可以同时选中其中的一个或多个。

4. 单选按钮 JRadioButton

单选按钮 JRadioButton 的默认图标是一个小圆圈,而不是复选框 JCheckBox 的方框。被选中时,圆圈内会有一个小圆点。

单选按钮 JRadioButton 与复选框很类似,不同点在于用户可以同时选中多个复选框,而在一组单选按钮中只能选择一个。也即单选按钮需要分组,各组间无联系,但组内是互斥的,选择了一个则其他都不会被选中。因此,在添加单选按钮时,还应该设计 ButtonGroup 按钮组类,用于将多个单选按钮归于一组。JRadioButton 类的部分声明如表 6-13 所示。

表 6-13　JRadioButton 类中包含的主要方法

方 法 声 明	方 法 说 明
public JRadioButton()	默认构造方法,创建一个无初始文本,且被初始化为未选择的单选按钮
public JRadioButton(String text)	构造方法,创建一个具有指定文本的状态为未选择的单选按钮
public JRadioButton(String text, Icon icon, Boolean selected)	构造方法,指定初始文本、图标和初始选中状态

多个单选按钮可以通过 add(Component comp) 方法加入到同一个容器中,但它们所属的按钮组不需要加入该容器。换言之,按钮组是它们的逻辑组织方式,物理上放置于窗口中时仍需一个个添加。

6.3.4　列表框和组合框

当可供选择的数据项较少且数目确定时,通常采用复选框和单选按钮。而当数据项较多时,通常使用列表框 JList 和组合框 JComboBox。

列表框 JList 用于提供并显示一组数据项供用户选择。通常,用户可从列表框中选择一个或多个数据项。JList 类的部分声明如表 6-14 所示。

表 6-14　JList 类中包含的主要方法

方 法 声 明	方 法 说 明
public JList()	默认构造方法,构造一个具有空的、只读模型的 JList
public JList(Object[]listData)	构造方法,根据指定的对象数组创建列表框
public JList(ListModel dataModel)	构造方法,根据指定的模型对象创建列表框
public Boolean isSelectedIndex(int index)	如果选择了指定的索引,则返回 true,否则返回 false
public Boolean isSelectionEmpty()	如果什么也没选择,则返回 true,否则返回 false
public void setListData(Object[]listData)	根据一个对象数组构造列表内容

6.3.5　对话框

1. 对话框 JDialog

对话框 JDialog 和框架 JFrame 都是窗口类 Window 的子类,二者的实例对象都是底层容器,但区别在于对话框 JDialog 实例必须要依赖于某个窗口。JDialog 类的部分声明如表 6-15 所示。

表 6-15 JDialog 类中包含的主要方法

方 法 声 明	方 法 说 明
public JDialog()	默认构造方法,构造一个无标题且没有指定所有者的无模式对话框
public JDialog(Frame owner)	构造方法,指定对话框的所有者为 owner
public JDialog(Frame owner, String title,boolean modal)	构造方法,指定对话框的所有者、标题和模式
public Container getContentPane()	返回此对话框的 contentPane 对象

对话框分为有模式和无模式两种。如果一个对话框是有模式的,那么当这个对话框处于激活状态时,不能对其他窗口进行操作。而一个对话框是无模式的,则这个对话框处于激活状态时,还可以激活其他窗口。

2. 消息对话框

消息对话框是有模式对话框,进行一个重要动作之前,最好能弹出一个消息对话框,如图 6-10 所示。javax. swing 包中的 JOptionPane 类提供静态方法显示消息对话框。

图 6-10 消息对话框

```
public static void showMessageDialog(Component parent,Object message)throws HeadlessException
```

其中,参数 parent 指定对话框所依附的组件,message 指定消息对话框中显示的消息。

3. 确认对话框

确认对话框是有模式对话框,如图 6-11 所示。javax. swing 包中的 JOptionPane 类提供静态方法显示确认对话框。

```
public static int showConfirmDialog(Component parent,Object message)throws HeadlessException
```

当用户单击"是"按钮时返回 0,单击"否"时返回 1,单击"取消"时返回 2。

4. 输入对话框

输入对话框是有模式对话框,如图 6-12 所示。javax. swing 包中的 JOptionPane 类提供静态方法显示输入对话框。

```
public static String showInputDialog(Component parent,Object message) throws HeadlessException
```

图 6-11 确认对话框

图 6-12 "输入"对话框

当用户单击"确定"按钮时返回输入的字符串,单击"取消"时返回 null。

5. 颜色对话框

用 javax. swing 中的 JColorChooser 类的静态方法可创建一个有模式的颜色对话框,如图 6-13 所示。

```
public static Color showDialog(Component component,String title,Color initial)
```

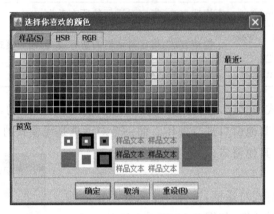

图 6-13 "选择你喜欢的颜色"对话框

参数 component 指定对话框所依附的组件,title 指定对话框标题文字,initial 指定初始颜色。

6.3.6 菜单组件

窗口中的菜单栏、菜单、菜单项都是常用的组件。菜单类的继承关系如下所示。

```
java.lang.Object
|
+--java.awt.MenuComponent
   |
   +--java.awt.MenuBar
   +--java.awt.MenuItem
    |
   +--java.awt.CheckboxMenuItem
   +--java.awt.Menu
    |
   +--java.awt.PopupMenu
```

1. 菜单栏 JMenuBar

菜单栏 JMenuBar 是窗口中用于容纳菜单 JMenu 的容器。JMenuBar 类的部分声明如表 6-16 所示。

JFrame 对象可调用 setJMenuBar(JMenuBar menubar)方法将一个菜单栏实例 menubar 添加到容器中,作为整个菜单树的根基。菜单栏被添加到窗口上方,不受布局管理器控制。注意,只能向窗口中添加一个菜单栏。

表 6-16　JMenuBar 类包含的主要方法

方　法　声　明	方　法　说　明
public JMenuBar()	默认构造方法,创建新的菜单栏
public JMenu add(JMenu c)	将指定的菜单追加到菜单栏的末尾

2. 菜单 JMenu

菜单 JMenu 是若干个菜单项 JMenuItem 或子菜单的容器,它能被添加到 JMenuBar 或其他 JMenu 中。JMenu 类的部分声明如表 6-17 所示。

表 6-17　JMenu 类包含的主要方法

方　法　声　明	方　法　说　明
public JMenu()	默认构造方法,创建没有文本的新菜单
public JMenu(String s)	构造方法,用提供的字符串作为文本构造一个新菜单
public Component add(Component c)	将某个组件追加到此菜单的末尾
public JMenuItem add(JmenuItem menuItem)	将某个菜单项追加到此菜单的末尾
public void addSeparator()	将新分隔符追加到菜单的末尾

3. 菜单项 JMenuItem

菜单项 JMenuItem 是组成菜单或快捷菜单的最小单位,不可分解,用于完成特定功能。JMenuItem 类的部分声明如表 6-18 所示。

表 6-18　JMenuItem 类包含的主要方法

方　法　声　明	方　法　说　明
public JMenuItem()	默认构造方法,创建不带文本或图标的菜单项
public JMenuItem(String text)	构造方法,创建带有指定文本的菜单项
public void setAccelerator(KeyStroke keystroke)	为菜单项设置快捷键

4. 选择菜单项

Java 除了提供 JMenuItem,还提供了两种可选择的菜单项:复选菜单项 JCheckBoxMenuItem 和单选菜单项 JRadioButtonMenuItem。

复选菜单项 JCheckBoxMenuItem 带有复选标记,部分声明如表 6-19 所示。

表 6-19　JCheckBoxMenuItem 类包含的主要方法

方　法　声　明	方　法　说　明
public JCheckBoxMenuItem()	默认构造方法,创建不带文本或图标、最初未选定的菜单项
public JCheckBoxMenuItem(String text)	构造方法,创建带有指定文本,但初始未被选定的菜单项
public void setState(boolean b)	设置该项的选定状态

单选菜单项 JRadioButtonMenuItem 是带单选标记的菜单项,部分声明如表 6-20 所示。

表 6-20　JRadioButtonMenuItem 类包含的主要方法

方 法 声 明	方 法 说 明
public JRadioButtonMenuItem()	默认构造方法,创建不带文本或图标的菜单项
public JRadioButtonMenuItem(String text)	构造方法,创建带有指定文本的菜单项
public JRadioButtonMenuItem(String text, Icon icon,boolean b)	构造方法,创建带有指定文本、图像和选择状态的菜单项

【例 6.6】　菜单示例。

```
Example6_6.java
public class Example6_6{
    public static void main(String[]args){
        new MenuDemo();
    }
}
```

```
MenuDemo.java
import java.awt.*;
import javax.swing.*;
public class MenuDemo extends JFrame{
    public MenuDemo(){
        super("菜单示例");
        this.setBounds(100,100,200,200);
        this.setDefaultCloseOperation(EXIT_ON_CLOSE);
        //添加菜单栏
        JMenuBar menubar=new JMenuBar();
        this.setJMenuBar(menubar);
        //添加菜单
        JMenu menu_file=new JMenu("文件");
        JMenu menu_help=new JMenu("帮助");
        menubar.add(menu_file);
        menubar.add(menu_help);
        //添加菜单项
        JMenuItem mi1=new JMenuItem("打开");
        JMenuItem mi2=new JMenuItem("保存");
        JMenuItem mi3=new JMenuItem("关闭");
        JCheckBoxMenuItem mi4=new JCheckBoxMenuItem("工具 1");
        JCheckBoxMenuItem mi5=new JCheckBoxMenuItem("工具 2");
        JRadioButtonMenuItem mi6=new JRadioButtonMenuItem("格式 1");
        JRadioButtonMenuItem mi7=new JRadioButtonMenuItem("格式 2");
        ButtonGroup bg=new ButtonGroup();
        bg.add(mi6);
        bg.add(mi7);
        menu_file.add(mi1);
        menu_file.add(mi2);
```

```
        menu_file.add(mi3);
        menu_file.addSeparator();
        menu_file.add(mi4);
        menu_file.add(mi5);
        menu_file.addSeparator();
        menu_file.add(mi6);
        menu_file.add(mi7);
        this.setVisible(true);
    }
}
```

程序运行结果如图 6-14 所示。

图 6-14　菜单示例

5. 快捷菜单 JPopupMenu

菜单除了可以放置在窗口,也可以依附于一个组件,当用户右击鼠标时弹出,这就是快捷菜单 JPopupMenu。JPopupMenu 类的部分声明如表 6-21 所示。

表 6-21　JPopupMenu 类包含的主要方法

方　法　声　明	方　法　说　明
public JPopupMenu()	默认构造方法
public JPopupMenu(String label)	构造方法,构造一个具有指定标题的快捷菜单
public JMenuItem add(JMenuItem menuItem)	将指定菜单项添加到此菜单的末尾
public void addSeparator()	将新分隔符添加到菜单的末尾

6.4　事件处理机制

当用户与 GUI 交互时,无论是单击鼠标,还是按下键盘,都会触发相应的事件。事件将通知应用程序发生的情况,接着应用程序会根据不同的事件作出相应的回应。早期的 JDK 1.0 采用层次(hierarchal)事件模型,JDK 1.1 之后采用委托事件模型(delegation event model)。

6.4.1　基本概念

1. 事件和事件源

事件通常指因为用户的界面操作(例如单击按钮、关闭窗口、选择列表项等)而引起的组件状态或数据的改变。同时,这些产生事件的对象称为事件源,例如按钮、窗口、列表框等。也就是说,事件源必须是一个对象,而且这个对象必须是 Java 认为能够发生事件的对象。

2. 监听器

为了对发生的事件作出处理,需要一个对象对事件源进行监视。事件源通过调用相应的方法将某个对象注册为自己的监听器。

例如,对于按钮,这个方法就是:addActionListener(监听器对象)。对于一个注册了监听器的按钮,每当单击该按钮时,Java 运行时系统就会自动创建一个 ActionEvent 类对象,用于产生一个单击事件对象。换句话说,事件源(某个按钮)注册监听器之后,相应的操作就会导致相应事件的发生,并通知监听器,监听器就会作出相应的处理。

3. 处理事件的接口

监听器是一个对象,为了对事件源发生的事件作出相应处理,它会自动调用一个方法来处理该事件。那么监听器调用的是哪个方法呢?因为任何对象都是某个类的实例,故而监听器可调用它所在的那个类的方法。该类中可能声明了多个方法,监听器调用哪个方法呢?Java规定:为了让监听器对象能对事件源发生的事件进行处理,创建该监听器对象的类必须声明实现相应的接口,即必须在类体中重写接口中的所有方法。这样一来,当事件源发生事件时,监听器就自动调用被类重写的某个接口方法。

6.4.2 委托模型

在现实中,人们会发现很多类似的"委托事件"。比如,第一步,律师群体要有法定资格处理法律事务,相当于定义一个类(律师类)实现事件接口(资格),接口中定义了处理事件的标准方法;第二步,客户(事件源)与某个律师(实现接口类的一个对象)签订合同,在此就是事件源注册监听器;第三步,事件发生,通知该律师,在此就是按钮等组件被单击后,虚拟机自动通知监听器;第四步,该律师自动根据法律赋予的职责去处理有关法律问题,在此就是在实现类中实现接口中的方法,方法中有处理事件的内容。

同样,委托装修也要经过相同的步骤。即装修公司取得资格;与装修公司签订合同;需要装修时通知装修公司装修;装修公司自动按照国家标准装修等。

事件对象通常是java.util.EventObject类的子类的实例对象。大多数事件类存放在java.awt.event包中,swing中新增的事件存放在javax.swing.event包中。调用事件对象的getSource()方法可以返回事件源对象的引用。

监听器是实现了某个监听器接口的类的实例,是真正进行事件处理的那个对象。所有的监听器接口都从java.util.EventListener接口扩充而来。监听器和事件类的关系是一一对应的,一个监听器用于监视和处理一个事件。例如,ActionListener监听器用于监听和处理ActionEvent事件;WindowListener监听器对应于WindowEvent事件类的监听和处理。也就是说,XXXListener监听器用于监听和处理XXXEvent事件类,其中的XXX代表某种事件类型。每种监听器内都会有一个或多个用于处理不同事件的方法。

一个组件必须先注册监听器后,才可由该监听器监听和处理它上所发生的事件。每个组件都有addXXXListener(XXXListener li)方法用于注册监听器,removeXXXListener(XXXListener li)方法用于移除监听器。

由于一个事件源可以产生多种不同类型的事件,因此可以注册多个不同类型的监听器。例如,按下鼠标时既产生了MouseEvent事件,也产生了ActionEvent事件,根据需要分别交由MouseListener接口的MouseClicked(MouseEvent e)方法和ActionListener接口的actionPormed(ActionEvent e)方法进行处理。

需要注意:针对同一个事件源的同一种事件也可以注册不同的监听器。例如,两个按钮一个用于启动一个秒表,一个用于暂停秒表计时,虽然事件源都是按钮,但因为各自所做的事情是不一样的,故而可以分别注册不同的监听器。

同样的道理,同一个监听器对象可被同时注册到多个不同的事件源上。例如,按钮和复选按钮都可以注册到同一个ActionListener监听器上。就如同同一批消防员可以同时负责一个辖区内多家住宅楼和商用楼的用火安全问题。

虽然 Java 中提供了多种组件和多种事件类,但并不是说人们在编写程序时要监听并处理所有事件,实际上人们只是对某些类型的事件感兴趣。在编写 GUI 程序时,应该首先考虑需要处理的事件,然后创建相应的监听器对象并向合适的组件注册。当一个组件引发事件时,如果没有监听器能够处理,那么该事件将被忽略。

6.4.3 Java 中常用的事件、监听器及事件处理方法

每个组件都可调用方法注册和移除监听器,表 6-22 列出了组件和与其对应的监听器。

表 6-22　组件与监听器的对应关系

监听器接口	组件(可以注册左面的监听器)
ActionListener	JButton、JList、JTextField、JMenuItem 及 其 派 生 类,包 括 JCheckBoxMenuItem,JMenu,JPopupMenu
AdjustmentEvent	JScrollBar 以及读者产生的任何类,只要它们实现出 Adjustable 接口
ComponentListener	Component 及其派生类,包括 JButton、JCanvas、JCheckBox,JComboBox、Container、JPanel、JApplet、JScrollPane、Window、JDialog、JFileDialog、JFrame、JLabel、JList、JScrollBar、JTextArea、JTextField
ContainerListener	Container 及 其 派生类,包括 JPanel、JApplet、JScrollPane、Window、JDialog、JFileDialog、JFrame
FocusListener	Component 及其派生类
KeyListener	Component 及其派生类
MouseListener	Component 及其派生类
MouseMotionListener	Component 及其派生类
WindowListener	Window 及其派生类,包括 JDialog、JFileDialog、JFrame
ItemListener	JCheckBox、JCheckBoxMenuItem、JComboBox、JList 以 及 任 何 实 现 了 ItemSelectable 接口的类
TextListener	任何衍生自 JTextComponent 的类,包括 JTextArea 和 JTextField

注意:本表并未列出全部的对应,故而当碰到未见过的组件或监听器时,查看 API 参考文档便是最好的选择。

表 6-23 列出了常见的监听器接口及其中的事件处理方法。

表 6-23　常见的监听器接口

监听器接口	事件处理方法	说　明
ActionListener	actionPerformed(ActionEvent e)	发生单击操作
ItemListener	itemStateChanged(ItemEvent e)	选定或取消选定某项
KeyListener	keyTyped(KenEvent e)	输入某个键
	keyPressed(KenEvent e)	按下某个键
	keyReleased(KenEvent e)	释放某个键

监听器接口	事件处理方法	说　明
MouseListener	mouseClicked(MouseEvent e) mousePressed(MouseEvent e) mouseReleased(MouseEvent e) mouseEntered(MouseEvent e) mouseExited(MouseEvent e)	单击鼠标 按下鼠标 释放鼠标 鼠标进入 鼠标离开
MouseMotionListener	mouseDragged(MouseEvent e) mouseMoved(MouseEvent e)	鼠标拖曳 鼠标移动
FocusListener	FocusGained(FocusEvent e) FocusLost(FocusEvent e)	获得焦点 失去焦点
WindowListener	windowOpened(WindowEvent e) windowClosing(WindowEvent e) windowClosed(WindowEvent e) windowIconified(WindowEvent e) windowDeiconfied(WindowEvent e) windowActivated(WindowEvent e) windowDeactivated(WindowEvent e)	打开窗口 关闭窗口 删除窗口 窗口最小化 窗口正常化 激活窗口 变成非活动
ListSelectionListener	valueChanged(ListSelectionEvent e)	改变列表选择
DocumentListener	insertUpdate(DocumentEvent e) removeUpdate(DocumentEvent e) changedUpdate(DocumentEvent e)	插入操作 删除操作 修改操作

6.4.4　事件处理机制的编程方法

基于委托模型进行事件进行编程时,欲使程序具备某类事件处理的功能,必须在程序原有功能的基础上,增加以下几个方面的内容。

(1) 引入 java. awt. event 包或 javax. swing. event 包中的事件类,方法是在类的定义前面增加语句：import java. awt. event. ＊；或 import javax. swing. event. ＊；。

(2) 定义专门用于处理特定事件的类,并且让其实现相应的接口。这相当于让律师或装修公司取得资格。这些类可以定义为嵌套的内部类,或者定义为与应用类并列的类。与此同时,这些类必须在自己的类体内定义与特定事件对应的处理方法。就像装修公司可以装修,律师可以处理与法律有关的事宜一样。

(3) 通过 addXXXListener(XXXListener li)方法为事件源注册监听器。这相当于监听器接受事件源的委托,就像装修工人已经接受业主的委托,签订装修合同。

1. 事件监听器接口

如果一个类实现了事件监听器接口,那么该类就具备了响应指定事件和事件处理的能力。例如,一个类实现了 ActionListener 接口,则它可以响应单击事件。

【例 6.7】　当鼠标进入到窗口时,背景色变为红色；鼠标移出窗口后,背景色变为白色。

```
Example6_7.java
public class Example6_7{
```

```
    public static void main(String[]args){
        new MyJFrame();
    }
}
```

MyJFrame.java
```
import javax.swing.*;
public class MyJFrame extends JFrame{
    public MyJFrame(){
        super("事件监听器接口的简单例子");
        this.setBounds(100,100,200,200);
        this.setDefaultCloseOperation(EXIT_ON_CLOSE);
        Container c=this.getContentPane();              //框架的内容窗格作为事件源
        c.addMouseListener(new MyMouseListener(c));     //注册监听器
        this.setVisible(true);
    }
}
```

MyMouseListener.java
```
import java.awt.event.*;
import java.awt.*;
import javax.swing.*;
public class MyMouseListener implements MouseListener{   //实现监听器接口的类
    Container c;
    public MyMouseListener(Container c){                 //构造函数,用于传入事件源
        this.c=c;
    }
    public void mouseEntered(MouseEvent e){              //鼠标进入时的事件处理方法
        c.setBackground(Color.RED);
    }
    public void mouseExited(MouseEvent e){               //鼠标移出时的事件处理方法
        c.setBackground(Color.WHITE);
    }
    public void mouseClicked(MouseEvent e){}             //监听器接口的其他方法未调用,但需
                                                        //要给出空实现
    public void mousePressed(MouseEvent e){}
    public void mouseReleased(MouseEvent e){}
```

程序运行结果如图 6-15 所示。

程序说明：在本例中可以清楚看到用类实现监听器接口时碰到的问题。由于接口自身的性质,使得一个类若要实现接口,则必须实现接口中的所有抽象方法,即使有些方法它并不会被调用。如此一来,一个类实现了某个监听器接口后,即使只要处理一个事件,也必须实现所有方法,那些不需要响应的事件处理方法仍需给出空实现,这样造成了编程时的麻烦。

(a) 鼠标进入窗口　　　　　　　(b) 鼠标移出窗口

图 6-15　鼠标进入窗口

2. 事件适配器类

为了解决上例中的问题,Java 提供了一种更简单的方法：为每个包含多个方法的接口提供一个实现该接口的抽象类,该类就是适配器类(Adapter)。适配器类中给出了对应接口中各抽象方法的空实现,故而可换用继承自适配器类的方法来创建监视器。

【**例 6.8**】　用事件适配器类改写例 6-7。

```
Example6_8.java
public class Example6_8{
    public static void main(String[]args){
        new MyJFrame2();
    }
}


MyJFrame2.java
import javax.swing.*;
public class MyJFrame2 extends JFrame{
    public MyJFrame2(){
        super("事件监听器接口的简单例子");
        this.setBounds(100,100,200,200);
        this.setDefaultCloseOperation(EXIT_ON_CLOSE);
        Container c=this.getContentPane();
        c.addMouseListener(new MyMouseListener2(c));
        this.setVisible(true);
    }
}


MyMouseListener2.java
import java.awt.event.*;
import java.awt.*;
import javax.swing.*;
public class MyMouseListener2 extends MouseAdapter{      //监听器继承自事件适配器类
    Container c;
    public MyMouseListener2(Container c){
        this.c=c;
```

```
        }
        public void mouseEntered(MouseEvent e){
            c.setBackground(Color.RED);
        }
        public void mouseExited(MouseEvent e){
            c.setBackground(Color.WHITE);
        }
}
```

程序运行结果同例 6.7。

6.4.5　几个事件处理的例子

【例 6.9】　按钮组件示例。

```
Example6_9.java
public class Example6_9{
    public static void main(String[]args){
        new ButtonComponents();
    }
}


ButtonComponents.java
import java.awt.*;
import java.awt.event.*;
import javax.swing.*;
public class ButtonComponents extends JFrame implements ActionListener{
    JTextArea text;
    JButton btn_ok;
    JTextField text_name;
    JRadioButton rb[];
    JCheckBox cb[];
    String str="";
    public ButtonComponents(){
        super("按钮组件示例");
        String[]sex={"male","female"};                //用于生成一组单选按钮上的文字
        String[]hobbies={"sport","music"};             //用于生成多个复选框上的文字
        this.setBounds(100,100,300,180);
        this.setDefaultCloseOperation(EXIT_ON_CLOSE);
        text=new JTextArea(5,10);
        this.getContentPane().add(text,"West");
        JPanel panel=new JPanel(new FlowLayout());     //效果图中右半部分的布局
        this.getContentPane().add(panel);
        panel.add(new JLabel("name:"));
        text_name=new JTextField(12);
        panel.add(text_name);
        panel.add(new JLabel("sex:"));
```

```
//用循环语句产生多个单选按钮,将其加入同一个按钮组,并添加到面板中
ButtonGroup bg=new ButtonGroup();
rb=new JRadioButton[sex.length];
for(int i=0;i<sex.length;i++){
    rb[i]=new JRadioButton(sex[i]);
    bg.add(rb[i]);
    panel.add(rb[i]);
}
//用循环语句产生多个复选框,并添加到面板中
panel.add(new JLabel("hobbies:"));
cb=new JCheckBox[hobbies.length];
for(int i=0;i<hobbies.length;i++){
    cb[i]=new JCheckBox(hobbies[i]);
    panel.add(cb[i]);
}
btn_ok=new JButton("ok");
btn_ok.addActionListener(this);
panel.add(btn_ok);
this.setVisible(true);
}
public void actionPerformed(ActionEvent e){
    if(e.getSource()==btn_ok){
        str+=" name:\n"+text_name.getText()+"\n sex: \n";
        for(int i=0;i<rb.length;i++)
            if(rb[i].isSelected()) str+=rb[i].getText();
                                                    //查看各单选按钮的选中状态
        str+="\n hobbies: ";
        for(int i=0;i<cb.length;i++)
            if(cb[i].isSelected()) str+="\n"+cb[i].getText();
        text.append(str);
    }
}
}
```

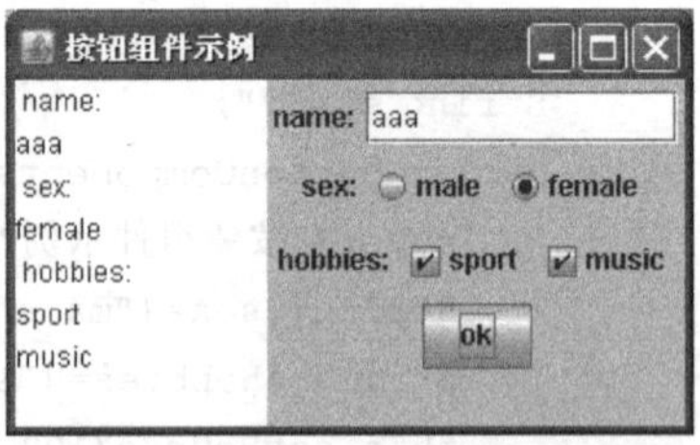

程序运行结果如图 6-16 所示。

图 6-16 是例 6.9 的程序运行结果图,展示了单选按钮、复选框及按钮的使用方法。其中,按钮组件对象 btn_ok 注册了单击事件监听器 ActionListener,当单击该按钮时,会执行 actionPerformed(ActionEvent e)方法响应事件。

图 6-16　单选按钮和复选按钮

【例 6.10】 列表框和组合框示例。

```
Example6_10.java
public class Example6_10{
    public static void main(String[]args){
        new ItemComponents();
```

```
        }
    }

ItemComponents.java
import java.awt.*;
import java.awt.event.*;
import javax.swing.*;
import javax.swing.event.*;
public class ItemComponents extends JFrame{
    JComboBox cb_channel;
    JList list_shows;
    JLabel label;
    Object[]channel={"中央一台","中央二台"};                        //用来作为组合框的条目
    Object[][]shows={{"新闻联播","焦点访谈"},{"交换空间","经济与法","经济半小时"}};
                                                                //用来作为列表框的条目
    public ItemComponents(){
        super("按钮组件示例");
        this.setBounds(100,100,250,180);
        this.setDefaultCloseOperation(EXIT_ON_CLOSE);
        this.getContentPane().setLayout(new FlowLayout());

        //添加组合框、列表框、标签
        cb_channel=new JComboBox(channel);
        this.getContentPane().add(cb_channel);
        list_shows=new JList(shows[0]);
        this.getContentPane().add(list_shows);
        label=new JLabel("");
        this.getContentPane().add(label);

        //为组合框注册监听器 ItemListener
        cb_channel.addItemListener(new ItemListener(){
            public void itemStateChanged(ItemEvent e){
                int i=cb_channel.getSelectedIndex();
                list_shows.setListData(shows[i]);
            }
        });

        //为列表框注册事件监听器 ListSelectionListener
        list_shows.addListSelectionListener(new ListSelectionListener(){
            public void valueChanged(ListSelectionEvent e){
                String str=cb_channel.getSelectedItem().toString();
                if(!list_shows.isSelectionEmpty())
                                        //如果有选中的选项,则在 label 中显示该值
                    str+=" "+list_shows.getSelectedValue();
                label.setText("您选择的是: "+str);
```

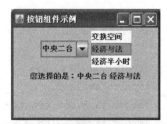

图 6-17 组合框和列表框的例子

```
        }
    });
    this.setVisible(true);
    }
}
```

程序运行结果如图 6-17 所示。

图 6-17 是例 6.10 的程序运行结果图,在组合框中选中不同项目时,列表框中会列出对应的条目。当列表框中项目被选中时,标签里会显示组合框和列表框项目的组合值。

【例 6.11】 对话框示例。

```
Example6_11.java
public class Example6_11{
    public static void main(String[]args){
        new DialogDemo();
    }
}


DialogDemo.java
import java.awt.*;
import javax.swing.*;
public class DialogDemo extends JFrame{
    private JButton btn;
    private MyJDialog dialog;
    public DialogDemo(){
        super("对话框示例");
        this.setBounds(100,100,200,200);
        this.setDefaultCloseOperation(EXIT_ON_CLOSE);
        btn=new JButton("打开对话框");
        this.getContentPane().add(btn);

        dialog=new MyJDialog(this);
        btn.addActionListener(new ActionListener(){
            public void actionPerformed(ActionEvent e){
                if(e.getSource()==btn)
                    dialog.setVisible(true);
            }
        });
        this.setVisible(true);
    }

    class MyJDialog extends JDialog{                    //内部类,用于产生一个对话框
        public MyJDialog(JFrame jframe){               //构造方法,传入该对话框的所有者
            super(jframe,"我的对话框",true);
```

```
            this.setBounds(jframe.getX()+jframe.getWidth()+10,jframe.getY(),150,150);
            this.setDefaultCloseOperation(HIDE_ON_CLOSE);
            this.getContentPane().setLayout(new FlowLayout());
            this.getContentPane().add(new JButton("学习"));
            this.getContentPane().add(new JButton("休息"));
        }
    }
}
```

程序运行结果如图 6-18 所示。程序中用到了 ActionListener 监听器接口。

图 6-18　对话框示例

【例 6.12】　弹出菜单示例。

```
Example6_12.java
public class Example6_12{
    public static void main(String[]args){
        new PopupMenuDemo();
    }
}


PopupMenuDemo.java
import java.awt.*;
import javax.swing.*;
public class PopupMenuDemo extends JFrame{
    private JTextArea text;
    private JPopupMenu popmenu;
    public PopupMenuDemo(){
        super("菜单示例");
        this.setBounds(100,100,200,200);
        this.setDefaultCloseOperation(EXIT_ON_CLOSE);
        this.text=new JTextArea("我是中国人");

        this.getContentPane().add(this.text);
        this.popmenu=new JPopupMenu();
        String popstr[]={"剪切","复制","粘贴"};
        JMenuItem popmenuitthis[]=new JMenuItem[popstr.length];
        MyActionListener3 mal=new MyActionListener3(text);
```

```
        for(int i=0;i<popstr.length;i++){
            popmenuitthis[i]=new JMenuItem(popstr[i]);
            this.popmenu.add(popmenuitthis[i]);
            popmenuitthis[i].addActionListener(mal);
        }
        this.text.add(this.popmenu);                    //快捷菜单依附于组件

        MyMouseListener mml=new MyMouseListener(text,popmenu);
        this.text.addMouseListener(mml);

        this.setVisible(true);
    }
}


MyActionListener3.java
import java.awt.event.*;
import javax.swing.*;
public class MyActionListener3 implements ActionListener{
    private JTextArea text;
    public MyActionListener3(JTextArea text){
        this.text=text;
    }
    public void actionPerformed(ActionEvent e){
        if(e.getActionCommand()=="复制"){text.copy();}
        if(e.getActionCommand()=="粘贴"){text.paste();}
        if(e.getActionCommand()=="剪切"){text.cut();}
    }
}


MyMouseListener.java
import java.awt.event.*;
import javax.swing.*;
public class MyMouseListener implements MouseListener{
    private JTextArea text;
    private JPopupMenu popmenu;
    public MyMouseListener(JTextArea text,JPopupMenu popmenu){
        this.text=text;
        this.popmenu=popmenu;

    }
    public void mouseClicked(MouseEvent e){
        if(e.getModifiers()==MouseEvent.BUTTON3_MASK)
            popmenu.show(text, e.getX(), e.getY());
    }
    public void mouseEntered(MouseEvent e){}
```

```
        public void mouseExited(MouseEvent e){}
        public void mousePressed(MouseEvent e){}
        public void mouseReleased(MouseEvent e){}
    }
```

程序运行结果如图 6-19 所示。程序中用到了事件监听器 ActionListener 和 MouseListener。

【例6.13】 本例设计一个简单的文本编辑器,可实现对文本区中的字符串进行字号大小、字形、字体颜色的设置。文本编辑器中设置菜单栏,且右击文本区,可弹出快捷菜单,如图 6-20 所示。

图 6-19　快捷菜单示例

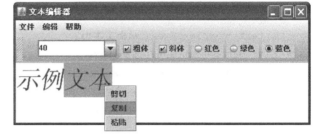

图 6-20　文本编辑器

程序分析：GUI 程序界面窗口应采用 BorderLayout 布局,将工具栏放在北面,文本区放在中间。工具栏采用 FlowLayout 布局依次放置各组件。窗口中添加菜单栏,其中放置"文件"、"编辑"、"帮助"3 个菜单,每个菜单又有各自的子菜单项。快捷菜单用于对字符串文本进行复制、剪切和粘贴。

```
Example6_13.java
public class Example6_13{
    public static void main(String[]args){
        new TextJFrame();
    }
}


TextJFrame.java
import java.awt.*;
import javax.swing.*;
import java.awt.event.*;
class TextJFrame extends JFrame{
    private JFrame jf;
    private JTextArea text;
    private JComboBox jcb;
    private JCheckBox check_bold, check_italic;
    private JRadioButton radio_red, radio_green, radio_blue;
    private JPopupMenu popmenu;

    public TextJFrame(){
```

```java
jf=new JFrame("文本编辑器");
jf.setBounds(100, 100, 500, 200);
jf.setDefaultCloseOperation(EXIT_ON_CLOSE);
jf.setVisible(true);
JMenuBar menubar=new JMenuBar();                     //创建菜单栏
jf.setJMenuBar(menubar);                             //添加菜单栏
String str[]={"文件", "编辑", "帮助"};
JMenu menu[]=new JMenu[str.length];
for(int i=0; i<str.length; i++){
    menu[i]=new JMenu(str[i]);                       //创建各个菜单
    menubar.add(menu[i]);                            //将菜单加入菜单栏
}
text=new JTextArea("示例文本");
jf.getContentPane().add(text);
JToolBar toolbar=new JToolBar();                     //创建工具栏
toolbar.setLayout(new FlowLayout());                 //工具栏采用 FlowLayout 布局
jf.getContentPane().add(toolbar, "North");           //工具栏放在窗口的北面
jcb=new JComboBox();
jcb.setEditable(true);
toolbar.add(jcb);
String[]str_size={"20", "30", "40", "50", "60"};
String str_file[]={"打开", "保存", "退出"};
JMenuItem menuitem[]=new JMenuItem[str_file.length];
for(int j=0; j<str_file.length; j++){
    menuitem[j]=new JMenuItem(str_file[j]);
    menu[0].add(menuitem[j]);
    menu[0].addSeparator();                          //加上分隔线
    menuitem[j].addActionListener(new ActionListener(){
        public void actionPerformed(ActionEvent e){
                                          //对文件菜单中的退出子菜单作处理
            if(e.getSource() instanceof JMenuItem){
                if(e.getActionCommand()=="退出"){
                    if(JOptionPane.showConfirmDialog(jf, "你确定退出么?")==0)
                        System.exit(0);
                }
            }
        }
    });
}
check_bold=new JCheckBox("粗体");
check_italic=new JCheckBox("斜体");
toolbar.add(check_bold);
toolbar.add(check_italic);
check_bold.addActionListener(new ActionListener(){
    public void actionPerformed(ActionEvent e){
```

```java
            if(e.getSource() instanceof JCheckBox){
                if(e.getActionCommand()=="粗体"){              //若选中粗体复选框
                    Font f=text.getFont();
                    text.setFont(new Font(f.getFontName(), Font.BOLD, f.getSize()));
                }
            }
        }
    }
});
check_italic.addActionListener(new ActionListener(){
    public void actionPerformed(ActionEvent e){
        if(e.getSource() instanceof JCheckBox){
            if(e.getActionCommand()=="斜体"){              //若选中斜体复选框
                Font f=text.getFont();
                text.setFont(new Font(f.getFontName(), Font.ITALIC, f
                        .getSize()));
            }
        }
    }
});
radio_red=new JRadioButton("红色");
radio_green=new JRadioButton("绿色");
radio_blue=new JRadioButton("蓝色");
ButtonGroup bg=new ButtonGroup();
bg.add(radio_red);
bg.add(radio_green);
bg.add(radio_blue);
toolbar.add(radio_red);
toolbar.add(radio_green);
toolbar.add(radio_blue);
radio_red.addActionListener(new ActionListener(){
    public void actionPerformed(ActionEvent e){
        if(e.getSource() instanceof JRadioButton){       //对单选按钮的处理
            if(e.getActionCommand()=="红色"){
                text.setForeground(Color.red);
            }
        }
    }
});
radio_green.addActionListener(new ActionListener(){
    public void actionPerformed(ActionEvent e){

        if(e.getSource() instanceof JRadioButton){       //对单选按钮的处理
            if(e.getActionCommand()=="绿色"){
                text.setForeground(Color.green);
            }
```

```
                    }
                }
            });
            radio_blue.addActionListener(new ActionListener(){
                public void actionPerformed(ActionEvent e){
                    if(e.getSource() instanceof JRadioButton){          //对单选按钮的处理
                        if(e.getActionCommand()=="蓝色"){
                            text.setForeground(Color.blue);
                        }
                    }
                }
            });
            popmenu=new JPopupMenu();                                   //快捷菜单
            String popstr[]={"剪切", "复制", "粘贴"};
            JMenuItem popmenuitem[]=new JMenuItem[popstr.length];
            for(int i=0; i<popstr.length; i++){
                popmenuitem[i]=new JMenuItem(popstr[i]);
                popmenu.add(popmenuitem[i]);
                popmenuitem[i].addActionListener(new ActionListener(){
                    public void actionPerformed(ActionEvent e){
                                                          //对快捷菜单的子菜单项进行处理
                        if(e.getSource() instanceof JMenuItem){
                            if(e.getActionCommand()=="复制"){
                                text.copy();
                            }
                            if(e.getActionCommand()=="粘贴"){
                                text.paste();
                            }
                            if(e.getActionCommand()=="剪切"){
                                text.cut();
                            }
                        }
                    }
                });
            }
            text.add(popmenu);                                          //为文本区加上快捷菜单
            text.addMouseListener(new MouseListener(){
                public void mouseClicked(MouseEvent e){
                    //单击的是鼠标右键
                    if(e.getModifiers()==MouseEvent.BUTTON3_MASK)
                        //在鼠标单击处显示快捷菜单
                        popmenu.show(text, e.getX(), e.getY());
                }
                public void mouseEntered(MouseEvent e){}
                public void mouseExited(MouseEvent e){}
```

```java
            public void mousePressed(MouseEvent e){}
            public void mouseReleased(MouseEvent e){}
        });
        for(int i=0; i<str_size.length; i++){
            jcb.addItem(str_size[i]);
            jcb.addActionListener(new ActionListener(){
                public void actionPerformed(ActionEvent e){
                    if(e.getSource() instanceof JComboBox){         //对字号的处理
                        Font f=text.getFont();
                        try{
                            int i=Integer.parseInt((String) jcb.getSelectedItem());
                                                                    //获得字号
                            text.setFont(new Font(f.getFontName(),
                                f.getStyle(), i));                  //设文本区字体
                        } catch(Exception ex){                      //当字号格式错误时产生异常
                        JOptionPane.showMessageDialog(jf, "字号大小不合适,请重新输入");
                        jcb.setSelectedItem(String.valueOf(f.getSize()));
                        }
                        //对新输入的字号添加到组合框的下拉列表中
                        String size= (String) jcb.getSelectedItem();//获得当前输入数据
                        int i=0, n=jcb.getItemCount();     //用 n 获得组合框的选项数
                        //将 size 与组合框的列表项比较
                        while(i<n
                            && size.compareTo((String) jcb.getItemAt(i)) >=0){
                            if(size.compareTo((String) jcb.getItemAt(i))==0)
                                return;                  //相同,不插入
                            i++;
                        }
                        jcb.insertItemAt(size, i);   //将 size 插入到组合框第 i 项位置
                    }
                }
            });
        }
    }
}
```

【例 6.14】 首先编写一个封装矩形的类,然后再编写一个窗口。要求窗口使用两个标签表示矩形的长和宽,两个文本行可以输入矩形的长和宽,一个文本区输出矩形的面积,一个按钮,单击后计算矩形的面积。要求有判断矩形是否为正方形的代码,即长和宽相等。要求编写 3 个类,一个主类 RectangleAreaMVC. java,一个图形界面类 WindowRectangle. java,一个完成求矩形面积以及判断矩形是否为正方形的类 Rectangle. java,即业务要与视图分离。输出结果如图 6-21 所示。

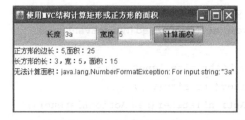

6-21 使用 MVC 结构计算机矩形或正方形面积

```
RectangleAreaMVC.java
public class RectangleAreaMVC{
    public static void main(String[]args){
        WindowRectangel win=new WindowRectangel();
        win.setTitle("使用 MVC 结构计算矩形或正方形的面积");
        win.setBounds(100,100,400,200);
    }
}


WindowRectangel.java
public class WindowRectangel extends JFrame implements ActionListener{
    JTextField tf_width,tf_length;
    JButton btn_area;
    JTextArea text;
    Rectangle r;
    public WindowRectangel(){
        r=new Rectangle();
        this.setDefaultCloseOperation(EXIT_ON_CLOSE);
        JPanel p1=new JPanel();
        p1.add(new JLabel("长度"));
        tf_length=new JTextField(5);
        p1.add(tf_length);
        p1.add(new JLabel("宽度"));
        tf_width=new JTextField(5);
        p1.add(tf_width);
        btn_area=new JButton("计算面积");
        btn_area.addActionListener(this);
        p1.add(btn_area);
        this.getContentPane().add(p1,"North");
        text=new JTextArea(5,20);
        this.getContentPane().add(text);
        this.setVisible(true);
    }
    public void actionPerformed(ActionEvent e){
        try{
            int length=Integer.parseInt(tf_length.getText());
            int width=Integer.parseInt(tf_width.getText());
            r.setLength(length);
```

```
            r.setWidth(width);
            if(r.isSquare())
                text.append("正方形的边长："+length+",面积："+r.area()+"\n");
            else text.append("长方形的长："+length+",宽："+width+",面积："+r.area()+"\n");
        }
        catch(Exception ex){
            text.append("无法计算面积："+ex.toString()+"\n");
        }
    }
}


Rectangle.java
public class Rectangle{
    private int length;
    private int width;
    public Rectangle(){}
    public void setLength(int length){
        this.length=length;
    }
    public void setWidth(int width){
        this.width=width;
    }
    public boolean isSquare(){
        return width==length? true:false;
    }
    public int area(){
        return width * length;
    }
}
```

程序说明：本例中使用到了 MVC 模式。

模型—视图—控制器（Model-View-Controller，MVC）是一种先进的设计结构，1978 年由 Trygve Reenskaug 教授最早开发的一个基本结构，它的目的是以会话形式提供方便的 GUI 支持。

MVC 是一个设计模式，它强制性的使应用程序的输入、处理和输出分开。使用 MVC 开发的应用程序被分成 3 个核心部件：模型、视图、控制器，它们各自处理自己的任务。

（1）模型。它用于存储数据的对象。它表示了数据和业务规则，是 MVC 3 个部件中处理任务最多的。

（2）视图。它用于为模型提供数据显示的对象，也就是用户看到并与之交互的界面。

（3）控制器。它用于接受用户的输入并调用模型和视图去完成用户的需求。也即，通过视图修改，获得模型中的数据；当模型中的数据发生变化时，在视图中重新进行显示。

对于 MVC 的处理过程，首先是控制器接收用户的请求，并决定应该调用哪个模型来进行处理，然后模型用其中的业务逻辑来处理用户的请求并返回数据，最后控制器用相应的视图格式化模型返回的数据，并以此显示给用户。

第7章　异常处理

异常是程序运行过程中发生的异常事件,如除 0、数组越界、文件找不到等,这些事件的发生将阻止程序的正常运行。C 语言中,通过调用 if 语句来判断是否出现了异常,这样使得异常的发现和处理与正常代码相混淆。Java 采用面向对象的机制处理异常。在一个方法运行时,如果发生了异常,则这个方法生成一个对象代表该异常,并把它交给运行时系统,运行时系统寻找相应的代码来处理这一异常。人们把生成异常对象并把它提交给运行时系统的过程称为抛出异常。运行时系统在方法的调用栈中查找,从生成异常的方法开始回溯,直到找到包含相应异常处理的方法为止,这一个过程称为捕获一个异常。捕获到异常对象后,就可以对进行异常处理了。

7.1　异常处理概述

在开发程序的过程中,会出现多种错误,不同的错误性质不同,处理的方式也应不同。

7.1.1　程序中常见的错误

1. 语法错

如果程序编译不通过,则说明程序中存在语法错误。语法错误是由于违反语法规则产生的。例如标识符未声明、括号不匹配、语句末尾缺少分号等。

处理方法:Java 编译器能发现语法错误,并给出错误的位置和性质。程序员必须改正这些语法错误,才能重新编译程序。

2. 语义错

如果编译器未提示程序中存在语法错误,但在程序运行时,因为出现错误,程序被迫终止运行,则称这种错误为异常,如除数为 0、访问数据下标越界、给变量赋值超出该变量类型的范围等。异常在编译阶段不能被发现,只有到程序运行时才能被发现,所以存在潜在异常的程序能够通过编译。Java 解释器在运行时能够发现异常,一旦发现了异常,Java 将停止程序运行,并给出异常的位置和性质。

处理方法:如果编程人员在编码阶段考虑周全,设计的代码逻辑严密的话,有些异常是可以避免的,如除数为 0、数组下标越界等,这些异常可以通过在代码中增加逻辑判断来避免发生。还有一些异常是不可预知的,不能在程序中事先处理,如打开的文件不存在、在网络中数据传输被中断等,这些错误的发生不能由程序本身所控制,因此必须进行异常处理。

3. 逻辑错

如果程序通过编译,也能够正常运行,但运行结果与期望的结果不符,这证明程序中存在有逻辑错误(logic error)。例如,由于分支语句中的判断条件设置错误,导致某个数据参与到不正确的分支语句中进行运算,从而使得运算结果不是预期值。逻辑错往往由于程序的设计思路不正确造成的。

处理方法：系统是不能自动检查出来逻辑错误的。这种错误只能靠编程人员凭借自己的经验，分析错误原因，找到错误的位置，并改正错误。

除此以外，程序运行时还可能遇到硬件或操作系统的错误，如内存溢出、虚拟机错误等。这种错误比较严重，将导致程序无法运行，而且程序本身不能处理错误。错误一旦发生，是不可恢复的。

总结：以上的错误中，有些错误必须修改完毕后，程序才能运行。而有些错误虽然导致程序运行结果不正确，但不影响程序的运行。但有些错误可能导致程序在运行过程中终止运行，这种错误就像是程序中的定时炸弹，虽然不一定发生，但是是程序的隐患，大大影响程序的可靠性。

(1) 程序不能处理错误：Java 程序本身不能对错误处理，要由系统处理，如内存溢出，栈溢出。

(2) 运行时异常：程序应避免而不用必须捕获的异常，如除数为 0、数组下标越界等。程序应考虑进行事先处理。

(3) 非运行时异常是必须捕获的异常：对于程序无法预见的、由特殊环境错误造成的异常，如文件没找到，网络通信失败等必须进行捕捉和处理。输入输出异常 IOException 就是一种必须捕捉的非运行时异常。

7.1.2 Java 中的异常类

1. Java 用异常类来处理异常

Java 语言中用异常类对象来描述异常。在程序的执行过程中，如果发生了异常，就会生成一个异常类对象。异常类对象中包含异常的类型，以及当异常发生时程序的运行状态等信息。

异常类的祖先类为 java.lang.Throwable 类。Throwable 类中定义了方法来检索与异常相关的信息，并打印显示异常发生的栈跟踪信息。常用的方法有：

getMessage()：返回 String 类型的异常信息。

printStackTrace()：打印跟踪方法调用栈而获得的详细异常信息。在程序调试阶段，此方法可用于跟踪错误。

根据异常的性质不同，Throwable 类又派生出两个类 Error 类和 Exception 类。

(1) Error(错误类)。Error 类是错误类，表示仅靠程序本身无法修复的严重错误。Error 类对象由 Java 虚拟机生成并抛出给系统，有内存溢出错误、系统崩溃、动态链接失败等。前面介绍的 Java 中的错误在运行时就会生成 Error 类的对象。例如，当使用 new 分配内存时，如果没有可用内存，则产生内存溢出错误(OutOfMemoryError)。

(2) Exception(异常)类。Exception 类是异常类，表示程序本身可以处理的异常。它从父类 Throwable 中继承了成员变量和成员方法，只在自身类中声明了一些构造方法。Exception 类对象是由 Java 程序中正运行的方法生成。Exception 类又派生许多子类。如除数为 0 的算术异常、数组下标越界异常等，也可以自定义异常类。程序中的每一个异常对应于 Exception 类的一个子类的实例，异常对象中包含异常的位置和特征信息。

RuntimeException 类就是 Exception 的一个子类。RuntimeException 又称运行时异常，是指由程序本身错误引发的异常，这类异常在程序设计时大多可以避免。

RuntimeException 类又派生出一些子类，如：

（1）算术异常类 ArithmeticException。当进行整数除法或取余运算时，如果除数为 0，则产生 ArithmeticException 异常。

（2）空对象异常 NullPointerException。当一个对象赋值为 null 时，如果通过该空对象调用方法，则产生 NullPointerException 异常。例如：

```
String str=null;
System.out.println(str.1ength());              //调用空对象的方法,产生空对象异常
```

（3）类型强制转换异常 ClassCastException。当进行类型强制转换时，如果遇到不能进行的转换操作，则产生 ClassCastException 异常。例如：

```
Object obj =new object();
String str =(String) obj;
```

上述语句试图把 Object 对象 obj 强制转换成 String 对象 str，而 obj 既不是 String 的实例，也不是 String 子类的实例，因此不能转换，产生 ClassCastException 异常。

（4）数组下标越界异常 ArraylndexOutOfBoundsException。当访问数组元素时，如果下标越界，则产生 ArraylndexOutOfBoundsException 异常。例如：

```
int arr[]=new int[1];
arr[1]=1;                                      //产生数组下标越界异常
```

（5）数值格式异常 NumberFormatException。当将字符串转换成整数时，如果给定字符串不符合整数格式，则产生 NumberFormatException 异常。例如，使用 Integer 类的静态方法 parseInt0 可以将指定字符串转换成整数类型 int。

```
int j=Integer.parseInt("abc");                 //产生数值格式异常
```

2. 错误类和异常类的层次关系

Java 中异常类的层次关系如图 7-1 所示。

7.1.3　异常处理过程

程序运行时出现异常则生成异常对象。生成的异常对象被交给 Java 虚拟机，Java 虚拟机寻找相应的代码来处理这一异常。生成异常对象并把它提交给 Java 虚拟机的过程称为抛出（throw）异常。在 Java 虚拟机得到一个异常对象后，它将会寻找处理这一异常的代码。寻找的过程从生成异常的方法开始，沿着方法的调用栈逐层回溯，直到找到包含相应异常处理的方法为止。然后 Java 虚拟机把当前异常对象交给这个方法进行处理。这一个过程称为捕获（catch）异常。如果查遍整个调用栈仍然没找到合适的异常处理方法，则 Java 虚拟机将终止 Java 程序的执行。

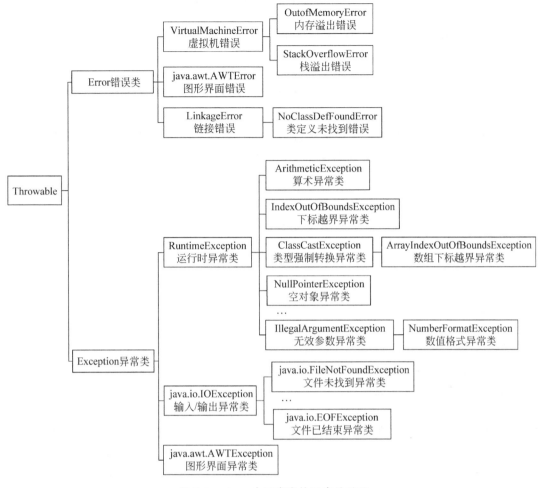

图 7-1　Java 中异常类的层次关系图

7.2　Java 的异常处理

　　Java 的异常处理提供语言级对运行时错误的处理机制。异常处理机制包括异常类体系和 5 个管理异常处理的关键字：try、catch、throw、throws 和 finally。5 个关键字根据作用不同使用在 5 种语句中,包括异常处理的 try 语句、抛出异常对象的 throw 语句、声明方法抛出异常的 throws 子句、捕捉异常对象的 catch 语句和默认异常处理的 finally 语句。这些语句使得程序不仅能够捕获并处理异常,还能够主动抛出异常,也能够将异常向调用者传递。

7.2.1　try…catch…finally 异常处理语句

　　如果一个方法对某种类型的异常对象提供了相应的处理代码,则这个方法可捕获该类异常。Java 中通过使用 try…catch…finally 语句来捕获一个或多个异常,基本格式为：

```
try{
```

```
        语句序列 1                      //存在潜在异常的代码块
}catch(异常类 异常对象名){
        语句序列 2                      //对某种异常类型的异常对象进行处理的代码块
}
finally{
        语句序列 3                      //无论是否捕获到异常,最后必须执行的代码,
}
```

其中,catch 语句可以有一个或多个,而且至少要有一个 catch 语句或 finally 语句。如果某处发生异常,则 try 语句中此处之后的代码都不会被执行。如:

```
try{
        String s="abc";
        int i=Integer.parseInt(s);//此语句存在异常,所以放在 try 语句中
        int a=i+10;
        }
```

当程序运行时,异常发生,则 try 语句抛出异常对象。a＝i＋10;此语句位于异常发生处之后,不会被执行。

(1) catch 语句使用方法。catch 语句的参数类似于方法的声明,包括一个异常类型和一个异常对象。异常类型必须为 Throwable 类的子类,它指明了 catch 语句所处理的异常类型,异常对象在 try 语句中生成并被捕获。异常对象名是任意的标识符,通常用小写字母 e 作为异常对象名,表示异常对象。

(2) 异常和 catch 语句的匹配。catch 语句可以有多个,分别处理不同类的异常。Java 虚拟机从上到下将当前异常对象的类型和每个 catch 语句处理的异常类型进行比较,直到找到类型最匹配的 catch 语句为止。这里,类型匹配指 catch 所处理的异常类型与生成的异常对象的类型完全一致或者是它的父类。因此要特别注意,catch 语句的排列顺序应该是从特殊异常到一般异常。比如有两个 catch 语句分别处理 ArithmeticException 和 Exception 两类异常对象,则 ArithmeticException 类的 catch 语句要写在 Exception 类的 catch 语句之前。通常最后一个 catch 子句的异常类参数声明为 Exception,这样能够保证捕获和处理所有异常对象。

(3) 通用 catch 语句的用法。用一个 catch 语句也可以处理多个异常类型,这时它的异常类型参数应该是这多个异常类型的父类。例如,若想在一个 catch 语句中既处理 ArithmeticException 异常又想处理 java.io.IOException 异常,则此语句的异常类型应为 Exception。

(4) finally 语句的用法。由于当异常发生时,已经分配的资源会保持原来的状态,不能被释放,所以 finally 语句主要用来释放和清理有关的资源或善后工作,如关闭打开的文件等。finally 语句是一个统一的出口,即无论 try 语句中是否发生异常,也无论 catch 语句的异常类型与 try 语句所抛出的异常的类型是否匹配,finally 语句中的代码都要被执行。finally 语句的执行情况如图 7.2 所示。finally 语句不是必需的,若在某些场合中不需要释放资源,那么 try…catch 语句中可以没有 finally 语句。

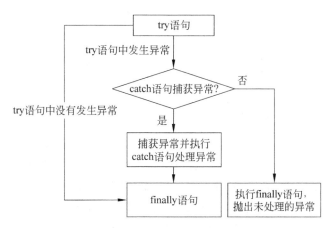

图 7-2 finally 语句的执行示意图

finally 语句可以单独与 try 语句配合使用,即 try-finally 联合使用而没有 catch 语句,也可以与一个 try 语句和多个 catch 语句配合使用,但 finally 语句要放到所有 catch 语句之后。

【例 7.1】 try…catch…finally 语句举例。

```
public class Sample_1{
    public static void error(){
        int[]a=new int[5];
        for(int i=0; i<=a.length; i++){
            try{
                //当 i=a.length 时将发生数组越界异常;当 i=0 时,发生除数为 0 异常。
                a[i]=10/i;
            } catch(ArithmeticException e){              //捕获除数为 0 异常
                e.printStackTrace();                     //输出异常的详细信息
                //捕获数组越界异常
            } catch(ArrayIndexOutOfBoundsException e){
                //输出异常的原因,即越界的位置
                System.out.println("下标越界处为 i="+e.getMessage());
            } finally{
                System.out.println("循环次数为 i="+i);
            }
        }
    }
    public static void main(String[]args){
        Sample_1.error();
    }
}
```

程序运行结果:

```
java.lang.ArithmeticException: / by zero
        at s.main(s.java:7)
循环次数为i=0
循环次数为i=1
循环次数为i=2
循环次数为i=3
循环次数为i=4
下标越界处为i=5
循环次数为i=5
```

当 i＝0 时,发生除数为 0 异常,try 语句抛出异常,catch 语句捕获并处理异常,输出第一行结果。处理异常完毕,执行 finally 语句,将循环次数输出。当 i＝1 时,try 语句中没有发生异常,则执行完 try 语句直接执行 finally 语句,输出"循环次数为 i＝1"。同理,当 i 为 2～4 时,都是执行 try-finally 语句。当 i＝5 时,try 语句抛出数组越界异常,catch 语句捕获并处理异常,处理完毕,执行 finally 语句,输出"循环次数为 i＝5"。

注意：即使 try 和 catch 语句中有 return、continue、break 等跳转语句,finally 语句仍要被执行。即,执行完 finally 语句后,才执行跳转语句的操作。

7.2.2 用 throw 抛出自定义异常对象

除了 Java 定义的异常外,编程人员也可以自己定义异常对象。格式为：

throw 自定义异常对象；

其中,异常对象必须为 Throwable 类或其子类的对象。如语句：throw new ArithmeticException()；抛出一个算术异常。如果抛出一个不应抛出的对象,则编译器将报错,并拒绝编译程序。

```
public void set(int age)
{
    if(age>0 && age<100)
        this.age=age;
    else
        throw new Exception("IllegalAgeData");              //抛出异常
}
```

7.2.3 用 throws 将异常抛给上级调用方法处理

在某个方法中使用 try…catch…finally 可以由这个方法来处理它所生成的异常。在有些情况下,一个方法并不需要处理它所生成的异常,或者不知道该如何处理这一异常,这时它就向上传递,由调用它的方法来处理这些异常,这时就要用到 throws 子句。

用法：throws 子句用于方法的声明中,声明该方法可能要抛出的异常的类型。该方法的调用者必须捕获并处理该类型的异常,这样就实现了异常对象在方法之间的传递。格式如下：

返回类型 方法名([参数列表])throws 异常类型列表
    {…}

其中,在异常类型列表中可以声明多个异常,用逗号隔开。

注意:调用声明抛出异常的方法,必须使用 try 语句捕获并处理指定异常类,否则编译不通过。也就是说,如果调用有 throws 声明的方法,则此方法调用必须出现在 try 语句中,而且要有相应的异常处理程序。

【例 7.2】 throws 使用举例。

```java
public class Sample_2{
    static void throwsEx() throws ArithmeticException{
        int[]a=new int[5];
        for(int i=0; i<=a.length; i++){
            a[i]=10/i;
        }
    }

    public static void main(String[]args){
        try{
            Sample_2.throwsEx();
        } catch(ArithmeticException e){
            System.out.println(e);
        }
    }
}
```

程序运行结果:

`java.lang.ArithmeticException: / by zero`

上例中,方法 throwsException()中存在潜在 ArithmeticException 异常,所以在方法声明处声明"throws ArithmeticException"。但是该方法内部并没有捕获和处理此异常的代码而是提交给此方法的调用方,由调用方来处理异常。所以在 main 方法内调用 throwsException()方法时,需要将此调用写在 try 语句中,以便捕获到异常并交由合适的 catch 异常处理程序进行处理。

7.2.4 自定义异常类

JDK 定义了几个运行时异常类以方便用户使用,但是它提供的异常类不可能涵盖所有的异常类型,所以在特定的问题领域,可以通过扩展 Exception 类或其子类来创建自定义的异常类。如在日历上的月份不能超过 12,如果月份超过 12,虽然程序不会出现错误,但是该日期违背了逻辑,这时就需要 Java 的程序设计者创建自己的异常类来代表可能出现的问题。

【例 7.3】 创建自定义异常类举例。

```java
class MyException extends Exception{
    public MyException(){
        super();
    }
```

```
    public MyException(String msg, Throwable cause){
        super(msg, cause);
    }
}


public class Sample_3{
    public static void myE() throws MyException{
        try{
            int a=10/0;
        } catch(ArithmeticException e){
            throw new MyException(e.getMessage(), e.getCause());
        }
    }

    public static void main(String[]args){
        try{
            Sample_3.myE();
        } catch(MyException e){
            System.out.println(e);
        }
    }
}
```

程序运行结果：

<u>MyException</u>: / by zero

上例中，创建了自定义异常类 MyException，该类继承自 Exception。类中定义了两个构造方法。在方法 throwMyException()中，抛出 ArithmeticException 异常对象 e，该对象被捕获后，处理的方法是：使用异常对象 e 的相关信息创建 MyException 类的对象，并将新异常对象抛出。main()方法内部调用 throwMyException()方法，捕获到该 MyException 类的异常，并将该异常对象的信息输出。

第8章 多 线 程

多线程进程的并发处理机制是把一个程序分成若干个并发执行的进程，一个进程再分成若干个并发执行的线程。其中，进程是操作系统中资源分配的基本单位；线程是操作系统中处理器调度和分派的基本单位，同一个进程中的所有线程共享进程获得的主存空间和资源，但不拥有资源。

支持多线程的进程称为多线程进程（multiple threaded process）。多线程进程结构如图 8-1 所示。

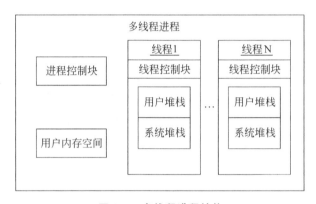

图 8-1　多线程进程结构

实际上，在程序设计语言、数据库管理系统和其他一些应用软件中，也通过引入线程来改善系统或应用程序的性能。所以，线程不局限于操作系统中。为了提高程序的响应速度，优化系统的性能，Java 中引入了多线程技术。

8.1　创建线程

Java 支持内置的多线程机制。Java 语言包中的 java.lang.Thread 类提供了创建、管理和控制线程对象的方法，专门用于处理线程。

Java 提供两种方式实现多线程程序设计：直接继承 Thread 类和实现 Runnable 接口。线程对象执行的是 java.lang.Runnable 接口中的 run()方法，所以一个线程对象必须实现 run()方法，在 run()方法中描述该线程的所有活动和要执行的操作。已实现的 run()方法称为该线程对象的线程体。

8.1.1　继承 Thread 类创建线程

1. Thread 线程类

Thread 类定义在 java.lang 命名空间下。Thread 类声明实现 Runnable 接口。在 Thread 类中封装了用于创建、管理和控制线程对象的方法。表 8-1 列出了 Thread 类的部分方法声明。

表 8-1　Thread 类的部分方法声明

返回类型	方法名	参　　数	说　　　明
构造方法	Thread		创建线程对象
构造方法	Thread	String name	创建线程对象,name 指定线程名
构造方法	Thread	Runnable target	创建线程对象,target 指定线程的目标对象
构造方法	Thread	Runnable target, String name	创建线程对象,target 指定线程的目标对象, name 指定线程名
int	activeCount		返回当前线程的线程组中活动线程的数目
Thread	currentThread		返回对当前正在执行的线程对象的引用
long	getId		返回该线程的标识符
String	getName		获取线程名
int	getPriority		返回线程的优先级
Thread. State	getState		返回该线程的状态
void	interrupt		设置当前线程对象的中断标记
boolean	isAlive		测试线程是否处于活动状态
boolean	isInterrupted		测试线程是否已经中断
void	join		等待该线程终止
void	join	long millis	等待该线程终止的时间最长为 millis 毫秒
void	run		描述线程操作的线程体,线程启动后被调用
void	setName	String name	设置线程名
void	setPriority	int newPriority	更改线程的优先级
static void	sleep	long millis	在指定的毫秒数内让当前正在执行的线程休眠(暂停执行)
void	start		启动线程对象
String	toString		返回线程信息的字符串描述,包括线程名称、优先级和线程组
void	yield		暂停当前正在执行的线程对象,并执行其他线程

　　每个线程都有唯一的标识符,在构造线程对象的时候由系统自动分配;若构造方法中没有指定线程名,则在构造线程对象的时候 Java 也会自动提供一个线程名。

2. 继承 Thread 类创建线程

采用直接继承 Thread 类的方法来创建线程可分为两步。

(1) 自定义一个类,让其继承 Thread 类。

(2) 覆盖 Thread 类的 run()方法。

【**例 8.1**】　直接继承 Thread 类创建并运行线程。

本例利用直接继承 Thread 类的方式创建了 PrintLetter 和 PrintNumber 两个线程类，为每个线程类创建一个对象，并启动线程对象，分别打印 50 个字母和打印 50 个数字。程序如下：

```java
public class PrintLetter extends Thread{                    //自定义打印字母的线程类
    private char letter;
    private int num;
    public PrintLetter(char ch,int num)
    {
        letter=ch;
        this.num=num;
    }
    public void run()                                        //覆盖 run()方法
    {
        for(int i=0;i<num;i++)
        {
            System.out.print(letter);
        }
        System.out.println();
    }
}
public class PrintNumber extends Thread{                    //自定义打印数字的线程类
    private int num;
    public PrintNumber(int num)
    {
        this.num=num;
    }
    public void run()                                        //覆盖 run()方法
    {
        for(int i=1;i<=num;i++)
        {
            System.out.print(i);
        }
        System.out.println();
    }
    public static void main(String[]args)
    {
        PrintNumber t1=new PrintNumber(50);                  //创建线程对象
        PrintLetter t2=new PrintLetter('a',50);
        t1.start();                                          //启动线程对象
        t2.start();
    }
}
```

程序的运行结果如图 8-2 所示。

图 8-2　程序运行结果图

程序说明：

（1）其实 main 本身也是一个线程，并且是首先启动执行的。main 线程也称为守护线程。

（2）从程序运行的结果中可以看出两个线程在实际运行中是交替执行的，线程的启动顺序并不决定线程的执行顺序。多次运行程序，会发现输出结果有变化。

如果自定义的类已经继承了另一个类（比如 Applet 类），就无法再继承 Thread 类了。如果又不想再建一个新类，那么该怎么创建线程呢？这时可以用实现 Runnable 接口的方式来解决这个问题。

8.1.2　实现 Runnable 接口创建线程

1. Runnable 接口

Runnable 接口定义在 java.lang 命名空间下。Runnable 接口中只定义了一个公共的、抽象的 run() 方法。表 8-2 列出了 Runnable 接口中定义的方法。

表 8-2　Runnable 接口中定义的 run() 方法及说明

返回类型	方 法 名	参　数	说　　明
void	run		线程的执行方法

2. 创建启动线程

采用实现 Runnable 接口的方法来创建线程的步骤如下。

（1）自定义一个类，声明其实现 Runnable 接口并实现 run() 方法。

（2）将实现了 Runnable 接口的类作为 Thread 类的目标对象。

【例 8.2】　用实现 Runnable 接口的方法创建并运行线程。

```
public class PrintLetter implements Runnable{
    private char letter;
    private int num;
    public PrintLetter(char letter,int num){
        this.letter=letter;
        this.num=num;
    }
    public void run(){
        //TODO 自动生成方法存根
        for(int i=0;i<num;i++)
        {
            System.out.print(letter);
        }
```

```
        System.out.println();
    }
}
public class PrintNumber implements Runnable{
    private int num;
    public PrintNumber(int num)
    {
        this.num=num;
    }
    public void run(){
        //TODO 自动生成方法存根
        for(int i=1;i<=num;i++)
        {
            System.out.print(i);
        }
        System.out.println();
    }
    public static void main(String[]args)
    {
        PrintLetter pl=new PrintLetter('a',50);          //创建具有线程体目标对象
        PrintNumber pn=new PrintNumber(50);
        Thread t1=new Thread(pl);                        //使用目标对象创建线程对象
        Thread t2=new Thread(pn);
        t1.start();
        t2.start();
    }
}
```

程序的运行结果如图 8-3 所示。

图 8-3　例 8.2 程序运行结果图

3. 两种创建线程方式的比较

（1）直接继承 Thread 类。这种方法的好处是：这个自定义的线程类是 Thread 类的子类，具有 Thread 类声明的方法，其对象本身就是线程对象，可以直接控制和操作。但这种方式只适用于单重继承，不适用于多重继承。

（2）实现 Runnable 接口。一个声明实现 Runnable 接口的类，其对象本身不是线程对象，还需要与一个标准的 Thread 线程对象绑定在一起。此时，实现 Runnable 接口的类的对象作为线程对象的目标对象来使用。当一个类已经继承了其他类的时候，实现 Runnable 接口的方式是一个好的选择，该方法仅需要重写 run() 方法来实现线程任务。

综上所述，两种方法各有适用的情况，可以根据具体情况灵活运用。

8.1.3 线程状态和线程控制

1. 线程状态

从 JDK 1.5 开始，线程中的状态被定义为新建、可运行、阻塞、等待、定时等待、终止六种。这 6 种状态都以枚举类型的形式定义在 java. lang. Thread 类中了，如下：

```
Public enum State{
    NEW,                        //新建态
    RUNNABLE,                   //可运行态
    BLOCKED,                    //阻塞态
    WAITING,                    //等待态
    TIMED_WAITING,              //定时等待态
    TERMINATED                  //终止态
}
```

一个线程对象的生命周期可分为新建、就绪、运行、阻塞、死亡这 5 个阶段。每个阶段都处于以上 6 种状态的一种。这 6 种状态说明如下：

(1) 新建态(NEW)。使用 new 运算符创建一个线程对象后，该线程就处于一个新建态，此时系统还没有为它分配资源。

(2) 可运行态(RUNNABLE)。处于新建态的线程调用 start()方法后，就进入可运行态。进入可运行态的线程对象将有机会被操作系统调度执行其 run()方法。也就是说，就绪和运行阶段都属于可运行状态。

(3) 阻塞态(BLOCKED)、等待态(WAITING)和定时等待态(TIMED_WAITING)。一个可运行态的线程因某种原因不能继续运行时，进入阻塞态或等待态(包括定时等待态)。处于阻塞态或等待态(包括定时等待态)的线程只有当引起阻塞的原因被消除，或等待的条件满足时，线程才会再转入可运行态，重新进入线程队列等待处理器的调度。

使线程进入这 3 种状态可能是线程本身调用了 sleep()、wait()或等待 I/O 操作的完成等。

(4) 终止态(TERMINATED)。线程执行完 run()方法中的全部代码，从该方法中退出，进入终止态，等待系统撤销对象所占用的资源；当进程因故停止运行时，该进程中的所有线程将被强行进入终止态。Java 线程对象的状态变化如图 8-4 所示。

2. 线程控制

Thread 类中定义了 start()、sleep()、join()、yield()等多个改变线程状态和 isInterrupted()、isAlive()等测试线程状态的方法(见表 8-1)，java. lang. Object 中提供了 wait()、notify()和 notifyAll()方法用于线程对象之间的协调工作。Object 类中定义的用于控制线程的方法如表 8-3 所示。

说明：

(1) 一个线程对象只能调用一次 start()方法，即只能启动一次。如果启动一个线程后，又调用了 start()方法，则会出现 IllegalThreadStateException 异常。

线程处于可运行态、阻塞态或等待态时，isAlive()方法返回 true；线程处于新建态和终止态时 isAlive()方法返回 false。

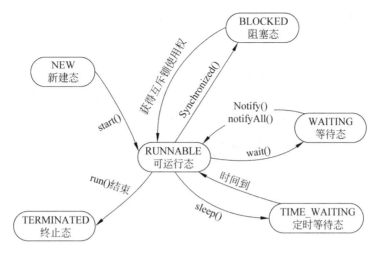

图 8-4　Java 线程对象的状态变化

表 8-3　Object 类中主要的线程控制方法

返回类型	方法名	参　数	说　明
void	notify		唤醒在此对象监视器上等待的单个线程
void	notifyAll		唤醒在此对象监视器上等待的所有线程
void	wait		使当前的线程等待,直到其他线程调用此对象的 notify()方法或 notifyAll()方法
void	wait	long timeout	使当前的线程等待,直到其他线程调用此对象的 notify()方法或 notifyAll()方法,或者超过指定的时间量
void	wait	long　timeout, int nanos	使当前的线程等待,直到其他线程调用此对象的 notify()方法或 notifyAll()方法,或者其他某个线程中断当前线程,或者已超过某个实际时间量

（2）Thread 类提供的 interrupt()方法只是为线程设置一个中断标记,并没有中断线程运行。设置中断标记后,isAlive()方法仍返回 true。用 interrupt()方法设置的标记可以用 isInterrupted()方法检测到。在设置了中断标记的情况下,当线程遇到 sleep()之类的方法而被阻塞时,就会由 sleep()之类的方法抛出 InterruptedException 异常,人们就可以捕获这个异常来处理中断操作。

注意:当抛出 InterruptedException 异常时,中断标记将同时被清除。

（3）如果在 t1 线程中,使用了 join()方法,如:

```
t2.join();
```

那么,t1 在执行到 join 语句时就会暂停执行,直到 t2 结束后才会继续执行。可是,如果 t1 一直不结束,t2 不就没法再执行了吗? 为了解决这个问题,Java 提供了 join(long millis) 方法,指定暂停时间长度,当 t1 等待的时间达到了指定的时间长度,不管 t2 有没有结束,t1 都会继续执行。

（4）yield()方法只是使调用该方法的线程放弃当前分得的时间片,并不是阻塞线程。仅仅是放弃了一次调度机会而已。

（5）wait（）和 notify（）方法通常配套使用，并且经常和 synchronized 方法或块一起使用。

下面用一个简单的例子演示一下线程对象的生命周期从创建到终止的过程。

【例 8.3】 设计线程状态及改变方法。

本例用 new（）、start（）、sleep（）、interrupt（）等方法改变线程状态。为了提供一个更好的交互环境和更好的视觉效果，使用了图形用户界面。程序运行窗口如图 8-5 所示。

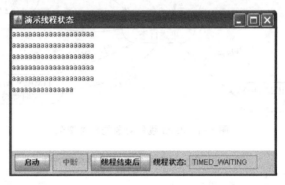

图 8-5　例 8.3 程序运行窗口

程序设计如下：

```java
import java.awt.*;
import java.awt.event.ActionEvent;
import java.awt.event.ActionListener;
import javax.swing.*;
public class ShowState extends JFrame implements ActionListener, Runnable{
    JTextArea ta;
    JButton button_start, button_interrupt, button_terminate;
    JTextField text_state;
    JLabel label;
    Thread t;
    public ShowState(){
        super("演示线程状态");
        this.setSize(450, 300);
        this.setLocation(200, 200);
        this.setDefaultCloseOperation(EXIT_ON_CLOSE);
        ta=new JTextArea();
        ta.setAutoscrolls(true);
        this.add(ta);
        button_start=new JButton("启动");
        button_start.addActionListener(this);
        button_interrupt=new JButton("中断");
        button_interrupt.addActionListener(this);
        button_terminate=new JButton("线程结束后");
        button_terminate.addActionListener(this);
        button_terminate.setEnabled(false);
```

```
        button_interrupt.setEnabled(false);
        t=new Thread(this);                              //创建线程对象,目标对象是当前对象
        label=new JLabel("线程状态:");
        text_state=new JTextField(" "+t.getState(),10);
        text_state.setEditable(false);
        JPanel panel=new JPanel();
        panel.setLayout(new FlowLayout(0));
        panel.add(button_start);
        panel.add(button_interrupt);
        panel.add(button_terminate);
        panel.add(label);
        panel.add(text_state);
        this.add(panel, BorderLayout.SOUTH);
        this.setVisible(true);
    }
    public static void main(String args[]){
        new ShowState();
    }
    public void actionPerformed(ActionEvent e){
        //TODO 自动生成方法存根
        if(e.getSource()==button_start){                 //单击启动按钮时
            t=new Thread(this);                          //重新创建一个线程对象
            t.start();
            text_state.setText(" "+t.getState());        //显示线程状态
            button_start.setEnabled(false);
            button_interrupt.setEnabled(true);
        }
        if(e.getSource()==button_interrupt){             //单击中断按钮时
            t.interrupt();                               //对线程设置中断标记
            text_state.setText(" "+t.getState());
            button_start.setEnabled(true);
            button_terminate.setEnabled(true);
            button_interrupt.setEnabled(false);
        }
        if(e.getSource()==button_terminate){
                                                         //单击'线程终止后'按钮时,显示线程终止后的状态
            text_state.setText(" "+t.getState());
        }
    }
    public void run(){
        //TODO 自动生成方法存根
        int i=1;
        while(t.isAlive() && !t.isInterrupted()){        //线程活动且没有中断
            String str="a";
            if(i%20==0)
```

```
                    str+="\n";
        i++;
        ta.append(str);
        try{
            t.sleep(100);
        } catch(InterruptedException e){
            //TODO 自动生成 catch 块
            break;                                      //退出循环
        }
    }
}                                                       //run()方法的执行结束,线程对象终止
}
```

程序说明:程序开始运行时,线程为新建态,此时状态显示为"NEW",单击"启动"按钮后,启动线程,此时状态显示为"RUNNABLE",程序运行中,单击"中断"按钮,调用 interrupt()方法为线程设置中断标记,该中断标记由 sleep()方法捕获并抛出 InterruptedException 异常,状态显示为"TIMED_WAITNG",在程序的异常处理中,使用 break 语句退出循环,使 run()方法执行结束,线程对象终止。此时单击"线程结束后"按钮显示线程终止后的状态,状态显示为"TERMINATED"。再次单击"启动"按钮,则重新创建一个线程并启动。

实际上,run()方法中 while 的循环条件为 true 即可,程序中只是为了演示检测线程状态的 isAlive()和 isInterrupted()方法。在 while 语句中如果没有 break 语句,则是死循环。

Java 将线程优先级分为 10 个等级,分别用 1~10 表示,最低优先级值为 1,最高优先级值为 10,默认值为 5。每个新创建的线程默认优先级为 5,调用 setPriority()方法可重新设置线程对象的优先级。

Thread 类中声明了 3 个表示优先级的共有静态常量:

```
public static final int MIN_PRIORITY=1;
public static final int NORM_PRIORITY=5;
public static final int MAX_PRIORITY=10;
```

注意:在 Java 的将来版本中,优先级的数字可能会发生改变。为了降低变化的影响,要尽量使用 Thread 类中的常量来指定优先级。

8.2 线程间的同步机制

8.2.1 同步机制解决资源竞争问题

多线程编程的好处是可以最大限度地利用 CPU 资源,但是由于同一进程的多个线程共享同一块存储空间,多线程也带来了访问冲突这个严重的问题。多个线程在不同时刻对同一个共享变量进行操作,线程之间相互影响、相互干扰,加上每个线程向前的推进速度的差异,就会出现各种与时间有关的错误。如例 8.4 所示。

【例 8.4】 本例中用 10 个线程对同一账户进行取款操作,演示交互线程在对共享变量

进行操作时存在的问题。程序如下：

```
public class Account{                               //账户类
    private int balance;                            //账户余额
    public Account(int balance)
    {
        this.balance=balance;
    }
    public int getBalance()                         //查看账户余额
    {
        return balance;
    }
    public int withDraw(int amount)                 //取款,返回实际取款数
    {
        if(amount<0)
        {
            System.out.println("取款金额为负值!不能执行取款操作!");
            return 0;
        }
        else if(balance<amount)
        {
            System.out.println("余额不足!不能执行取款操作!");
            return 0;
        }
        else
        {
            balance-=amount;
            return amount;
        }
    }
}
public class MultiWithDraw extends Thread{          //取款线程类
    private Account account;                        //账户
    private int amount;                             //取款金额
    public MultiWithDraw(Account account,int amount)
    {
        this.account=account;
        this.amount=amount;
    }
    public void run()
    {
        //查看账户余额
        String str=Thread.currentThread().getName()+"取款前余额："+account.getBalance();
        try{
            sleep(5);                               //延长取款时间,凸显交互线程的问题
        } catch(InterruptedException e){
```

```
        //TODO 自动生成 catch 块
        e.printStackTrace();
    }
    System.out.println(str+" 取款："+account.withDraw(amount)+"取款后余额：
    "+account.getBalance());
}
public static void main(String[]args){
    Account a=new Account(500);
    for(int i=1;i<=10;i++)
    {
        (new MultiWithDraw(a,10+i)).start();
    }
}
```

程序的一种运行结果如图 8-6 所示。

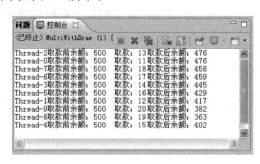

图 8-6　例 8.4 程序运行结果

　　程序分析：程序中用 sleep(5)模拟线程被打断的情形。10 个线程启动后都进入可运行态，每个线程在查看了账户余额后被打断，系统调度其他线程运行，其他并发线程修改了统一账户的余额，导致线程再次运行时已不是一开始查看的余额，运行结果就出现了上面的混乱局面。

　　如果多个线程能够互斥地访问共享变量，则可避免出现上面的错误。Java 语言提供一种同步机制来解决这个问题，即用 synchronized 关键字用于声明一段程序为临界区，使线程对临界资源互斥访问。synchronized 有两种用法：synchronized 方法和 synchronized 语句。

　　(1) synchronized 方法：用 synchronized 关键字来声明一个方法，该方法称为同步方法。如：

```
public synchronized void put(int i)                        //声明同步方法
{
    //可能参数线程问题的操作(临界区)
}
```

　　对于同一个对象，在任何时刻都只能有一个线程进入临界区，对该对象进行操作。其他竞争使用该对象的线程必须等待，直到对象锁被释放后，等待的线程才有机会进入临界区。这样就实现了多个并发执行的交互线程间对同一个临界资源的互斥访问。synchronized 关

键字不仅可以修饰类的实例方法,还可修饰类的静态方法。如:

```
public static synchronized void add(int i)                //声明同步方法
{
    //可能参数线程问题的操作(临界区)
}
```

一个同步方法执行之前需要加锁。当同步方法是实例方法时,调用该方法的对象就被锁定了;当是静态方法时,这个类的所有对象就都被锁定了。

在多线程程序中,并不是线程对象的每一个方法都可以用 synchronized 关键字修饰。比如,线程对象的 run() 方法就不能由该关键字修饰,因为在线程的整个生命周期内 run() 方法一直在运行,将导致它对本类任何 sychronized 方法的调用都不会成功。同样,当通过被 sychronized 修饰的 run() 方法的线程类创建多个线程对象并启动它们时,所有的线程对象就成了真正的按异步顺序来运行的,这就失去了多线程的意义。

(2) synchronized 语句:使用 synchronized 关键字声明一条或多条语句为临界区。该语句称为同步语句。同步语句的语法格式如下:

```
synchronized(对象)
{
    //同步语句(临界区)
}
```

其中,对象是多个线程共同操作的共享变量,即需要被锁定的临界资源。同步语句描述线程对临界资源的操作,如果临界区只有一条语句,也可以不用大括号({})。

与同步方法相比,同步语句指定所要获得锁的对象而不是调用方法的对象,并且作用范围更小,故同步语句的灵活性更好。

【例 8.5】 互斥的取款程序。

本例在例 8.4 的基础上,在取款线程类的 run() 方法中声明临界区,锁定当前操作的账户对象,使多个线程对同一个账户对象进行互斥访问。程序如下:

```
//账户类 Account 的代码同例 8.4
public class MultiWithDraw extends Thread{
    private Account account;
    private int amount;
    public MultiWithDraw(Account account, int amount){
        this.account=account;
        this.amount=amount;
    }
    public void run(){
        synchronized(account){
            String str=Thread.currentThread().getName()+"取款前余额: "
                    +account.getBalance();
            try{
                sleep(5);                //延长取款时间
            } catch(InterruptedException e){
```

```
            //TODO 自动生成 catch 块
            e.printStackTrace();
        }
        System.out.println(str+" 取款: "+account.withDraw(amount)+"取款后余
        额: "+account.getBalance());
    }
}
public static void main(String[]args){
    Account a=new Account(500);
    for(int i=1; i<=10; i++){
        (new MultiWithDraw(a, 10+i)).start();
    }
}
}
```

程序的运行结果如图 8-7 所示。

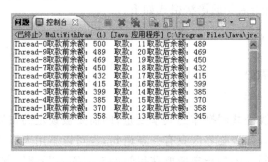

图 8-7　例 8.5 程序运行结果

由于多个线程对同一个账户对象进行互斥访问,就使得任何时刻只有一个线程对同一账户进行操作,而且每个线程执行的多个操作是连续的,这就保证了每个线程读出的数据与实际操作的数据的一致性。

8.2.2　同步机制与线程通信

在多个线程间存在协作关系时,只使用 synchronized 关键字锁定临界区有时满足不了程序的要求。如例 8.6 所示。

【例 8.6】　简单的生产者消费者问题。

本例中,5 个生产者线程对象各随机产生一个 A～T 的字母,并将生产出的产品放到缓冲区,等待消费者消费产品;5 个消费者对生产者的产品进行消费,消费完产品就将缓冲区清空。程序如下:

```
public class Buffer{
    private char chBuffer;                        //共享缓冲区
    public synchronized void put(char ch){
        chBuffer=ch;                              //将生产出的产品放到缓冲区
    }
    public synchronized char get(){               //从缓冲区取出产品
```

```
                char chr=chBuffer;
                chBuffer='\0';
                return chr;
        }
}
import java.util.Random;
public class Procedure extends Thread{                    //生产者线程类
    private Buffer br;                                     //用于暂存产品的共享变量
    Random r=new Random();
    public Procedure(Buffer br){                           //指定缓冲区
        this.br=br;
    }
    public void run(){
        for(int i=1;i<=5;i++){                             //连续向缓冲区放入产品
            char ch=(char)(65+r.nextInt(20));
            br.put(ch);
            System.out.println("生产者"+i+"生产了产品："+ch);
            try{
                sleep(5);
            } catch(InterruptedException e){
                //TODO 自动生成 catch 块
                e.printStackTrace();
            }
        }
    }
}
public class Consumer extends Thread{                      //消费者线程类
    private Buffer br;                                     //用于暂存产品的共享变量
    public Consumer(Buffer br){                            //指定缓冲区
        this.br=br;
    }
    public void run(){
        for(int i=1;i<=5;i++){                             //连续从缓冲区取出产品
            synchronized(br){
                char ch=br.get();
                if(ch!='\0'){
                    System.out.println("消费者"+i+"消费了产品："+ch);
                }
                else{
                    System.out.println("消费者"+i+"没有产品可以消费!");
                }
            }
            try{
                sleep(50);
            } catch(InterruptedException e){
```

```
            //TODO 自动生成 catch 块
            e.printStackTrace();
        }
    }
}
public static void main(String[]args){
    //TODO 自动生成方法存根
    Buffer br=new Buffer();
    Procedure p=new Procedure(br);
    Consumer c=new Consumer(br);
    p.start();
    c.start();
}
}
```

程序运行结果如图 8-8 所示。

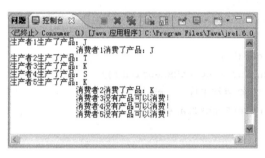

图 8-8　例 8.6 程序运行结果

显然，这种运行结果不是人们所想要的。人们希望每个消费者都有产品可消费，现在却有 3 个消费者没有产品可以消费。是不是生产者、消费者 sleep 的时间一样，就可以了呢？

将消费者线程改为 sleep(5)后的一种运行结果如图 8-9 所示。

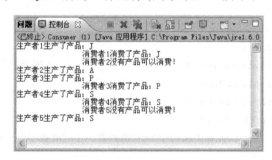

8-9　将例 8.6 消费者线程改为 sleep(5)后的一种运行结果

解决线程同步方法：虽然生产者、消费者 sleep 的时间一样，但是由于线程调度具有不确定性，所以生产者、消费者线程的步调并不一致。为了使生产者、消费者线程协调一致的运行，人们就要解决线程间的同步问题。所谓线程同步，是指多个线程之间存在先后执行顺序的串联关系。一个线程的执行依赖于另一个线程的消息或信号。

操作系统中实现线程同步的一种方法是使用信号量和 PV 操作。测试信号量的操作称为 P 操作,改变信号量状态的操作称为 V 操作。P、V 操作是互斥执行的,并且执行时是不能被打断的。

利用信号量实现线程同步:利用信号量和 PV 操作实现线程同步的原理如下:

首先为共享变量约定一个信号量,设置信号量有多种状态。多个线程间彼此根据信号量的状态确定该谁执行。当一个线程开始执行时,它先要测试信号量的状态(P 操作),如果状态合适则进行相关处理并更改信号量(V 操作),唤醒其他等待线程;否则等待,是自己处于阻塞状态,直到被唤醒再次执行。这样就达到了协调线程运行顺序和相对运行速率的目的。

【例 8.7】 采用信号量和同步机制使生产者线程和消费者线程同步运行。对例 8.6 实行信号量限制,为缓冲区的共享变量 chBuffer 增加一个是否为空的信号量 empty。生产者、消费者线程类不做改变,缓冲区类 Buffer 修改后如下:

```java
public class Buffer{
    private char chBuffer;                          //共享缓冲区
    private boolean empty=true;                     //chBuffer 是否为空的信号量
    public synchronized void put(char ch){
        while(!empty)    {                          //当缓冲区满的时候,等待
            try{
                wait();                             //阻塞自己
            } catch(InterruptedException e){
                //TODO 自动生成 catch 块
                e.printStackTrace();
            }
        }
        chBuffer=ch;                                //将生产出的产品放到缓冲区
        empty=false;                                //设置缓冲区满状态
        notify();                                   //唤醒其他等待线程
    }
    public synchronized char get(){                 //从缓冲区取出产品
        while(empty)     {                          //当缓冲区空的时候,等待
            try{
                wait();
            } catch(InterruptedException e){
                //TODO 自动生成 catch 块
                e.printStackTrace();
            }
        }
        char chr=chBuffer;
        chBuffer='\0';
        empty=true;                                 //设置缓冲区空状态
        notify();
        return chr;                                 //返回取出的产品
    }
}
```

此时程序的运行结果如图 8-10 所示。

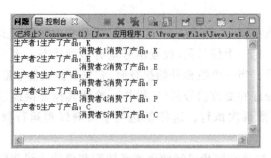

图 8-10　例 8.7 程序运行结果图

结果正是人们所期待的,不同线程间实现了同步执行。

注意:此处同步的含义!在互斥的 put()、get()方法中,wait()方法和 notify()方法是成对出现的,否则会出现死锁或逻辑错误!

第 9 章 Java Applet 程序

由于程序中的变量代表变化的值,加之 Java 具有平台无关性,因此,将 Java 程序嵌入网页,可使网页达到动态变化的效果。比如通过程序可以实现单击次数的累加,或时钟的运行。Java Applet 就是可以嵌入 Web 页面的应用程序。它能够实现在网页中播放图像、声音、动画等多媒体信息,同时使网页具有更强的交互性,使 Java 具有强大的网络功能。一般的网页对高级的、复杂的 GUI 如动画等要求不高,因此,鲜有用 Applet 做网页的。Applet 一般用来做更高级的网络应用,最著名的就是 Oracle 的 ERP。另外,Applet 也多应用于基于局域网的应用,因为在局域网中,Applet 速度慢的缺点不再突出,而且会比 JSP/Servlet 有更强的交互性,提供一些更强大的功能。总之,当客户端计算量大,JavaScript 不适用时;当用 HTML 不能实现复杂的 GUI 时;当从服务器端直接抽取动态数据时;以及一些游戏网站需要复杂的动态效果时,Applet 技术都是合适的选择。

9.1 初识 Applet

1. Applet 概念和执行原理

一个 Applet 应用程序包括两个文件,Applet 字节码文件和 html 文件,字节码文件是编译后的 .class 文件,主要实现应用程序功能,html 文件中包含 Applet 标记。浏览器中带有虚拟机,当浏览器执行 html 文件,遇到 Applet 标记时,就会根据 Applet 标记中指出的字节码文件的位置,下载字节码文件到本机,由 Java 虚拟机解释执行字节码文件。

Java 中 java.applet.applet 类和 javax.swing.JApplet 类用于实现 Applet 应用程序,所有的 Applet 应用程序都继承自这两个类。下面以一个最简单的 Hello 程序来具体说明 Applet 应用程序的编写和执行过程。

【例 9.1】 在网页上显示文字"Hello,this is my first Applet"。

```
HelloApplet.java:
import java.applet.*;
import java.awt.*;
public class HelloApplet extends Applet{
    public void paint(Graphics g){
        g.drawString("Hello,this is my first Applet", 30, 50);
    }
}
```

对源文件 HelloApplet.java 进行编译,可得到字节码文件 HelloApplet.class,包含该字节码文件的 html 文件为 HelloApplet.html:

```
<html>
<head>
<title>HelloApplet</title>
```

```
</head>
<Applet code="HelloApplet.class" width=200 height=100 ></Applet>
</html>
```

　　将字节码文件 HelloApplet. class 和 html 文件 HelloApplet. html 保存在同一目录下。打开浏览器,在地址栏中输入 HelloApplet. html 文件的地址,或者直接打开 HelloApplet. html 文件,程序在浏览器中的运行效果如图 9-1 所示。在 HelloApplet 类的 paint()方法中,使用 Graphics 类的 drawString()方法实现显示文字的功能。而在 Hello Applet. html 文件中,Applet 标记的 code 属性指出了要执行的字节码文件的文件名,字节码文件的位置是默认值,即 html 文件当前文件夹。这样,当浏览器执行到 Applet 标记时,就会找到并执行相应的字节码文件,从而实现在网页上显示文字。

2. 运行环境说明

　　要运行 Applet 应用程序,必须使用支持 Applet 的浏览器,或者使用 AppletViewer。目前的浏览器一般都支持 Applet,本书中使用的是 Internet Explorer 6.0。AppletViewer 称为小程序查看器,是 JDK 下的一个 Applet 查看工具。要使用 AppletViewer 运行应用程序,在命令行下,可使用 Appletviewer 命令,命令具体格式为 Appletviewer HelloApplet. html,在 Eclipse 中,选择 HelloApplet. java 文件,在右键菜单中选择 Run As|Java Applet 菜单项即可。使用 AppleViewer 运行例 9.1 程序,运行效果如图 9-2 所示。

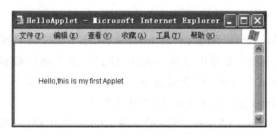

图 9-1　例 9.1 简单的 Hello 程序

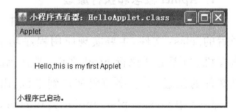

图 9-2　例 9.1 使用 AppletViewer 运行效果

9.2　Applet 的生命周期

　　所有的 Applet 应用程序都必须继承自 Applet 类或 JApplet 类。Applet 应用程序必须声明为公有 public,并且没有 main()方法。

　　Applet 应用程序从初始、启动、暂停到消亡的过程称为 Applet 应用程序的生命周期。Applet 类中的 init()、start()、stop()、destroy()4 个方法分别对应 Applet 生命周期的 4 个状态。下面就详细介绍这些方法的作用及使用方法。

1. init()方法

　　创建 Applet 对象时,系统自动调用 init()方法,该方法在 Applet 对象创建之初调用,并且只调用一次。因此,init()方法主要完成一些只需一次的初始化工作,比如获得由 html 文件传递的参数值,加载图像和声音文件等。本来 Applet 有自己的构造函数,但习惯上初始化工作在 init()方法中完成。

2. start()方法

系统调用 init()方法之后,会自动调用 start()方法。而且每当浏览器从图标化恢复为窗口,或者用户离开包含该 Applet 主页后又返回时,系统都自动调用一次 start()方法,用于启动或重新启动 Applet 主线程。在 Applet 应用程序的一个生命周期中,start()方法可以被多次调用。在多线程编程时,可将重复执行的代码或重新激活一个线程的代码,写入 start()方法,实现动画的效果。

3. stop()方法

stop()方法在用户离开小程序所在的 Web 页面或浏览器变成图标时用来终止小程序,因此,该方法在生命周期中也多次被调用,这样,当用户不关心 Applet 程序时,系统自动关掉一些线程,避免浪费资源。调用 stop()后,直到重新访问此页,才重新又启动 start()方法,开始一个新的生命周期。stop()方法和 start()是相对应的,只是作用相反。如果 Applet 中不包含动画时,也不用重载该方法。一般情况下,人们一打开网页希望立即见到动画,网页最小化时见不到动画,因此,涉及动画的 Applet 程序必须重载 start()和 stop()方法。而一打开网页不希望立即听到声音,而是希望通过单击"播放"按钮再播放,而且并不想离开 Applte 时仍需要播放声音,因此涉及音频时不用重载 start()和 stop()方法。

4. destroy()方法

destroy()方法用于释放 Applet 运行时占用的系统资源。当用户退出浏览器时,系统自动调用 destory()方法。此时,如果 Applet 仍处于活动状态,则先调用 stop()方法,再调用 destory()方法。各方法的作用及关系如图 9-3 所示。

图 9-3　Applet 生命周期方法

9.3　Applet 中的方法

```
public AudioClip getAudioClip(URL url)
```

返回一个 AudioClip 类的实例,它是一个声音片段对象。参数 url 指明了声音数据的 URL 地址,通过使用这个声音片段对象可以在小程序中实现声音的播放。

```
public AudioClip getAudioClip(URL url,String name)
```

返回一个 AudioClip 类的实例,参数 url 指明了声音数据的 URL 地址,参数 name 指定了声音文件的名字。

```
public URL getCodeBase()
```

返回小程序自己的 URL 地址。

```
public URL getDocumentBase()
```

返回嵌入小程序的 HTML 文档的 URL 地址。

```
public Image getImage(URL url)
```

返回一个 Image 类的实例,它是一幅图像的数据,参数 url 指明了图像数据的 URL 地址,通过使用这个图象数据,可以在小程序中显示图像。

```
public Image getImage(URL url, String name)
```

返回一个 Image 类的实例。参数 url 指明了图像数据的 URL 地址,参数 name 指定了图像文件的名字。

```
public String getParameter(String name)
```

返回一个字符串,它是在 HTML 页面中指定的参数的值。参数 name 指定了 HTML 页面中参数的名称。参数是使用<param>标签嵌入 HTML 页面的。

```
public String[][] getParameterInfo()
```

返回一个二维的字符串的数组,它包含了小程序的参数信息,包括参数名称、类型、描述。

```
public void play(URL url)
```

直接播放由 URL 地址所指定的声音文件。

```
public void play(URL url, String name)
```

直接播放由 URL 地址和 name 指定的声音文件。

9.4 Applet 和 Web 页面

一个 Applet 应用程序不能够独立运行,必须嵌入到 html 文件中。在 html 文件中,Applet 标记用来指出要运行的 Applet 字节码文件的位置。Applet 标记同时提供了相关的属性,给浏览器提供有关 Applet 的信息,用户可以通过这些属性的设置控制 Applet 应用程序的运行效果,也可向 Applet 应用程序传递参数。Applet 标记的相关属性及各属性的作用如表 9-1 所示。其中 code、width、height 是必需属性,其他属性为可选属性。

表 9-1　Applet 标记的相关属性及作用

属　　性	作　　用
align	设置对象的对齐方式。该属性的可能值 left、right、top、texttop、middle、absmiddle、baseline、bottom 和 absbottom
alt	设置当浏览器能识别 Applet 标记但不能运行 Applet 时,应显示的文字信息
code	给出包含 Applet 的编译 Applet 子类的文件名。值 AppletFile 的形式可以为 *classname. class* 或 *packagename. classname. class*
codebase	设置 Applet 的基本 URL(包含 Applet 代码的目录)。如果没有设置,则默认为当前文件夹(即 html 文件的 URL)

属　性	作　用
width 和 height	设置 Applet 显示区域的初始宽度和初始高度(单位像素)
hspace	设置对象的水平边距
vspace	设置对象的垂直边距
name	设置 Applet 对象的名称,用于浏览器中运行多个 Applet 的情况
param	为 Applet 指定参数,在 name 之后设置参数名,在 value 之后设置参数值

9.5　Applet 播放声音

AudioClip 接口的 play()、loop()、stop()方法可分别实现声音的播放、循环和停止。在 Applet 中,要使用 AudioClip 接口的相关方法,应先用 Applet 的 getAudioClip()方法返回一个 AudioClip 对象。

【例 9.2】　用 AudioClip 接口实现声音的播放。

```
import java.awt.*;
import java.applet.*;
import java.awt.event.*;
public class PlayAudioClip extends Applet implements ActionListener{
//    private static final long serialVersionUID=1L;
      AudioClip audioClip;
      Button buttonPlay;
      Button buttonLoop;
      Button buttonStop;
    public void init(){
        buttonPlay=new Button("播放");
        buttonLoop=new Button("循环");
        buttonStop=new Button("停止");
        audioClip=this.getAudioClip(this.getCodeBase(), "music.wav"); //获得音频剪辑
        buttonPlay.addActionListener(this);          //为"播放"按钮注册事件监听器
        buttonLoop.addActionListener(this);          //为"循环"按钮注册事件监听器
        buttonStop.addActionListener(this);          //为"停止"按钮注册事件监听器
        this.add(buttonPlay);
        this.add(buttonLoop);
        this.add(buttonStop);
    }
    public void paint(Graphics g){
        g.drawString("正在播放:music.wav", 20, 60); //显示正在播放的文件信息
        g.drawString("文件位置:"+getCodeBase(), 20, 90);
    }

    public void actionPerformed(ActionEvent e){       //单击事件处理方法
```

```
        if(e.getSource()==buttonPlay)
            //this.start();
            audioClip.play();
        if(e.getSource()==buttonLoop)
            //this.loop();
            audioClip.loop();
        if(e.getSource()==buttonStop)
            //this.stop();
            audioClip.stop();
    }
}
```

程序在 AppletViewer 中的运行效果如图 9-4 所示。

图 9-4　例 9.2 用 AudioClip 接口播放声音

在 PlayAudioClip 类的 init()方法中,使用 getAudioClip()方法返回一个 AudioClip 对象,在"播放"按钮的事件处理方法中写入了语句 audioClip. play();,AudioClip 接口的 play()方法的作用是播放音频剪辑,单击"播放"按钮时,就会开始播放音乐。同样方法可实现循环播放和停止播放的功能。

注意:本例中没有使用 start()和 stop()方法,因此,即便人们打开其他的页面,声音仍然播放。

9.6　Applet 实现动画

在 Java 中实现动画,是通过在屏幕上连续显示一系列内容相近的图形或图像实现的。如果每秒显示的帧数达到一定的数量,从人的视觉来看,就可以形成动画的效果。在这个过程中,需要在屏幕上不断地显示、擦除、再重新显示,在 Java 中可以用线程实现。

在 Applet 中显示图形,可以直接使用 Graphics 类中提供的显示图形的相关方法。利用线程实现图形动画只需要在 paint()方法中写上绘制图形的语句,同时图形的位置坐标每次做小的改变,即可实现动画效果。

【例 9.3】　利用线程实现小球沿直线移动的动画效果。

```
//文件 GraphicsAnimation.java
import java.awt. * ;
import java.applet.Applet;
public class GraphicsAnimation extends Applet implements Runnable{
    private int x=10;                              //位置坐标
```

```java
private Thread thread;
public void paint(Graphics g){
    x=x+1;                                    //位置水平坐标每次递增1
    g.setColor(Color.blue);                   //设置图形颜色
    g.fillOval(x, 30, 30, 30);                //画圆(有填充)
}
public void start(){
    if(thread==null){
        thread=new Thread(this);             //新建线程
        thread.start();                       //启动线程
    }
}
public void stop(){
    if(thread!=null){
        thread.interrupt();                   //中断线程
        thread=null;
    }
}
public void run(){
    while(thread!=null){
        repaint();                            //重绘屏幕
        try{
            thread.sleep(20);                 //线程睡眠
        }
        catch(InterruptedException e){
            break;
        }
    }
}
```

程序在 AppletViewer 中的运行效果如图 9-5 所示。

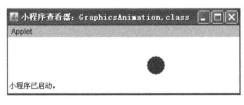

图 9-5　例 9.3 图形动画

实现图形动画时,在 paint()方法中,用 Graphics 类的 fillOval()方法画圆表示小球,圆心的位置坐标垂直坐标不变,水平坐标每次递增 1,而线程的睡眠时间参数为 20,相当于每秒 50 帧,从人的视觉效果看,就形成了小球沿水平直线慢慢移动的效果。

实现图形动画时,图形的位置坐标每次改变如果很大,物体看起来就不是移动而是闪烁得效果。在具体的应用中,可以对运动的路线加以控制,这样就可以实现物体沿相对复杂的路径运动的效果。

9.7 Application 与 Applet 的关系

1. Application 与 Applet 的比较

Application 能独立运行,声明为一个类,有构造方法和析构方法。图形用户界面通常声明为继承 Frame 或 JFrame 类。从 main()方法开始运行,由虚拟机解释执行。

Applet 不能独立运行,没有构造方法和析构方法。当一个 Applet 对象经历由初始态、运行态、停止态到消亡态的变化时,浏览器自动调用执行 init()、start()、stop()和 destroy()等方法。所以,Applet 中出现的组件的创建和初始化工作由 init()方法完成。在 Applet 中显示的字符串或图形需要放在 paint()方法中。

2. Application 应用程序转化为 Applet

(1) 修改类的声明,使它继承 Applet 或 JApplet 类,并且声明为 public。

(2) 将原先位于构造方法中的代码移到 init()方法中,它执行 Applet 初次载入时所需要的初始化工作。

(3) 删除 main()方法。将原先由 main()方法完成的任务,分配给其他对象来完成。在 main 方法中原先创建一个对象的任务现在由浏览器自动创建一个 Applet 对象。原先通过调用 setSize 方法设置窗口大小的任务,现在由一个关联的 HTML 文件的 Applet 标签的 width 和 height 属性值决定;原先 setLocation 方法设置窗口在屏幕上位置的任务,现在由 HTML 文件中的 Applet 标记的 align 属性值决定。

(4) 将该类编译后的字节码文件嵌入一个 HTML 文件中,运行这个 HTML 文件,在浏览器中可以看到运行情况。

第 10 章 输入输出流与文件处理

输入输出是指程序与外部设备或其他计算机进行交互的操作。几乎所有的程序都具有输入与输出操作,例如从键盘上读取数据、从文件读取数据和向文件写入数据等。

Java 语言把这些不同类型的输入、输出源抽象为流(stream),用统一的接口来表示,从而使程序简单明了。

文件是信息的一种组织形式,是存储在外部存储介质上的具有标识名的一组相关信息集合。文件管理是操作系统的不可或缺的重要功能。应用程序通过调用操作系统提供的系统调用能够对文件及目录进行各种操作。

Java 语言对文件内容的操作往往是通过输入输出流完成的。读者应深入理解文件和流的概念,理解流在文件操作中的作用,掌握基本流类的使用方法,掌握文件操作的基本方法,熟悉在对象之间通过流传递数据的方法。

10.1 输入输出流概述

流(stream)是指一组有顺序的、有起点和终点的字节集合,是对数据传输的总称或抽象。换言之,数据在两个对象之间的传输称为流。

按照数据的传输方向,流可分为输入流与输出流。数据由外部输入设备流向内存,这个过程称为数据输入,再由内存流向外部输出设备,这个过程称为数据输出。流的基本操作有读操作和写操作,从流中取得数据的操作称为读操作,向流中添加数据的操作称为写操作。一个流只能进行读或写中的一种操作,或者读,或者写,不能同时读和写。所以,对输入流只能进行读操作,对输出流只能进行写操作。

从流的内容上划分,流分为字符流和字节流。字节流是一个字节序列,它与外部设备中的字节存在着一一对应的关系,也就是说,不存在字符的转换,被读写字节的个数与外部设备中的字节个数是相同的。字符流是一个字符序列,在字符流中,可按需要进行某些字符的转换,在被读写字符和外部设备中的字符之间不存在一一对应的关系,被读写字符的个数可能与外部设备中的字符个数不一样。

对数据流的每次操作都是以字节为单位进行,即可以向输出流写入一个字节,或从输入流中读取一个字节,显然这种数据的传输效率很低。为了提高数据的传输效率,通常使用缓冲流(buffered stream),即为一个流配有一个缓冲区(buffer),一个缓冲区就是专门用于传送数据的一块内存。当向一个缓冲流写入数据时,系统将数据发送到缓冲区,而不是直接发送到外部设备。缓冲区自动记录数据,当缓冲区满时,系统将数据全部发送到相应的外部设备。当从一个缓冲流中读取数据时,系统实际是从缓冲区中读取数据。当缓冲区空时,系统就会从相关外部设备自动读取数据,并读取尽可能多的数据填满缓冲区。由此可见,缓冲流提高了内存与外部设备之间的数据传输效率。

设计流的目的是,使数据传输操作独立于相关设备。程序中需要根据待传输数据的不同特性而使用不同的流,数据传输给指定设备后的操作由系统执行设备驱动程序完成。这样,程序中不需要关注设备实现细节,使得一个源程序能够用于多种输入输出设备,从而增强程序的可重用性。例如,向打印机输出数据与向文件输出数据的操作是一样的,向打印机输出数据实际上就是向打印机设备文件输出数据。

流式输入输出的最大特点是数据的获取和发送是沿着数据序列顺序进行,每一个数据都必须等待排在它前面的数据读入或送出之后才能被读写,每次读写操作处理的都是序列中剩余的未读写数据中的第一个,而不能随意选择输入输出的位置。

Java 语言的输入输出功能必须借助于输入输出类库 java.io 包来实现,Java 开发环境提供了丰富的流类,完成从基本的输入输出到文件操作。利用 java.io 类库中所提供的输入输出类,Java 程序不但可以很方便地实现多种输入输出操作,而且还可实现对复杂的文件与文件夹的管理。

下面对 java.io 包的内容进行概要的介绍。

1. 字节流

从 InputStream 和 OutputStream 派生出来的一系列类。这类流以字节(byte)为基本处理单位。主要有如下几种。

(1) InputStream,OutputStream。

(2) FileInputStream,FileOutputStream。

(3) PipedInputStream,PipedOutputStream。

(4) ByteArrayInputStream,ByteArrayOutputStream。

(5) FilterInputStream,FilterOutputStream。

(6) DataInputStream,DataoutputStream。

(7) BufferedInputStream,BufferedOutputStream。

2. 字符流

从 Reader 和 Writer 派生出的一系列类,这类流以 16 位 Unicode 码表示的字符为基本处理单位。主要有如下几种。

(1) Reader,Writer。

(2) InputStreamReader,OutputStreamWriter。

(3) FileReader,FileWriter。

(4) CharArrayReader,CharArrayWriter。

(5) PipedReader,PipedWriter。

(6) FilterReader,FilterWriter。

(7) BufferedReader,BufferedWriter。

(8) StringReader,StringWriter。

3. 对象流

为了方便输入输出一个对象,还提供了对象流 ObjectInputStream,ObjectOutputStream。

以上各种流的含义请读者自己查阅 JDK 帮助文档。由于篇幅限制,本章将在后续内容中,选择性的介绍其中的几种流。

10.2 字节流类

字节流每次读写 8 位二进制数,由于它只能将数据以二进制的原始方式读写,而不能分解、重组和理解这些数据,所以可以使之变换、恢复到原来的有意义的状态,因此字节流又被称为二进制字节流(binary byte stream)或位流(bits stream)。

字节流类按照流的方向分为字节输入流类和字节输出流类。InputStream 类及其子类实现多种字节输入流，OutputStream 类及其子类实现多种字节输出流。

InputStream 和 OutputStream 类都是抽象类，它们定义了字节流的基本输入输出操作方法。由于不能创建它们的实例，实际使用的是它们的子类，每个子类实现一种特定的字节流输入或输出操作。

10.2.1 字节输入输出流

1. InputStream 类

InputStream 类的主要方法声明如表 10-1 所示。

表 10-1　InputStream 类的主要方法

方　法　定　义	方　法　说　明
public abstract int read()	返回读取的一个字节
public int read(byte[]b)	从输入流中读取若干字节到指定缓冲区，返回实际读取的字节数。如果 b 的长度是 0，则返回 0；如果输入流结束，则返回－1
public int read(byte[]b,int off, int len)	从输入流中的当前位置连续读入 len 个字节，从数组 b 的第 off＋1 个元素位置处开始存放，同时返回所读到的字节数
public long skip(1ong n)	使位置指针从当前位置向后跳过 n 个字节
public void close()	关闭输入流，空方法

注意：流中的方法都声明抛出 IOException 异常，所以程序中调用流方法时必须处理异常，否则编译不能通过。

2. InputStream 类的子类

InputStream 类有许多子类，每个子类实现一种特定的字节流输入操作。InputStream 类及其子类的层次结构如图 10-1 所示。

3. OutputStream 类

OutputStream 类的主要方法声明如表 10-2。

表 10-2　OutputStream 类的主要方法

方　法　定　义	方　法　说　明
public abstract void write(int b)	写入一个字节，抽象方法
public void write(byte[]b)	将缓冲区中的若干字节写入输出流
public void write(byte[]b,int off,int len)	将字节数组 b 中第 off＋1 个元素开始的 len 个数据，顺序地写入到输出流
public void flush()	强制清空缓冲区并执行向外设写操作
public void close()	关闭输出流，空方法

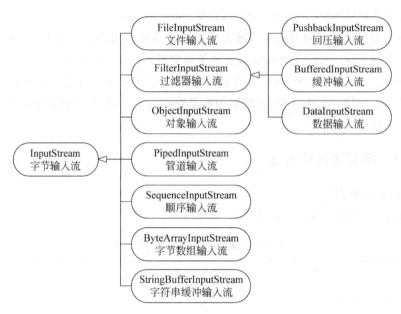

图 10-1 字节输入流类及其子类的层次结构

4. OutputStream 类的子类

OutputStream 类的每个子类实现一种特定的字节流输出操作。OutputStream 类及其子类的层次结构如图 10-2 所示。

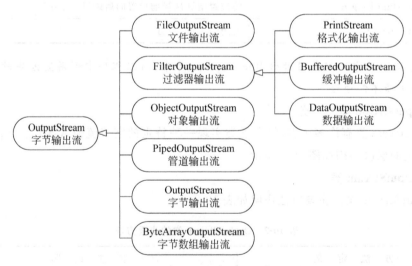

图 10-2 字节输出流类及其子类的层次结构

5. Java 的标准输入输出

在计算机系统中,标准输入是从键盘等外部输入设备中获得数据,标准输出是向显示器或打印机等外部输出设备发送数据。

Java 支持标准输入输出操作。在 java.lang.System 类中声明了 3 个常量 in、out 和 err,用于实现标准输入输出功能,声明如下:

```
public final static InputStream in;
public final static PrintStream out;
public final static PrintStream err;
```

Java 语言的标准输入 System.in 是 BufferedInputStream 类的对象,当程序需要从键盘上读人数据时,只需调用 System.in 的 read()方法即可。该方法从键盘缓冲区读入一个字节的二进制数据,返回以此字节为低位字节,高位字节为 0 的整型数据。

Java 语言的标准输出 System.out 是打印输出流 PrintStream 类的对象。PrintStream 类是过滤输出流类 FilterOutputStream 的一个子类,其中定义了向屏幕输送不同类型数据的方法 print()和 println()。

标准错误输出 System.err 用于为用户显示错误信息,也是由 PrintStream 类派生的错误流。err 流的作用是使用方法 print()和 println()将信息输出到 err 流并显示在屏幕或其他指定设备上,以方便用户使用和调试程序。err 也使用与 out 同样的方法。但 err 与标准输出 out 不同的是,err 会立即显示指定的(错误)信息让用户知道,即使你指定程序将结果重新定位到文件,err 输出串的信息也不会被重新定位,而仍会显示在显示设备上。

【例 10.1】 Java 标准输入输出。

本例演示了如何从键盘读取数据的标准输入操作,以及向显示器输出数据的标准输出操作。先通过 System.in 调用 read(byte[]b)方法,从键盘标准输入流中读取若干字节数据,再通过 System.out 调用 print()方法,向显示器标准输出流写入数据。程序运行如图 10-3 所示。

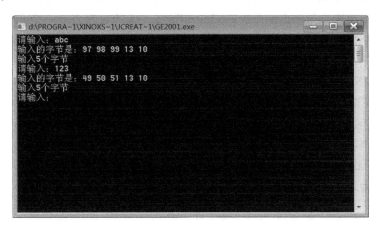

图 10-3　标准输入输出操作

程序如下：

```
import java.io.IOException;
public class StdIO{
    int count=0;
    byte buffer[];
    public StdIO() throws IOException{
        do{
            System.out.print("请输入：");
```

```
        buffer=new byte[512];
        count=System.in.read(buffer);
        System.out.print("输入的字节是: ");
        for(int i=0; i<count; i++){
            System.out.print(buffer[i]);
            System.out.print(" ");
        }
        System.out.println();
        System.out.println("输入"+count+"个字节");
    }while(count!=2);
}

    public static void main(String args[]) throws IOException{
        new StdIO();
    }
}
```

注意：count 变量保存的实际读入字节数比输入字符多 2 个，因为回车符和换行符共占用 2 个字节。不输任何字符，直接回车，就会退出程序。

10.2.2 文件字节输入输出流类

文件输入流 FileInputStream 类和文件输出流 FileOutputStream 类主要负责完成对本地磁盘文件的顺序输入与输出操作。FileInputStream 类的对象表示一个文件字节输入流，从中可读取一个字节或一批字节。在生成 FileInputStream 类的对象时，若指定的文件找不到，则抛出 FileNotFoundException 异常，该异常必须捕获或声明抛出。

FileOutputStream 类的对象表示一个字节文件输出流，可向流中写入一个字节或一批字节。在生成 FileOutputStream 类的对象时，若指定的文件不存在，则创建一个新的文件，若已存在，则清除原文件的内容。在进行文件的读写操作时会产生 IOException 异常，该异常必须捕获或声明抛出。

1. FileInputStream 类

文件字节输入流类 FileInputStream 的构造方法有如下两个：

```
public FileInputStream(String name) throws FileNotFoundException
public FileInputStream(File file) throws FileNotFoundException
```

FileInputStream 类的构造方法为指定文件创建文件字节输入流对象，两种参数的构造方法意味着，既可以用 name 指定的文件名创建流对象，也可以用 file 指定的文件类 File 对象创建流对象。FileInputStream 类继承并覆盖了父类 InputStream 类中的 read()、close() 等方法。

2. FileOutputStream 类

文件字节输出流类 FileOutputStream 的构造方法声明如下：

```
public FileOutputStream(String name) throws FileNotFoundException
public FileOutputStream(File file) throws FileNotFoundException
```

```
public FileOutputStream(String name,boolean append) throws FileNotFoundException
```

FileOutputStream 类的构造方法为指定文件创建文件字节输出流对象。其中,append
参数指定文件是否为添加的写入方式,当 append 取值为 true 时,为添加方式,数据添加在
原文件的末尾;当 append 取值为 false 时,为重写方式,数据从原文件开始处写入,默认值为
false。

如果指定文件不存在,则创建一个新文件写入数据。如果指定文件是为目录,或无法创
建新文件时,抛出 FileNotFoundException。

【例 10.2】 使用文件字节输入输出流实现文件的输入输出操作。

本例在程序中创建一个文件,写入一组字节数据,然后再读该文件并将文件内容显示在
屏幕上。程序运行如图 10-4 所示。

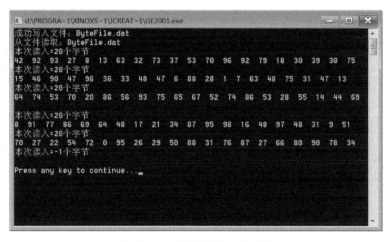

图 10-4 文件字节输入输出流

程序如下:

```
import java.io.*;
public class FileStream{
    private String filename;

    public FileStream(String filename){                      //构造方法,指定文件名
        this.filename=filename;
    }

    public void write2File(byte[]buffer)throws IOException{   //将缓冲区数据写入指定文件
FileOutputStream fout=new FileOutputStream(this.filename);
                                                //为指定文件创建文件输出流对象
        fout.write(buffer);                     //将指定字节缓冲区中数据写入输出流
        fout.close();                           //关闭输出流
        System.out.println("成功写入文件: "+this.filename);
    }

    public void readFileContent() throws IOException{        //将指定文件中的数据读到缓冲区
```

```
        FileInputStream fin=new FileInputStream(this.filename);
                                            //为指定文件创建文件输入流对象
        System.out.println("从文件读取："+this.filename);
        byte[]buffer=new byte[20];                              //字节缓冲区
        int count=0;
        do {
            count=fin.read(buffer);                              //读取输入流
            System.out.println("本次读入="+count+"个字节");
            for(int i=0; i<count; i++)
                System.out.print(buffer[i]+" ");
            System.out.println();
        }while(count!=-1);                                       //流结束标志
        fin.close();
    }

    public static void main(String args[])throws IOException{
        byte[]buffer=new byte[100];
        for(int i=0; i<100; i++){
            buffer[i]=(byte)(Math.random() * 100);
        }
        FileStream fileStrem=new FileStream("ByteFile.dat");
        fileStrem.write2File(buffer);
        fileStrem.readFileContent();
    }
}
```

程序设计说明如下。

(1) 文件输出操作。自定义的 write2File()方法将缓冲区 buffer 中的数据写入指定文件。

(2) 文件输入操作。自定义的 readFileContent()方法从指定文件中读取数据,并用标准输出显示到显示器上。这个过程需要创建输入流对象。由于文件内容可能很多,而保存数据的缓冲区长度是有限的,所以通常读取数据操作不可能一次执行完,需要循环执行多次读取数据操作。

无论是输入流,还是输出流,对流操作执行完之后都必须调用 close()方法关闭流。

10.2.3 过滤输入输出流

过滤输入流类 FilterInputStream 和过滤输出流类 FilterOutputStream,分别实现了在数据读写操作的同时进行数据处理,它们是 InputStrearn 和 OutputStream 类的直接子类。过滤输入输出流 FilterInputStream 和 FilterOutputStream 也是两个抽象类,它们又分别派生出 DataInputStream 和 DataOutputStream 等子类。

过滤输入输出流的主要特点是建立在基本输入输出流之上,并在输入输出数据的同时能对所传输的数据做指定类型或格式的转换,即可实现对二进制字节数据的理解和编码转换。

创建过滤输入输出流时,应该将其所连接的基本输入输出流作为参数传递给过滤流的构造方法。下面介绍常用的过滤流:数据字节输入流 DataInputStream 和数据字节输出流 DataOutputStream。它们可以将字节数据自动转换成基本数据类型,进行读写操作。

比如一个二进制文件中存放有 100 个浮点数值,读取时,自然希望按 double 为基本单位进行读取,每次读取一个浮点数值,而不是每次读取一个字节。利用 DataInputStream 类和 DataOutputStream 类,就可以按照 double 类型,对数据进行读写。

1. DataInputStream 类

DataInputSream 类提供 8 个 read()方法,分别用于从字节输入流中获得基本数据类型的数据值。这 8 个方法都没有参数,而返回值不同,所以不能声明为重载的方法,必须以不同的方法名相区别。

DataInputStream 类的主要方法声明如表 10-3 所示。

表 10-3　DataInputStream 类的主要方法

方　法　定　义	方　法　说　明
public DataInputStream(InputStream in)	构造方法
public final short readShort() throws IOException	读取一个短整型数据
public final byte readByte() throws IOException	读取一个字节数据
public final int readInt() throws IOException	读取一个整型数据
public final long readLon() throws IOException	读取一个长整型数据
public final float readFloat() throws IOException	读取一个单精度浮点数数据
public final double readDouble() throws IOException	读取一个双精度浮点数数据
public final char readChar() throws IOException	读取一个字符数据
public final boolean readBoolean() throws IOException	读取一个布尔值数据

当读取数据时,遇到输入流结束情况,将抛出 EOFException 异常;发生 I/O 错误时,将抛出 IOException 异常。

2. DataOutputStream 类

DataOutputSream 类提供 9 个 write()方法,分别用于向字节输出流中写入 8 种基本数据类型和字符串的数据值,由各方法名反映写入的数据类型。

DataOutputStream 类的主要方法声明如表 10-4 所示。

表 10-4　DataOutputStream 类的主要方法

方　法　定　义	方　法　说　明
public DataOutputStream(OutputStream out)	构造方法
public final void writeByte(int v) throws IOException	写入一个字节数据
public final void writeShort(int v) throws IOException	写入一个短整型数据
public final void writeInt(int v) throws IOException	写入一个整型数据

方 法 定 义	方 法 说 明
public final void writeLong(long v) throws IOException	写入一个长整型数据
public final void writeFloat(float v) throws IOException	写入一个单精度浮点数数据
public final void writeDouble(double v) throws IOException	写入一个双精度浮点数数据
public final void writeChar(int v) throws IOException	写入一个字符数据
public final void writeBoolean(boolean v) throws IOException	写入一个布尔值数据
public final void writeChars(String s) throws IOException	写入一个字符串数据
public final int size()	返回实际写入的字节数

【**例 10.3**】 使用数据字节输入输出流实现文件的输入输出操作。

本例在程序中创建一个文件,写入一组双精度浮点数数据,然后再读该文件并将文件内容显示在屏幕上。程序运行如图 10-5 所示。

图 10-5 数据字节输入输出流

程序如下:

```
import java.io.*;
public class DataStream{
    private String filename;

    public DataStream(String filename){          //构造方法,指定文件名
        this.filename=filename;
    }

    public void write2File(double[]buffer)throws IOException{
                                                //将缓冲区数据写入指定文件
```

```
        FileOutputStream fout=new FileOutputStream(this.filename);
                                                //为指定文件创建文件输出流对象
        DataOutputStream dout=new DataOutputStream(fout);
        for(int i=0; i<buffer.length; i++)
            dout.writeDouble(buffer[i]);             //将指定缓冲区中数据写入输出流
        dout.close();                               //关闭输出流
        fout.close();
        System.out.println("成功写入文件："+this.filename);
    }

    public void readFileContent() throws IOException{//将指定文件中的数据读到缓冲区
        FileInputStream fin=new FileInputStream(this.filename);
                                                //为指定文件创建文件输入流对象
        DataInputStream din=new DataInputStream(fin);
        System.out.println("从文件读取："+this.filename);
        int count=0;
        while(true)
            try{
                double i=din.readDouble();        //从数据输入流中读取一个双精度浮点数
                System.out.print(i+" ");
                count++;
            }catch(EOFException ioe){
                break;
            }

        System.out.println("本次读入="+count+"个双精度浮点数");
        din.close();
        fin.close();
    }

    public static void main(String args[])throws IOException{
        double[]buffer=new double[100];
        for(int i=0; i<100; i++){
            buffer[i]=Math.random() * 100;
        }
        DataStream fileStrem=new DataStream("DoubleFile.dat");
        fileStrem.write2File(buffer);
        fileStrem.readFileContent();
    }
}
```

程序设计说明如下：要读写文件内容，必须创建文件字节输入输出流，然后再创建数据字节输入输出流，实现对双精度浮点数的读写。

10.2.4　对象输入输出流类

Java 是面向对象的编程语言，在程序中使用最多的是各种对象。由于对象往往包含多种数据类型的属性,因此当需要将对象保存到文件或从文件读取对象时,利用数据字节流仍然很繁琐。Java 提供对象流用于在字节流中直接写入或读取一个对象。对象流分为对象输入流 ObjectInputStream 类和对象输出流 ObjectOutputStream 类。

1. ObjectInputStream 类

ObjectInputStream 类的主要方法声明如表 10-5 所示。

表 10-5　ObjectInputStream 类的主要方法

方 法 定 义	方 法 说 明
public ObjectInputStream(InputStream in)	构造方法
pubfic final Object readObject()	读取一个对象

2. ObjectOutputStream 类

ObjectOutputStream 类的主要方法声明如表 10-6 所示。

表 10-6　ObjectOutputStream 类的主要方法

方 法 定 义	方 法 说 明
public ObjectOutputStream(OutputStream out)	构造方法
public final void writeObject(Object obj)	写入一个对象

【例 10.4】 使用对象字节输入输出流实现文件的输入输出操作。

本例在程序中创建一个文件,写入若干对象数据,然后再读该文件并将文件内容显示在屏幕上。程序运行如图 10-6 所示。

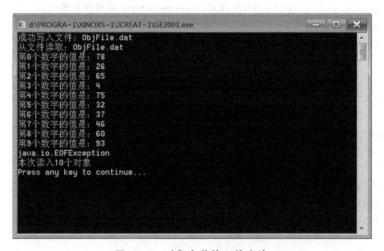

图 10-6　对象字节输入输出流

程序如下:

```
import java.io.*;
public class ObjectStream{
    private String filename;
```

```java
public ObjectStream(String filename){                          //构造方法,指定文件名
    this.filename=filename;
}


public void write2File(Object obj[]) throws IOException{ //将缓冲区数据写入指定文件
    FileOutputStream fout=new FileOutputStream(this.filename);
                                                          //为指定文件创建文件输出流对象
    ObjectOutputStream dout=new ObjectOutputStream(fout);
    for(int i=0; i<obj.length; i++){
        dout.writeObject(obj[i]);                         //将对象写入输出流
    }
    dout.close();                                         //关闭输出流
    fout.close();
    System.out.println("成功写入文件: "+this.filename);
}


public void readFileContent() throws IOException{//将指定文件中的数据读到缓冲区
    FileInputStream fin=new FileInputStream(this.filename);
                                                          //为指定文件创建文件输入流对象
    ObjectInputStream din=new ObjectInputStream(fin);
System.out.println("从文件读取: "+this.filename);
int count=0;
while(true)
        try{
            MyInt myInt=(MyInt) din.readObject();//读取一个对象
            System.out.println(myInt.toString());
            count++;
        }catch(IOException ioe){
            System.out.println(ioe);
            break;
        }catch(Exception e){
            System.out.println(e);
            break;
        }

    System.out.println("本次读入"+count+"个对象");
    din.close();
    fin.close();
}


public static void main(String args[]) throws IOException{
    ObjectStream fileStrem=new ObjectStream("ObjFile.dat");
    MyInt[]myInt=new MyInt[10];
    for(int i=0; i<10; i++){
        int v=(int)(Math.random() * 100);
```

```
                myInt[i]=new MyInt(v);

        }
        fileStrem.write2File(myInt);
        fileStrem.readFileContent();
    }
}

class MyInt implements java.io.Serializable{                    //实现序列化接口
        private int value;
        private String number;
        private static int count=0;

        public MyInt(int v){
            this.number=""+this.count;
            this.value=v;
            this.count++;
        }

        public String toString(){
            return "第"+this.number+"个数字的值是："+this.value;
        }
}
```

程序设计说明如下：

本例演示通过对象流读写以对象为基本类型的文件。因此先声明一个 MyInt 类，该类必须实现 java.io.Serializable 序列化接口，以约定每次读写的字节数。实现该接口的类，称为序列化的类。

要读写文件内容，必须创建文件字节输入输出流，然后再创建对象字节输入输出流，实现对对象的读写。

10.3　字符流类

字符流一次读写 16 位二进制数，并将其作为一个字符而不是二进制位来处理。字符流是针对字符数据的特点进行过优化的，因而提供了一些面向字符的有用的特性。字符流的源或目标通常是文本文件。Java 中的字符使用的是 16 位的 Unicode 编码，每个字符占有两个字节。字符流可以实现 Java 程序中的内部格式和文本文件、显示输出、键盘输入等外部格式之间的转换。

字符流类按照流的方向分为字符输入流类和字符输出流类。Reader 类及其子类实现多种字符输入流，Writer 类及其子类实现多种字符输出流。

Reader 和 Writer 类都是抽象类，它们定义了字符流的基本输入输出操作方法。由于不能创建它们的实例，实际使用的是它们的子类，每个子类实现一种特定的字符流输入或输出操作。

10.3.1 字符输入输出流

1. Reader 类

Reader 类的主要方法声明如表 10-7 所示。

表 10-7　Reader 类的主要方法

方　法　定　义	方　法　说　明
public int read() throws IOException	读取一个字符,返回值为读取的字符
public int read(char cbuf[]) throws IOException	读取一系列字符到数组 cbuf[]中,返回值为实际读取的字符的数量
abstract public int read(char cbuf[], int off, int len) throws IOException	读取 len 个字符,从数组 cbuf[]的下标 off 处开始存放,返回值为实际读取的字符数量,抽象方法
abstract public void close() throws IOException	关闭流

Reader 类及其子类的层次结构如图 10-7 所示。

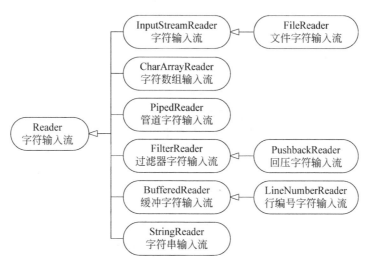

图 10-7　字符输入流 Reader 类及其子类的层次结构

2. Writer 类

Writer 类的主要方法声明如表 10-8 所示。

表 10-8　Writer 类的主要方法

方　法　定　义	方　法　说　明
public void write(int c) throws IOException	将单一字符 c 输出到流中
public void write(String str) throws IOException	将字符串 str 输出到流中
public void write(String str, int off, int len) throws IOException	将字符串 str 中的,从 off 位置开始的 len 个字符写入输出流
public void write(char[]cbuf) throws IOException	将字符数组 cbuf[]写入输出流

方　法　定　义	方　法　说　明
public abstract void write（char cbuf［］, int off, int len）throws IOException	将字符数组 cbuf[]中的,从 off 位置开始的 len 个字符写入输出流
public Writer append(CharSequence csq) throws IOException	将字符序列附加到输入流
public Writer append(char c) throws IOException	将字符 c 附加到输入流
public abstract void flush() throws IOException	将缓冲区内容写入输出流
public abstract void close() throws IOException	关闭流

Writer 类及其子类的层次结构如图 10-8 所示。

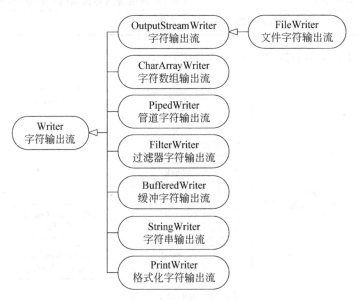

图 10-8　Writer 类及其子类的层次结构

10.3.2　文件字符输入输出流类

FileReader 类和 FileWriter 类用于文本文件的输入输出处理,与文件字节流 FilelnputSream 类和 FileOutputSream 类的功能相似,但处理的基本单位是字符。

1. FileReader 类

文件字符输入流 FileReader 类提供的两个构造方法声明如下:

```
public FileReader(String fileName) throws FileNotFoundException
public FileReader(File file) throws FileNotFoundException
```

FileReader 类的构造方法为指定文件创建文件字节输入流对象,2 种参数的构造方法意味着,既可以用 name 指定的文件名创建流对象,也可以用 file 指定的文件类 File 对象创建流对象。

2. FileWriter 类

文件字符输出流 FileWriter 类提供的构造方法声明如下：

```
public FileWriter(String fileName) throws IOException
public FileWriter(String fileName,boolean append) throws IOException
public FileWriter(File file) throws IOException
public FileWriter(File file, boolean append) throws IOException
```

FileWriter 类的构造方法为指定文件创建文件字节输出流对象。其中，append 参数指定文件是否为添加的写入方式，当 append 取值为 true 时，为添加方式，数据添加在原文件的末尾；当 append 取值为 false 时，为重写方式，数据从原文件开始处写入，默认值为 false。

10.3.3 字符缓冲流类

FileReader 类和 FileWriter 类以字符为单位进行数据读写操作，数据的传输效率很低。为提高字符流的处理效率，可以采用缓冲机制。JDK 引入了 BufferedReader 和 BufferedWriter 类，用来对字符流进行成批的处理。由于提供缓冲机制，把任意的输入流或输出流"捆绑"到缓冲流上将获得性能的提高，同时也可以在创建缓冲流对象进设置缓冲区的大小。

1. BufferedReader 类

字符缓冲输入流 BufferedReader 类的主要方法声明如表 10-9 所示。

表 10-9　BufferedReader 类的主要方法

方　法　定　义	方　法　说　明
public BufferedReader(Reader in)	构造方法
public BufferedReader(Reader in,int sz)	构造方法，sz 指定字符缓冲区长度
public String readLine() throws IOException	读取一行字符串，输入流结束时返回 null

2. BufferedWriter 类

字符缓冲输出流 BufferedWriter 类的主要方法声明如表 10-10 所示。

表 10-10　BufferedWriter 类的主要方法

方　法　定　义	方　法　说　明
public BufferedWriter(Writer out)	构造方法
public BufferedWriter(Writer out,int sz)	构造方法，sz 指定字符缓冲区长度
public void newLine0 throws IOException	写入一个换行符

【例 10.5】　使用字符缓冲流和文件字符流实现文本文件的输入输出操作。

本例在程序中创建一个文本文件，以字符方式写入一组整数数据，然后再读该文件并将文件内容显示在屏幕上。程序运行如图 10-9 所示。

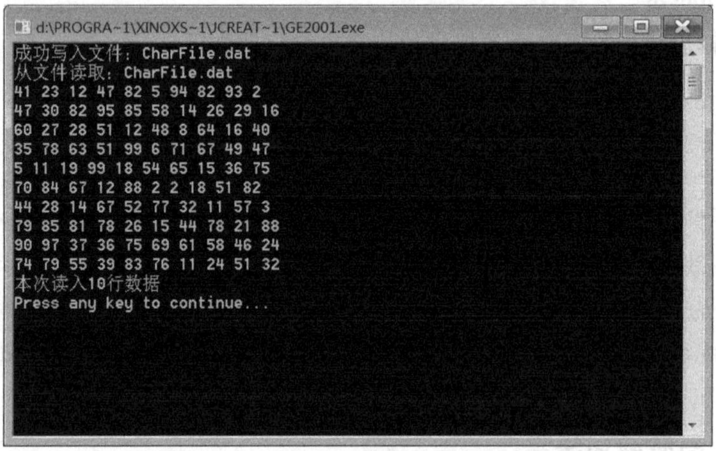

图 10-9 字符输入输出流

程序如下：

```java
import java.io.*;
public class CharacterStream{
    private String filename;

    public CharacterStream(String filename){                          //构造方法,指定文件名
        this.filename=filename;
    }

    public void write2File(int[]buffer)throws IOException{   //将缓冲区数据写入指定文件
        FileWriter fout=new FileWriter(this.filename);       //为指定文件创建文件输出流对象
        BufferedWriter dout=new BufferedWriter(fout);
        for(int i=0; i<buffer.length; i++){
            dout.write(buffer[i]+" ");                        //将写入输出流
            if((i+1)%10==0) dout.newLine();
        }
        dout.close();                                        //关闭输出流
        fout.close();
        System.out.println("成功写入文件: "+this.filename);
    }

    public void readFileContent() throws IOException{        //将指定文件中的数据读到缓冲区
        FileReader fin=new FileReader(this.filename);        //为指定文件创建文件输入流对象
        BufferedReader din=new BufferedReader(fin);
        System.out.println("从文件读取: "+this.filename);
        int count=0;
        String aline=null;
        do{
            aline=din.readLine();                            //读取一行字符串,输入流结束时返回 null
            if(aline!=null){
                System.out.println(aline);
```

```
            count++;
        }
    }while(aline!=null);
    System.out.println("本次读入"+count+"行数据");
    din.close();
    fin.close();
}

public static void main(String args[])throws IOException{
    int[]buffer=new int[100];
    for(int i=0; i<100; i++){
        buffer[i]=(int)(Math.random() * 100);
    }
    CharacterStream fileStrem=new CharacterStream("CharFile.dat");
    fileStrem.write2File(buffer);
    fileStrem.readFileContent();
}
}
```

程序设计说明如下：要读写文件内容，必须创建文件字符输入输出流，然后再创建缓冲字符输入输出流，以字符方式实现对整数的读写。

10.4 文件处理

10.4.1 文件的基本概念

文件(file)是信息的一种组织形式，是存储在外部存储介质上的具有标识名的一组相关信息集合。文件具有保存性，文件被存放在如磁盘、磁带、光盘等外部存储介质上，其内容可以被长期保存和多次使用。

文件管理是操作系统的不可或缺的重要功能。操作系统中的文件系统负责存取和管理文件。文件系统用文件这个统一的概念来组织和管理存放在各种介质上的信息。文件系统提供"按名存取"实现文件的存储和检索。

目录(directory)是管理文件的特殊机制，同类文件保存在同一个目录下，不仅可以简化文件管理，而且还可以提高工作效率。目录保存它所管理的每个文件的基本属性信息，包括文件名字、文件所有者、文件长度、文件类型、文件保护级别、文件控制属性、文件创建时间、最后修改时间等。

除了文件外，目录中还可以包含子目录，目录与子目录之间具有层次关系。磁盘最顶层目录称为根目录，根目录可以包含子目录和文件，子目录中还可以再有子目录和文件，由此构成目录的多级树状结构。文件是这种树状结构的终点，文件中不能包含另一个文件。

在多级树状目录结构中，一个文件的全名由该文件的路径名和文件名组成。一个文件的路径名由根目录开始沿各级子目录到达该文件的通路上的所有子目录名组成，各子目录名之间用斜线(/)或反斜线(\)分隔。文件的全名是区分文件的唯一标识，因此，相对于一个目录，文件名必须各不相同；而相对于一个磁盘，所有文件的全名各不相同。

文件可分为文本文件和二进制文件。用文本编辑器或程序读取文本文件时,该文件包含一串字符。例如,包含 Java 程序的文件就是文本文件。有时文本文件也称做 ASCII 文件,因为它使用 ASCII 机制来存储数据。如果一个文件所含的内容必须用二进制的形式来进行处理,那么该文件就叫做二进制文件。从宏观角度上讲,可以认为文本文件包含一串字符,而二进制文件包含一串二进制数。进行区分的另一种方法是文本文件是给人阅读的,而二进制文件是只有程序才能读取的。简而言之,文本文件的最大优点是可以用文本编辑器进行读写,而二进制文件的所有读写必须由程序完成。

文件的存取方法是操作系统为应用程序提供的使用文件的技术和手段。文件类型、文件的逻辑结构决定文件的存取方式。文件的存取方法主要有顺序存取、随机存取和索引存取等。

顺序存取是指按记录顺序进行读写操作的存取方法。读操作总是读取文件的当前记录,同时自动让文件记录读指针推进,指向下一个记录位置。如果文件是可读写的,再设置一个文件记录写指针,它总指向下一次要写入记录的位置,执行写操作时,将一个记录写到文件写指针指向的记录位置。

随机存取是指按记录位置的编号进行读写操作的存取方法。给定一个记录位置的编号,文件的读写指针将跳过若干记录位置,直接定位在指定记录位置处,进行读写操作。因此,对文件中记录的操作可以采用任意次序,并不一定依赖于记录所处的位置次序。

Java 支持对文件的顺序存取和随机存取操作,提供 File 类记载文件属性信息,对文件的读写操作通过流实现;RandomAccessFile 类以随机存取方式进行文件读写操作。

10.4.2　File 类

File 类主要用来描述系统中的文件在磁盘上的存储情况,而 File 类的对象主要用来获取文件本身的一些信息,例如文件所在的目录、文件的长度、文件读写权限等,此外,还可以用 File 对象来对文件系统做一些查询与设置的动作,但不涉及对文件的读写操作。

File 类的实例是不可变的。也就是说,一旦创建,File 对象表示的抽象路径名将永不改变。要注意的是,不管是文件还是目录,在 Java 中都以 File 的实例来表示。

File 类的主要方法声明如表 10-11 所示。

表 10-11　File 类的主要方法

方　法　定　义	方　法　说　明
public File(String pathname)	通过文件名字符串创建一个新 File 实例
public File(String parent,String child)	通过目录字符串和文件名字符创建一个新 File 实例
public File(File parent,String child)	通过目录对象和文件名字符创建一个新 File 实例
public boolean canRead()	判断文件或路径是否可读
public boolean canWrite()	判断文件或路径是否可被写入
public boolean exits()	判断文件或目录是否存在
public long length()	获取文件或目录的长度(单位是字节)
public String getName()	获取文件或目录的名字,不含文件的路径
public String getAbsolutePath()	获取文件或目录的绝对路径

方　法　定　义	方　法　说　明
public String getParent()	获取当前文件或目录上一级的相对路径(父目录)
public boolean isFile()	判断是否是一个正常文件,而不是目录
public boolean isDirectroy()	判断是否是一个目录
public boolean isHidden()	判断文件或目录是否隐藏
public long lastModified()	获取文件或目录最后修改的时间
public Boolean mkdir()	创建一个目录
public boolean setReadOnly()	设置文件属性为只读
public boolean setLastModified(long time)	设置文件的最后修改时间
public int compareTo(File pathname)	比较两个文件对象的内容
public boolean renameTo(File dest)	文件重命名
public boolean createNewFile() throws IOException	创建新文件
public boolean delete()	删除文件或空目录
public String[]list()	返回目录下的全部文件名
public File[]listFiles()	返回目录下的全部文件对象

【例 10.6】　显示当前目录下的文件列表。

本例演示 File 类的使用方法。将当前目录中的文件或子目录列表显示,显示每个文件或子目录的名称、最后修改时间等属性,并统计文件数、所有文件总字节数和子目录数。其中,文件有长度属性,子目录没有长度属性,显示时需要判断指定 File 对象是文件还是目录。程序运行如图 10-10 所示。

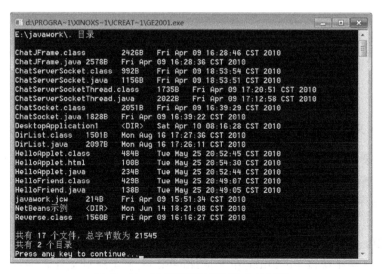

图 10-10　显示当前目录下的文件列表

程序如下：

```java
import java.io.*;
import java.util.Date;

public class DirList{
    public DirList()    {
        File dir=new File(".");                              //当前目录
        int count_dirs=0, count_files=0;                     //目录数和文件数
        long byte_files=0;                                   //所有文件总字节数

        System.out.println(dir.getAbsolutePath()+" 目录\r\n");
        File[]files=dir.listFiles();                         //返回当前目录中所有文件
        for(int i=0;i<files.length;i++){
            System.out.print(files[i].getName()+"\t");       //显示文件名
            if(files[i].isFile()){                           //判断指定 File 对象是否是文件
                System.out.print(files[i].length()+"B\t");   //显示文件长度
                count_files++;
                byte_files+=files[i].length();
            } else{
                System.out.print("<DIR>\t");
                count_dirs++;
            }
            System.out.println(new Date(files[i].lastModified()));
        }
        System.out.println("\r\n 共有 "+count_files+" 个文件,总字节数为 "+byte_files);
        System.out.println("共有 "+count_dirs+" 个目录");
    }

    public static void main(String args[]) throws IOException{
        new DirList();
    }
}
```

10.4.3　文件过滤器接口

在查看目录中文件信息时,如果只希望查看一部分文件,可以指定一个过滤条件。操作系统中约定了通配符? 和 * ,可以用来作为过滤条件。

在 Java 程序中,可以通过指定文件过滤条件来实现获得部分文件的功能。该功能需要使用过滤器接口和 File 类的方法共同完成。

1. FileFilter 和 FilenameFilter 接口

Java 提供了两个接口 FileFilter 和 FilenameFilter 来实现对文件名字符串的过滤。这两个接口中都声明 accept()方法,用于实现过滤操作。两个接口的区别在于 accept()方法的参数不同。

FileFilter 接口中的声明如下：

```
public boolean accept(File pathname)
```

FilenameFilter 接口中的声明如下：

```
public boolean accept(File dir,String name)
```

2. 获得文件列表时使用过滤器

File 类的 list() 和 listFiles() 方法还有带过滤器参数的重载方法，声明如下：

```
public String[]list(FilenameFilter filter)
public File[]listFiles(FilenameFilter filter)
public File[]listFiles(FileFilter filter)
```

其中，参数 filter 是一个实现了指定过滤器接口的对象，该对象包含 accept() 方法的具体实现。上述 3 个方法功能相同，只是参数不同和返回值不同。

当调用 list(filter) 或 listFiles(filter) 方法时，首先获得全部文件列表，再对这个列表按指定条件进行过滤，即对全部列表中的每个数据项调用执行 filter 的 accept() 方法。如果 accept() 方法返回 true，则相应数据项就仍保留在列表中；如果返回 false，则将相应数据项从列表中删除。这样，最终能够得到经过过滤的文件新列表。

【例 10.7】 显示当前目录下的以.java 为扩展名的文件列表。

本例演示设置文件过滤条件、实现文件过滤操作方法。

程序运行如图 10-11 所示。

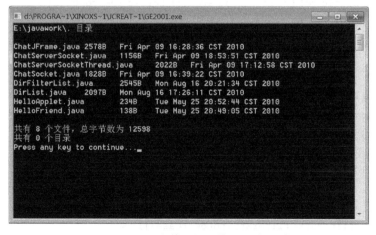

图 10-11 显示当前目录下的.java 文件列表

程序如下：

```
import java.io.*;
import java.util.Date;

public class DirFilterList{
    public DirFilterList(InnerFilter filter)    {
        File dir=new File(".");                         //当前目录
```

```java
    int count_dirs=0, count_files=0;                    //目录数和文件数
    long byte_files=0;                                  //所有文件总字节数

    System.out.println(dir.getAbsolutePath()+" 目录\r\n");
    File[]files=dir.listFiles(filter);                  //返回当前目录中所有文件
    for(int i=0;i<files.length;i++) {
        System.out.print(files[i].getName()+"\t");      //显示文件名
        if(files[i].isFile()) {                         //判断指定 File 对象是否是文件
            System.out.print(files[i].length()+"B\t");  //显示文件长度
            count_files++;
            byte_files+=files[i].length();
        } else{
            System.out.print("<DIR>\t");
            count_dirs++;
        }
        System.out.println(new Date(files[i].lastModified()));
    }
    System.out.println("\r\n 共有 "+count_files+" 个文件,总字节数为 "+byte_files);
    System.out.println("共有 "+count_dirs+" 个目录");

}

public static void main(String args[]) throws IOException{
    InnerFilter filter=new InnerFilter("*.java");
    new DirFilterList(filter);
}

static class InnerFilter implements FilenameFilter{
    private String prefix;                              //文件名前缀
    private String extend;                              //文件扩展名

    public InnerFilter(String filterStr){
        this.prefix="";
        this.extend="";
        filterStr=filterStr.toLowerCase();
        int i=filterStr.indexOf('*');
        if(i>0)
            this.prefix=filterStr.substring(0,i);       //获得 * 之前的字符串

        int j=filterStr.indexOf('.');
        if(j>0)    {
            this.extend=filterStr.substring(j+1);       //获得之后的文件扩展名字符串
            if(this.extend.equals("*"))                 //识别"*.*"
                this.extend="";
```

```
            }
        }

        public InnerFilter(){
            this("*.*");
        }

        public boolean accept(File dir, String filename) {
            filename=filename.toLowerCase();
            return(filename.startsWith(this.prefix))&(filename.endsWith(this.extend));
        }
    }
}
```

程序设计说明如下。

使用静态内部类 InnerFilter 实现过滤功能。该类有两个私有成员变量 prefix 和 extend,分别表示文件名前缀和扩展名。构造方法将 filterStr 参数指定的过滤条件分解为文件名前缀和扩展名。InnerFilter 类实现 FilenameFilter 接口中的 accept()方法,实现文件名的过滤操作。当文件名字符串符合要求时,accept()方法返回 true,否则返回 false。

10.4.4 随机存取文件类

前面介绍的流类实现的是对磁盘文件的顺序读写,而且读和写要分别创建不同的对象。Java 语言中还定义了一个功能更强大,使用更方便的类:RandomAccessFile。它用于进行随意位置、任意类型的文件访问,并且在文件的读取方式中支持文件的任意读取而不只是顺序读取。

RandomAccessFile 类也是在 java.io 包中定义的,它是 Object 类的直接子类,并且实现接口 DataInput 和 DataOutput。

接口 DataInput 定义的方法主要包括从流中读取基本类型的数据,读取一行数据,以及读取指定长度的字节数。如 readBoolean()、readInt()、readLine()、readFully()、readUTF()等。

接口 DataOutput 中定义的方法主要是向流中写入基本类型的数据,或写入一定长度的字节数组。如 writeChar()、writeDouble()、writeUTF()等。

RandomAccessFile 类主要方法声明如表 10-12 所示。

RandomAccessFile 类提供直接读或写 8 种基本数据类型数据的方法,此处从略。

数据的读写操作取决于文件对象的模式,只读方式时,只能调用 read()方法,不能调用 write()方法;为读写方式时,才能调用 read()和 write()方法。

RandomAccessFile 类使用文件指针(file pointer)概念实现文件随机存取方式,文件指针指定当前读写数据的位置。对于只读方式,文件指针只有一个,表示读取数据的位置;对于读写方式,文件指针有两个,分别表示读取数据的位置和写入数据的位置。

表 10-12　RandomAccessFile 类的主要方法

方 法 定 义	方 法 说 明
public RandomAccessFile（String name, String mode）throws FileNotFoundException	构造方法,参数 name 指定文件名字符串,mode 指定文件访问模式,取值为 r(只读)、rw(读写)。当 mode 为只读并且文件不存在时,构造方法将抛出 FileNotFoundException 异常;当 mode 为读写而文件不存在时,构造方法将创建新文件
public RandomAccessFile（File file, String mode）throws FileNotFoundException	构造方法,file 指定文件对象
public final int readInt() throws IOException	读一个整数类型值,当读到文件尾时,抛出 EOFException 异常
public final void writeInt(int v) throws IOException	写入一个整型值
public long length()throws IOException	返回文件长度
public long getFilePointer() throws IOException	获取文件指针位置
public void seek(1ong pos) throws IOException	设置文件指针位置
public void close() throws IOException	关闭文件

【例 10.8】　在文件中顺序存放数字。

本例演示随机存取文件操作。向指定文件写入若干整数,要求写入的整数非降序排列。因此需要在文件中查找合适的位置,然后写入数字。查找过程是在文件中读取数据,而写入将数据写入文件中任意位置,所以需要对指定文件进行随机存取方式操作,既能读又能写。

程序运行如图 10-12 所示。

图 10-12　在文件中顺序存放数字

程序如下：

```
import java.io. * ;
public class FileSort{
    private RandomAccessFile rafile;
    public FileSort(String filename) throws IOException{
        File file=new File(filename);
        if(file.exists())                              //如果指定文件已存在,则删除
            file.delete();
        this.rafile=new RandomAccessFile(filename,"rw");//创建文件对象,可读写
    }
```

```java
public void sort(int k, long pos) throws IOException {    //从 pos 位置开始排序数字 k
    this.rafile.seek(pos);                                //设置文件读指针
    boolean insert=false;
    while(true)                                           //文件未结束时
        try{
            int temp=this.rafile.readInt();              //读取一个整数
            if(temp > k){
                long currPos=this.rafile.getFilePointer();  //获得当前位置
                this.rafile.seek(currPos-4);             //后退 4 个字节,对 int 类型
                this.rafile.writeInt(k);                 //k 插入当前位置
                this.sort(temp, currPos);                //从当前位置开始,对 temp 排序
                insert=true;
            }
        } catch(EOFException ioe){                        //捕获到达文件尾异常
            if(insert==false){
                this.rafile.writeInt(k);                 //写入 k
            }
            break;
        }
}

public void append(int[]table) throws IOException{ //在文件中添加数据
    for(int i=0;i<table.length;i++) {
        this.sort(table[i], 0);
    }
    System.out.println();
}

public void readFromFile() throws IOException{            //从指定文件中读取整数
    this.rafile.seek(0);
    while(true)                                           //文件未结束时
        try {
            System.out.print(this.rafile.readInt()+" ");
        } catch(EOFException ioe){
            System.out.println();
            this.rafile.close();                         //关闭文件
            break;
        }
}

public static void main(String args[]) throws IOException {
    int[]table={5,3,1,2,5,6,10,8};
    FileSort fileSort=new FileSort("Random.dat");
    fileSort.append(table);
    fileSort.readFromFile();
}
}
```

第 11 章 Java 网络编程

Java 最初是作为一种网络编程语言出现的,它能够使用网络上的各种资源和数据,与服务器建立各种传输通道,将自己的数据发送到网络各个地方。java.net 包为当前最常用的网络协议 TCP 和 UDP 提供了相应的类,使用户能够方便地编写用这两种协议机制实现的通信程序。与此同时,java.net 也提供了利用 URL 实现的服务器访问的类,在此基础上可以实现客户端和服务器的通信,并可实现多客户的通信。

11.1 网络编程基本概念

11.1.1 网络基础知识

1. 计算机网络

(1) 网络协议:网络上的计算机要互相通信,必须遵循一定的协议。人们把在计算机网络中用于规定信息的格式以及如何发送和接收信息的一套规则称为网络协议(network protocol)或通信协议(communication protocol)。目前使用最广泛的网络协议是 Internet 上所使用的 TCP/IP 协议。

为了减少网络协议设计的复杂性,网络设计者并不是设计一个单一、巨大的协议来为所有形式的通信规定完整的细节,而是采用把通信问题划分为许多个小问题,然后为每个小问题设计一个单独的协议的方法。这样做使得每个协议的设计、分析、编码和测试都比较容易。分层模型(layering model)是一种用于开发网络协议的设计方法。目前最常用的是 TCP/IP 协议的四层模型概念和国际标准化组织(ISO)提出的开放系统互联参考模型(OSI-RM)的七层模型概念。

(2) 四层结构:TCP/IP 协议数据的传输基于 TCP/IP 协议的四层结构:应用层、运输层、网际层、网络接口层。数据在传输时每通过一层就要在数据上加个包头,其中的数据供接收端同一层协议使用。而在接收端,每经过一层要把用过的包头去掉,这样来保证传输数据的格式完全一致。

(3) OSI 模型:OSI(Open System Interconnection)模型的设计目的是成为一个所有销售商都能实现的开放网路模型,来克服使用众多私有网络模型所带来的困难和低效性。OSI 的七层结构包括物理层、数据链路层、网络层、传输层、会话层、表示层、应用层。

2. 网络编程

(1) 网络编程含义及目的。网络编程的目的就是指直接或间接地通过网络协议与其他计算机进行通讯。网络编程中有两个主要的问题:一个是如何准确的定位网络上一台或多台主机,另一个就是找到主机后如何可靠高效地进行数据传输。在 TCP/IP 协议中 IP 层主要负责网络主机的定位、数据传输的路由。由 IP 地址可以唯一地确定 Internet 上的一台主机。而 TCP 层则提供面向应用的可靠的或非可靠的数据传输机制,这是网络编程的主要对象,一般不需要关心 IP 层是如何处理数据的。

(2) C/S 结构。目前较为流行的网络编程模型是客户机/服务器(C/S)结构。即通信双方一方作为服务器等待客户提出请求并予以响应。客户则在需要服务时向服务器提出申请。服务器一般作为守护进程始终运行,监听网络端口,一旦有客户请求,就会启动一个服务进程来响应该客户,同时自己继续监听服务端口,使后来的客户也能及时得到服务。

11.1.2　HTTP 简介

HTTP(HyperText Transfer Protocol,超文本传输协议)是互联网上应用最为广泛的一种网络传输协议,所有 WWW 文件都必须遵守这个标准。设计 HTTP 最初的目的是为了提供一种发布和接收 HTML 页面的方法,随着 HTTP 的发展,除了文本数据,还可以传输图片、音频、视频、压缩文件以及各种程序文件等。

在 TCP/IP 体系结构中,HTTP 属于应用层协议,位于 TCP/IP 的最高层。HTTP 定义 Web 客户端(一般是浏览器)如何从 Web 服务器请求 Web 页面,以及服务器如何把 Web 页面传送给客户端。

HTTP 协议采用了请求/响应模型。客户端向服务器发送一个请求,请求头包含请求的方法、URL、协议版本以及包含请求修饰符、客户信息和内容的类似于 MIME 的消息结构。服务器以一个状态行作为响应,相应的内容包括消息协议的版本,成功或者错误编码加上包含服务器信息、实体元信息以及可能的实体内容。

基于 HTTP 协议的客户端/服务器模式的信息交换过程共分为 4 个过程:建立连接、发送请求信息、发送响应信息、关闭连接。

11.1.3　两类传输协议 TCP 和 UDP

两类传输协议 TCP 和 UDP:尽管 TCP/IP 协议的名称中只有 TCP 和 IP 这两个协议名,但是在 TCP/IP 的传输层还包括 UDP 协议和 ICMP 协议。

TCP/IP(Transmission Control Protocol/Internet Protocol,传输控制协议)是一种面向连接的运输层协议,这个协议是 Internet 最基本的协议、Internet 国际互联网络的基础。

UDP(User Datagram Protocol,用户数据报协议)是 OSI 参考模型中一种简单的、面向数据报的无连接的传输层协议,提供面向事务的简单、快速但不一定可靠的信息传送服务。

TCP 与 UDP 的区别主要体现在一些几个方面。

1. 连接方式

TCP 是面向连接的协议,在 socket 之间传输数据之前必须建立连接。而 UDP 是简单的面向数据报的协议,每个数据报中都包含了完整的地址信息,因此无须建立发送方和接收方的连接。

2. 传输速度

由于 UDP 不需要先于对方建立连接,也不需要传输确认,因此其数据传输速度比 TCP 快得多。

3. 可靠性

TCP 包含了专门的传递保证机制,当数据接收方收到发送方传来的信息时,会自动向发送方发出确认消息;发送方只有在接收到该确认消息之后才继续传送其他信息,否则将一直等待知道收到确认信息为止。与 TCP 不同,UDP 并不提供数据传送的保证机制。如果在从发送方到接收方的传递过程中出现数据报的丢失,协议本身并不能做出任何检测或提示。因此,通常人们把 UDP 称为不可靠的传输协议。

4. 传输差异

使用 UDP 传输数据时是有大小限制的,每个被传输的数据报必须限定在 64KB 之内。而 TCP 没有这方面的限制,一旦连接建立起来,双方的 socket 就可以按统一的格式传输大量的数据。另外,UDP 不能确保数据的发送和接收顺序。对于突发性的数据报,有可能会乱序,但这种情况很少见。

11.2 使用 URL 访问网络资源

11.2.1 统一资源定位符 URL

用 WWW 浏览器上网浏览时,首先要知道访问站点的地址,该地址叫做 URL(Uniform Resource Locator),或统一资源定位符,它表示 Internet 上某一资源的地址。通过 URL 人们可以访问 Internet 上的各种网络资源,比如最常见的 HTTP、FILE、FTP 站点。浏览器通过解析给定的 URL 可以在网络上查找相应的文件或其他资源。

URL 基本格式定义如下(带方括号[]的为可选项):

协议∶//主机[∶端口]/文件/[#引用]

例如:

```
http://www.sun.com(协议名∶//主机)
http://www.oracle.com/index.html(协议名∶//主机/文件)
```

11.2.2 URL 类

1. URL 类的构造方法

为了表示 URL,java.net 中实现了类 URL。URL 类有多个构造方法,通过构造方法来初始化一个 URL 对象。

```
public URL(String spec)                    //构造方法
public URL(URL context, String spec)
public URL(String protocol, String host, String file)
public URL(String protocol, String host, int port, String file)
```

通过一个表示 URL 地址的字符串构造一个 URL 对象。例如

```
URL url1=new URL("http://www.sun.com");
```

通过基 URL 和相对 URL 构造一个 URL 对象。例如:

```
URL urlBase =new URL("http://www.oracle.com/");
URL url2 =new URL(urlBase, "index.html");
```

通过协议、主机和文件名构造一个 URL 对象。例如:

```
URL url3=new URL("http", "www.oracle.com", "index.html");
```

通过协议、主机、端口号和文件名构造一个 URL 对象。例如:

```
URL ur4=new URL("http", "www.oracle.com", 80, "index.html");
```

2. 获取 URL 对象的属性

URL 对象生成以后,其属性是不能被改变的,但人们可以通过类 URL 所提供的方法来获取这些属性:

```
public String getProtocol();          //获取此 URL 的协议名称
public String getHost();              //获取此 URL 的主机名
public int getPort();                 //获取此 URL 的端口号
public int getDefaultPort();          //获取与此 URL 关联协议的默认端口号
public String getFile();              //获取此 URL 的文件名
public String getRef();               //获取此 URL 的引用字符串
public String getQuery();             //获取此 URL 的查询信息
public String getPath();              //获取此 URL 的路径
public String getUserInfo();          //获取使用者的信息
public String getAuthority();         //获取此 URL 的权限信息
```

【例 11.1】 获取 URL 对象的属性:

```
import java.net.MalformedURLException;
import java.net.URL;
public class URLTest{
    public static void main(String args[]){
        URLTest ut=new URLTest();
        ut.show();
    }
    public void show(){
        URL urlBase=null, urlNew=null;
        try{
            urlBase=new URL("http://www.oracle.com/");
            urlNew=new URL(urlBase, "index.html");
        } catch(MalformedURLException e){
            e.printStackTrace();
        }
        System.out.println("protocol="+urlNew.getProtocol());
        System.out.println("host="+urlNew.getHost());
        System.out.println("port="+urlNew.getPort());
        System.out.println("filename="+urlNew.getFile());
        System.out.println("path="+urlNew.getPath());
        System.out.println("Authority="+urlNew.getAuthority());
    }
}
```

运行结果如图 11-1 所示。

图中 port 的输出结果为－1，说明该端口没有被明确设置。

```
protocol=http
host=www.oracle.com
port=-1
filename=/index.html
path=/index.html
Authority=www.oracle.com
```

图 11-1 获取 URL 对象的属性

3. 从 URL 中读取网络资源内容

一个 URL 对象仅仅代表一个网络资源，获取资源内容的操作需要使用流。URL 类提供 openStream()方法返回一个字节输入流对象，声明如下：

```
public final InputStream openStream() throws java.io.IOException;
```

该方法打开到此 URL 的连接并返回一个用于从改连接读入的 InputStream 对象。下面这个例子，利用 URL 类以及其提供的 openStream 方法来。

【例 11.2】 从 URL 中读取网络资源内容：

```
import java.io.BufferedReader;
import java.io.InputStreamReader;
import java.net.URL;
public class URLReader{
    public static void main(String[]args){
        URLReader ur=new URLReader();
        ur.readURL();
    }
    public void readURL()
    {
        try{
            URL myURL=new URL("http://www.baidu.com/");
            BufferedReader in= new BufferedReader (new InputStreamReader (myURL.
            openStream()));
            String inputLine;
            while((inputLine=in.readLine()) !=null)
                System.out.println(inputLine);
            in.close();
        } catch(Exception e){
            e.printStackTrace();
        }
    }
}
```

运行结果如图 11-2 所示。

```
<!doctype html><html><head><meta http-equiv="Content-Type" content="text/html;char
<body><p id="u"><a href="http://passport.baidu.com/?login&tpl=mn">登录</a></p><div i
<p id="lk"><a href="http://hi.baidu.com">空间</a><a href="http://baike.baidu.com">百
<script>var w=window,d=document,n=navigator,k=d.f.wd,a=d.getElementById("nv").getE
```

图 11-2 从 URL 中读取网络资源内容

通过 URL 的方法 openStream(),人们只能从网络上读取数据,如果人们同时还想输出数据,例如向服务器端的 CGI 程序发送一些数据,就必须先与 URL 建立连接,然后才能对其进行读写,这时就要用到下面要讲到的类 URLConnection。

11.2.3　URLConnection 类

URLConnection 是封装访问远程网络资源一般方法的类,也在包 java.net 中定义,通过它可以建立与远程服务器的连接,检查远程资源的一些属性。

1. URLConnection 类的构造方法

```
protected URLConnection(URL url);                  //构造一个到指定 URL 的 URL 连接
```

也可以使用 URL 对象的 openConnection()方法获得对应的 URLConnection 对象。

```
public URLConnection openConnection() throws java.io.IOException;
```

2. URLConnection 类常用方法
数据操作方法:

```
public void connect();                  //建立一个实际的连接
public InputStream getInputStream();    //得到连接的输入数据流
public OutputStream getOutputStream();  //得到连接的输入数据流
```

属性操作方法:

```
public URL getURL();                    //返回当前连接的 URL 对象
public int getContentLength();          //返回资源文件的长度
public String getContentType();         //返回资源文件的类型
public String getContentEncoding();     //返回资源文件内容的编码
public long getDate();                  //返回资源文件的发送日期
public long getLastModified();          //返回资源文件的上次修改日期
```

3. 使用 URLConnection 读取网络资源文件
【例 11.3】　使用 URLConnection 读取网络资源文件。

```
import java.io.BufferedReader;
import java.io.IOException;
import java.io.InputStreamReader;
import java.net.MalformedURLException;
import java.net.URL;
import java.net.URLConnection;
import java.util.Date;
public class URLConnectionTest{
    public static void main(String[]args){
        URLConnectionTest test=new URLConnectionTest();
        test.readByURLConnection();
    }
    public void readByURLConnection(){
```

```java
try{
    //创建一 URL 对象
    URL url=new URL("http://www.baidu.com/");
    //由 URL 对象获取 URLConnection 对象
    URLConnection conn=url.openConnection();
    BufferedReader br=new BufferedReader(new InputStreamReader(conn
        .getInputStream()));
    System.out.println("contentLength="+conn.getContentLength());
    System.out.println("contentType="+conn.getContentType());
    System.out.println("contentEncoding="+conn.getContentEncoding());
    System.out.println("Date="+new Date(conn.getDate()));
    System.out.println("LastModified="
        +new Date(conn.getLastModified()));
    String line=br.readLine();                          //从服务器读入一行
    while(line !=null){
        System.out.println(line);
        line=br.readLine();
    }
} catch(MalformedURLException e){
    //TODO Auto-generated catch block
    e.printStackTrace();
} catch(IOException e){
    //TODO Auto-generated catch block
    e.printStackTrace();
}
}
}
```

运行结果如图 11-3 所示。

图 11-3 中 contentEncoding 的值为 null，说明该文件的编码未知。

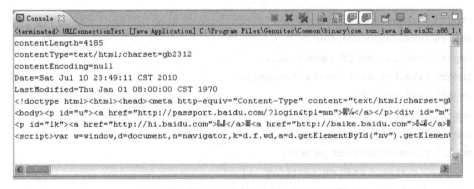

图 11-3　使用 URLConnection 读取网络资源文件

11.3 Socket 通信

在第 11.1.3 节曾简单介绍过 TCP,知道 TCP 工作在传输层的一个可靠的面向连接的协议,可以将数据按序、正确地从某个主机中的一个进程传递到另一台主机的一个进程。人们知道,服务器上运行的网络应用程序可能不只一个,客户端是如何指定服务器提供的服务的?

为了解决这个问题,服务器为每一种网络服务约定一个端口,不同的端口提供不同的服务;客户端通过端口指定需要的服务。例如,约定端口 80 提供 Web 服务,客户端在浏览器地址栏中输入的 URL 地址中默认端口号就是 80。

一个端口提供一种网络服务,实际指定的是运行提供该服务的网络应用程序的一个进程。但是,如果同一台主机在同一时刻运行相同的应用程序的两个以上进程,那么该应用程序的端口号将无法进一步确定具体是哪个进程提供网络服务。

全双工和点对点的 TCP 连接提供可靠的字节流服务。TCP 很好地解决了这个问题。TCP 在一个不可靠的互联网络中为应用程序提供可靠的端点间的字节流服务。所有 TCP 连接都是全双工和点对点的。全双工是指数据可在连接的两个方向上同时传输,点对点意味着每条 TCP 连接只有两个端点,因而 TCP 不支持广播和组播的功能,TCP 连接中传输的是字节流。

一条"TCP 连接"连接的两端是 Internet 上分别在两台主机中运行的两个进程,一个是发送进程,一个是接收进程,每个进程需要用一个 IP 地址加一个端口号唯一确定。所以,一条 TCP 连接包含一个源端口号和一个宿端口号,分别用来识别发送进程和接收进程。一个端口号和它所在的主机的 IP 地址构成一个 48 位的套接字 Socket,用来确定一个通信的端点,一对套接口就可以在互联网络中唯一标识一条 TCP 连接。

11.3.1 套接字

所谓 Socket 通常也称做套接字,用于描述 IP 地址和端口。应用程序通常通过"套接字"向网络发出请求或者应答网络请求。

Socket 的英文原义是"孔"或"插座",是支持 TCP/IP 网络通信的基本操作单元。可以将套接字看作不同主机间的进程进行双向通信的端点,在一个双方可以通信的套接字实例中,既保存了本机的 IP 地址和端口,也保存了对方的 IP 地址和端口,同时也保存了双方通信采用的协议等信息。

网络上的两个程序通过一个双向的通信连接实现数据,这个双向链路的一端成为一个 Socket。Socket 通常用来实现客户端和服务器端的连接。Socket 是 TCP/IP 协议的一个十分流行的编程界面,一个 Socket 有一个 IP 地址和一个端口号唯一确定。

11.3.2 Socket 通信

Socket 通信方式如下:Socket 作为 TCP/IP 网络通信的基本操作单元。在使用套接字通信过程中主动发起通信的一方被称为客户端,接受请求进行通信的一方成为服务器端。在 Java 应用程序中将 Socket 类和 ServerSocket 类分别用于客户端和服务器端,在任意两台机器之间建立连接。Java. net 包中提供的 Socket 类实现了客户端的通信功能，ServerSocket 类实现了服务器端的通信功能。当客户端和服务器端连通后，它们之间就建立了一种双向通信模式。

1. 服务器端创建 ServerSocket 对象

相关构造函数及方法：

```
public ServerSocket(int port) throws IOException;                    //构造方法,指定端口号
public ServerSocket(int port, int backlog) throws IOException
                                              //指定端口和请求连接队列的最大长度
public Socket accept() throws IOException;
  //等待接受客户端的连接请求,连接成功后返回一个已连接的 Socket 对象
public int getLocalPort();                              //返回正在监听的端口号
public void close() throws IOException;                 //停止等候客户端的连接请求
```

其中，构造方法参数 port 指定端口号，backlog 指定请求队列中请求的最大数。为了监听可能的客户机请求，ServerSocket 提供了一个 accept()方法，该方法等待接受客户端的连接请求，等待期间当前进程处于阻塞状态，直到捕捉到一个来自客户端的连接请求，并返回一个 Socket 对象，通过该 Socket 对象与客户端的 Socket 对象实现实时数据通信。

2. 客户端创建 Socket 对象

Java 中提供了 Socket 类来创建对象，建立套接字。客户端创建 Socket 对象和创建其他类的对象没有什么不同，也是利用该类构造方法来创建。而后可以使用该类的一些方法对数据进行读写。

（1）相关构造函数及方法：

```
public Socket(String host,int port) throws UnknownHostException,IOException
                                    //构造方法,指定主机名和端口号
public int getPort();                    //返回 Socket 连接到的远程端口号
public int getLocalPort();               //返回 Socket 绑定到的本地端口号
public InputStream getInputStream() throws IOException;
                                    //返回 TCP 连接提供的从 Socket 读取字节的输入流
public OutputStream getOutputStream() throws IOException;
                                    //返回 TCP 连接提供的向 Socket 写入字节的输出流
```

值得注意的是，构造方法在创建 Socket 对象时就会向指定主机的端口发出 TCP 连接请求。

（2）数据输入输出方式。Socket 类并没有定义数据的输入和输出方法。在使用 Socket 对象时，必须使用 getInputStream()方法获得输入流，然后用这个输入流读取服务器端发送的信息。另外，还可以使用 getOutputStream()方法获得输出流，然后将信息写入到这个输出流，发送给服务器端。

在实际编程中，经常将 getInputStream()方法获得的输入流连接到另一个数据流上，比如 DataInputStream 上，因为该流有更方便的方法处理信息。同样，getOutputStream()方法获得的输出流也会连接到 DataOutputStream 上。

3. Socket 工作过程

Socket 工作过程如图 11-4 所示。

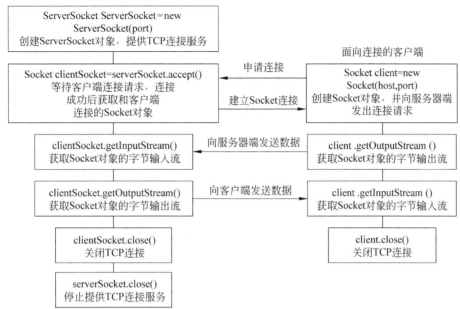

图 11-4 Socket 工作过程

Socket 工作过程基本步骤如下。

（1）服务器端创建 ServerSocket 对象，在指定端口提供 TCP 连接服务。

（2）ServerSocket 对象阻塞式地接收客户端的连接请求。

（3）客户端创建 Socket 对象，指定要连接的服务器的主机名和端口号，向服务器端发送连接请求。

（4）服务器端接收到客户端的连接请求后，建立一条 TCP 连接，然后创建 Socket 对象与客户端进行通信。

（5）服务器端和客户端分别打开 Socket 对象的输入输出流。

（6）服务器端和客户端利用 Socket 对象的输入输出流进行通信，使用输入流读取对方发送的数据，使用输出流想对方发送数据。

（7）通信结束后，服务器端和客户端分别关闭 Socket 连接。

（8）服务器端停止提供 TCP 连接服务。

下例实现了简单的服务器端与客户端 Socket 通信。

【例 11.4】 一个简单的客户/服务器结构的 Socket 通信程序。

服务器端程序：

```java
import java.io.*;
import java.net.*;
public class Server{
    public static final int PORT=5678;
    public static void main(String[]args){
        Server serv=new Server();
        serv.run();
```

```java
        }
    public void run(){
        try{
            //创建 ServerSocket 对象,监听本机的 PORT 端口
            ServerSocket serverSocket=new ServerSocket(PORT);
            //创建 socket 套接字,处理客户端连接请求
            Socket client=serverSocket.accept();
            //创建缓冲区对象,用于读取客户端发送的信息
            BufferedReader cin=new BufferedReader(new InputStreamReader(
                    client.getInputStream()));
            //创建缓冲区对象,用于向客户端发送信息
            PrintWriter cout=new PrintWriter(client.getOutputStream());
            //创建缓冲区对象,用于接受控制台输入
            BufferedReader in=new BufferedReader(new InputStreamReader(
                    System.in));
            String message=null, answer=null;
            //从客户端读取一行信息
            message=cin.readLine();
            //向客户端发送信息
            while(!"bye".equals(message)){
                System.out.println("Client say: "+message);
                answer=in.readLine();
                cout.println(answer);
                cout.flush();
                message=cin.readLine();
            }
            System.out.println("Client say: bye");
            cin.close();
            cout.close();
            client.close();
            serverSocket.close();
        } catch(Exception e){
            System.out.print("服务器端出错,信息如下:\n"+e.getMessage());
        }
    }
}
```

客户端程序:

```java
import java.io.*;
import java.net.*;
public class Client{
    public static final int PORT=5678;
    public static void main(String[]args){
        Client c=new Client();
        c.run();
```

```
    }
    public void run()
    {
        try{
            //创建 socket 套接字,连接本机的 PORT 端口
            Socket socket=new Socket("127.0.0.1", PORT);
            //创建缓冲区对象,用于读取服务器发送的信息
            BufferedReader sin=new BufferedReader(new InputStreamReader(
                    socket.getInputStream()));
            //创建缓冲区对象,用于向服务器发送信息
            PrintWriter sout=new PrintWriter(socket.getOutputStream());
            //创建缓冲区对象,用于接受控制台输入
            BufferedReader in=new BufferedReader(new InputStreamReader(
                    System.in));
            //从控制台读取一行信息
            String message=in.readLine();
            //向服务器发送请求
            while(message !=null && !"bye".equals(message)){
                sout.println(message);
                sout.flush();
                System.out.println("Server answer: "+sin.readLine());
                message=in.readLine();
            }
            sin.close();
            sout.close();
            socket.close();
        } catch(Exception e){
            System.out.print("客户端出错,信息如下: \n"+e.getMessage());
        }
    }
}
```

运行结果如图 11-5 和图 11-6 所示。

图 11-5　服务器端运行结果

程序说明分析:服务器端监听本机的 5678 端口,开始为 TCP 连接提供服务。客户端向本机的 5678 端口发送连接申请,服务器端使用方法 accept 接收到客户端的连接请求

后,创建一个 TCP 连接并返回一个 Socket 对象用于和客户端通信。服务器端和客户端分别使用 Socket 对象的输出流向对方发送数据,使用 Socket 对象的输入流读取对方发送的信息。

图 11-6 客户端运行结果

11.4 UDP 数据报

1. UDP 简介

UDP(User Datagram Protocol,用户数据报协议)是简单的、面向数据报的无连接协议,提供了快速但不一定可靠的传输服务。与 TCP 一样,UDP 也是构建于 IP 之上的传输层协议。所谓"无连接"是在正式通信前不必与对方先建立连接,不管对方状态如何都直接发送过去。这与发手机短信非常相似,只要输入对方的手机号码就可以了,不用考虑对方手机处于什么状态。

前面在介绍 TCP/IP 协议的时候,人们已经提到,在 TCP/IP 协议的传输层除了 TCP 协议之外还有一个 UDP 协议,相比而言 UDP 的应用不如 TCP 广泛,几个标准的应用层协议 HTTP,FTP,SMTP 等使用的都是 TCP 协议。那么,为什么要使用 UDP 呢?

2. UDP 的优势

在本章第 11.1 节中介绍了 TCP 和 UDP 的区别,提到了 UDP 的一些特点:属于无连接协议,处理速度快,还有一个特点资源消耗小。基于 UDP 的这些特性,通常音频、视频和普通数据在传送时使用 UDP 较多,因为它们即使偶尔丢失一两个数据包,也不会对接收结果产生太大影响。

随着计算机网络的发展,UDP 协议正越来越显示出其威力,尤其是在需要很强的实时交互性的场合,如网络游戏,视频会议等,UDP 更是显示出极强的威力,下面人们就介绍一下 Java 环境下如何实现 UDP 网络传输。

11.4.1 数据报

数据报(Datagram)是通过网络传输的数据的基本单元,包含一个报头(header)和数据本身,其中报头描述了数据的目的地以及和其他数据之间的关系。

数据报操作方式:在数据报操作方式中,每个数据报自身携带有足够的信息,它的传送是被单独处理的。整个数据报传送过程中,不需要建立虚电路,网络结点为每个数据报作路由选择,各数据报不能保证按顺序到达目的结点,有些还可能会丢失。

11.4.2 UDP 通信

实现 UDP 协议的两个类：Java 通过两个类实现 UDP 协议顶层的数据包：DatagramPacket 类和 DatagramSocket 类。DatagramPacket 类表示一个数据报，用来读取数据信息，其对象是数据容器；DatagramSocket 类用来在程序间建立传递数据报的通信连接，实现数据报的发送和接收过程，DatagramSocket 是用来发送和接收 DatagramPacket 的机制。

1. DatagramPacket 类

DatagramPacket 类的构造方法：

```
DatagramPacket(byte buf[], int length);
DatagramPacket(byte buf[], int length, InetAddress addr, int port);
DatagramPacket(byte[]buf, int offset, int length);
DatagramPacket(byte[]buf, int offset, int length, InetAddress address, int port);
```

其中，buf 中存放数据报数据，length 为数据报中数据的长度，addr 和 port 指明目的地址和端口，offset 指明了数据报的位移量。4 个构造方法中，第 1 个和第 3 个在接收数据报时使用，第 2 个和第 4 个在发送数据报时使用。

DatagramPacket 类还有一些比较常用的方法：

```
public byte[]getData();              //获取存放在数据报中的数据
public int getLength();              //获取数据的长度
public InetAddress getAddress();     //获取数据报中的 IP 地址
public int getPort();                //获取数据报中的端口号
public void setData(byte[]buf);      //设置数据报中的内容为 buf 所存储的内容
2 DatagramSocket 类
DatagramSocket 类的构造方法：
DatagramSocket();                    //构造数据报套接字并将其绑定到本地主机上任何可用的端口
DatagramSocket(int prot);
DatagramSocket(int port, InetAddress laddr);
```

其中，port 指明 socket 所使用的端口号，如果未指明端口号，则把 socket 连接到本地主机上一个可用的端口。laddr 指明一个可用的本地地址。给出端口号时要保证不发生端口冲突，否则会生成 SocketException 类例外。注意：上述的两个构造方法都声明抛弃非运行时异常 SocketException，程序中必须进行处理，或者捕获、或者声明抛弃。

DatagramSocket 类较常用的成员方法：

```
public int getPort();                      //返回此套接字的端口
public void sent(DatagramPacket p);        //发送数据报
public void receive(DatagramPacket p);     //接收数据报
```

【例 11.5】 基于 UDP 的聊天程序。

```
import java.awt.*;
import java.awt.event.*;
import java.io.*;
```

```java
import java.net.*;
import javax.swing.*;
import javax.swing.JTextArea;
import javax.swing.border.LineBorder;
public class UDPChat extends JFrame implements Runnable,ActionListener{
    private JLabel lblSendPort,lblReceivePort;
    private JTextField textSendPort,textReceivePort;         //发送、接收端口文本行
    private JTextArea textSendMessage,textShowMessage;       //发送、接收消息文本域
    private JButton btnListen,btnSend;                       //监听和发送按钮
    private Thread myThread=null;
    private DatagramPacket sendPacket,receivePacket;         //数据报对象
    private DatagramSocket sendSocket,receiveSocket;         //发送和接收数据报的套接字对象
    private InetAddress sendIP;                              //目的地址
    private int sendPort,receivePort;                        //存储发送端口和接收端口
    private byte inBuf[], outBuf[];                          //接收和发送数据使用的缓冲区
    public static final int BUFSIZE=1024;
    public UDPChat(){
        super();
        getContentPane().setLayout(null);
        setTitle("基于 UDP 的聊天程序");
        setBounds(100, 100, 500, 375);
        setDefaultCloseOperation(JFrame.EXIT_ON_CLOSE);
        lblSendPort=new JLabel();
        lblSendPort.setName("lblSendPort");
        lblSendPort.setText("发送端口：");
        lblSendPort.setBounds(24, 29, 60, 15);
        getContentPane().add(lblSendPort);
        lblReceivePort=new JLabel();
        lblReceivePort.setName("lblReceivePort");
        lblReceivePort.setText("接收端口：");
        lblReceivePort.setBounds(24, 62, 60, 15);
        getContentPane().add(lblReceivePort);
        textSendPort=new JTextField();
        textSendPort.setName("textSendPort");
        textSendPort.setBounds(90, 26, 90, 21);
        getContentPane().add(textSendPort);
        textReceivePort=new JTextField();
        textReceivePort.setName("textReceivePort");
        textReceivePort.setBounds(90, 59, 90, 21);
        getContentPane().add(textReceivePort);
        btnListen=new JButton();
        btnListen.addActionListener(this);
        btnListen.setName("btnListen");
        btnListen.setText("开始监听");
```

```java
        btnListen.setBounds(24, 95, 156, 46);
        getContentPane().add(btnListen);
        textShowMessage=new JTextArea();
        textShowMessage.setRows(80);
        textShowMessage.setColumns(40);
        textShowMessage.setName("textShowMessage");
        textShowMessage.setBorder(new LineBorder(Color.black, 1, false));
        textShowMessage.setBounds(206, 10, 276, 321);
        getContentPane().add(textShowMessage);
        btnSend=new JButton();
        btnSend.addActionListener(this);
        btnSend.setName("btnSend");
        btnSend.setText("发送");
        btnSend.setBounds(24, 296, 156, 35);
        getContentPane().add(btnSend);
        textSendMessage=new JTextArea();
        textSendMessage.setBorder(new LineBorder(Color.black, 1, false));
        textSendMessage.setRows(40);
        textSendMessage.setColumns(20);
        textSendMessage.setName("textSendMessage");
        textSendMessage.setBounds(24, 147, 156, 143);
        getContentPane().add(textSendMessage);
        btnSend.setEnabled(false);
        textShowMessage.setEditable(false);
        textSendMessage.setEditable(false);
    }
    public void actionPerformed(ActionEvent e){
        try{
            if(e.getSource()==btnListen){                    //按下监听按钮
                if(textSendPort.getText().trim()==null||textReceivePort.getText().
                trim()==null){
                    return;
                }
                inBuf=new byte[BUFSIZE];
                sendPort=Integer.parseInt(textSendPort.getText().trim());
                sendIP=InetAddress.getByName("localhost");
                sendSocket=new DatagramSocket();
                receivePort=Integer.parseInt(textReceivePort.getText());
                receivePacket=new DatagramPacket(inBuf,BUFSIZE);     //创建接收数据报
                receiveSocket=new DatagramSocket(receivePort);        //指定接收数据的端口
                myThread=new Thread(this);                    //创建线程准备接收对方的消息
                myThread.setPriority(myThread.MIN_PRIORITY);
                myThread.start();
                btnListen.setEnabled(false);
```

```
                    btnSend.setEnabled(true);
                    textSendMessage.setEditable(true);
                }else{                                          //按下发送按钮
                    outBuf=textSendMessage.getText().getBytes();
                    //打包要发送的数据报
                    sendPacket=new DatagramPacket(outBuf,outBuf.length,sendIP,sendPort);
                    sendSocket.send(sendPacket);                //发送数据
                    textShowMessage.append("我说："+textSendMessage.getText()+"\n");
                    textSendMessage.setText(null);
                }
            }catch(UnknownHostException ee){
                textShowMessage.append("无法连接到指定地址\n");
            }catch(SocketException ee){
                textShowMessage.append("无法打开指定端口\n");
            }catch(IOException ee){
                textShowMessage.append("发送数据失败\n");
            }
        }
        //在线程中接收数据
        public void run(){
            String message=null;
            while(true){
                try{
                    receiveSocket.receive(receivePacket);
                    message=new String(receivePacket.getData(),0,receivePacket.getLength());
                    textShowMessage.append(sendIP.getHostAddress()+"说："+message+"\n");
                }catch(IOException el){
                    textShowMessage.append("接收数据出错\n");
                }
            }
        }
        public static void main(String args[]){
            try{
                UDPChat frame=new UDPChat();
                frame.setVisible(true);
            } catch(Exception e){
                e.printStackTrace();
            }
        }
    }
```

运行结果如图 11-7 和图 11-8 所示。

程序中将本机作为默认主机，由于是在同一台计算机上聊天，所以发送方和接收方都会显示对方的 IP 地址为本机默认地址，即 127.0.0.1。

图 11-7 基于 UDP 的聊天程序——程序一端

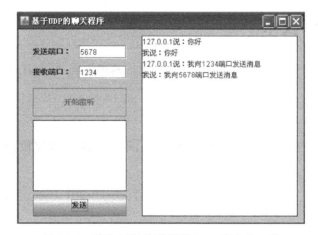

图 11-8 基于 UDP 的聊天程序——程序另一端

第 12 章　数据库应用

目前,Java 已经从一种单纯的编程语言转变成一种企业级的计算平台,其核心就是Java EE,它可以用于开发企业级业务应用系统。这些系统绝大多数都需要使用数据库管理系统来存储、管理企业的业务数据。

JDBC 是 Sun 提供的一套数据库编程接口 API 函数,由 Java 语言编写的类、接口组成。用 JDBC 写的程序能够自动地将 SQL 语句传送给相应的数据库管理系统。JDBC 具有良好的跨平台性,进行数据库开发时不必特别关注连接的是哪个厂商的数据库系统,大大提高了开发的方便性与应用程序的可维护性、可扩展性。

12.1　数据库技术

本节简要介绍 Java 中 JDBC 数据库编程方面的基础知识,即 SQL 语言。

1. 建立表

CREATE TABLE tablename(列定义)

例如,定义一个表 student,该表有学号,姓名,年龄,邮箱 4 个字段,其中学号为主键,对应的 SQL 语句如下:

CREATE TABLE student(sno varchar(10) primary key, name varchar(20), age int, email varchar(50)).

2. 查询语句

简单的查询只包括选择列表,FROM 子句和 WHERE 子句。它们分别说明所查询列、查询的表或视图以及搜索条件等。例如,下面的语句查询 student 表中姓名为"张三"的 age字段和 email 字段。

SELECT age,email FROM student WHERE name='张三'

3. 修改语句

update 数据表 set 字段名=字段值 where 条件表达式
update 数据表 set 字段 1=值 1,字段 2=值 2…字段 n=值 n where 条件表达式
update 数据表 set 字段 1=值 1,字段 2=值 2…字段 n=值 n

没有条件则更新整个数据表中的指定字段值。

例如,下面的语句更新 student 表中姓名为"张三"的 age 字段,把年龄改为 20。

UPDATE student SET age=20 WHERE name='张三'

4. 删除语句

delete from 数据表 where 条件表达式

```
delete from 数据表
```

没有条件将删除数据表中所有记录。

例如,下面的语句删除 student 表中姓名为"张三"的信息。

```
DELETE FROM student WHERE name='张三'
```

5. 插入语句

```
Insert into 数据表(字段名列表)values(值列表)
```

例如,往 student 表中插入一个学号为 001,名字为李四,年龄为 21 的记录,SQL 语句如下:

```
Insert into student(sno, name, age)values('001', '李四', 21).
```

12.2 初识 JDBC 程序

12.2.1 建立 student 表

这个实例使用 Mysql 数据库,需要在 student 数据库中创建一个表名为 student 的表。这个表主要用来保存学生的个人信息,其结构如表 12-1 所示。

表 12-1 student 表的结构

字 段 名	描 述	字 段 名	描 述
Id	学生编号	Age	学生年龄
Name	学生姓名		

student 表中的 Id、Name、Age 字段为必填的非空字段,Id 为 student 表的主键,建表的 SQL 语句如下:

```
CREATE TABLE 'student'.'student'(
    'Id' INT NOT NULL AUTO_INCREMENT PRIMARY KEY ,
    'Name' VARCHAR(20)NOT NULL,
    'Age' INT NOT NULL
) ENGINE=MYISAM
```

然后再在数据库里插入两条记录:

```
INSERT INTO 'student'.'student'('Id' , 'Name','Age')
VALUES(NULL , 'James', '18'),(NULL , 'vv', '18');
```

12.2.2 新建 first_v1.0 项目

【例 12.1】 初识 Java 数据库应用程序。

启动 Eclipse 后新建一个 Java 项目,名为 first_v1.0。

在 first 项目中新建一个 Java 类,名为 StudentTest,包名为 test。为了方便,该类的属性名均与数据库 student 表中字段名相同。实现通过 Java 的 API,从 student 表中读取一条记录并显示在控制台。StudentTest.java 的内容如下:

```java
import java.sql.ResultSet;
import java.sql.Statement;
import java.sql.Connection;
import java.sql.DriverManager;
import java.sql.SQLException;

public class StudentTest{

    public static void main(String[]args){
        String driverName="com.mysql.jdbc.Driver";                //驱动名
        String url="jdbc:mysql://localhost:3306/student";         //连接数据库的路径
        String userName="root";                                   //用户名
        String password="123456";                                 //密码
        try{
            Class.forName(driverName);                            //加载驱动
            Connection con=DriverManager.getConnection(url, userName,
                    password);                                    //获得连接
            Statement stmt=con.createStatement();                 //获得 Statement 对象
            String sql="SELECT * FROM student";
            ResultSet rs=stmt.executeQuery(sql);                  //执行查询语句
            while(rs.next()){
                System.out.print("学号:"+rs.getInt("Id"));
                System.out.print(",姓名: "+rs.getString("Name"));
                System.out.print(",年龄: "+rs.getInt("Age"));
                System.out.println();
            }
            con.close();                                          //关闭连接
        } catch(ClassNotFoundException e){
            //TODO Auto-generated catch block
            e.printStackTrace();
        } catch(SQLException e){
            //TODO Auto-generated catch block
            e.printStackTrace();
        }
    }
}
```

运行结果如图 12-1 所示。

图 12-1 从 student 表中读取一条记录并显示在控制台

12.3 创建数据库应用程序

上一节的例子只是告诉读者用这几条语句可以使 Java 程序跟数据库交互,本节详细介绍数据库应用程序的创建。

12.3.1 数据库驱动

JDBC 的管理类:DriverManager 类是 JDBC 的管理层,作用于用户和驱动程序之间。它跟踪可用的驱动程序,并在数据库和相应驱动程序之间建立连接。另外,DriverManager 类也处理诸如驱动程序登录时间限制及登录和跟踪消息的显示等事务。

显式加载驱动程序类:对于简单的应用程序,一般程序员需要在此类中直接使用的唯一方法是 DriverManager. getConnection。正如名称所示,该方法将建立与数据库的连接。JDBC 允许用户调用 DriverManager 的方法 getDriver、getDrivers 和 registerDriver 及 Driver 的方法 connect。但多数情况下,让 DriverManager 类管理建立连接的细节为上策。通过调用方法 Class. forName 显式地加载驱动程序类。由于与外部设置无关,因此推荐使用这种加载驱动程序的方法。通过这种方法登录数据库驱动程序会抛出 ClassNotFoundException 的异常,这个异常的含义就是没有找到配置的驱动程序类,所以在使用的时候应该捕获并处理这个异常,代码如下所示:

```
try{
    Class.forName(…);
}catch(ClassNotFoundException e){
    …
}
```

下面列举一些常用数据库的驱动名称:

```
DB2         Class.forName("Com.ibm.db2.jdbc.app.DB2Driver");
DB2         Class.forName("Com.ibm.db2.jdbc.net.DB2Driver");
MS SQLserver Class.forName("Com.microsoft.jdbc.sqlServer.SQLServerDriver);
Oracle      Class.forName("oracl.jdbc.driver.OracleDriver");
Mysql       Class.forName("com.mysql.jdbc.Driver");
```

这些驱动程序是数据库厂商开发并提供的。需要特别注意的是,Java 安装以后仅自带了 JDBC-ODBC 连接桥的驱动程序,其他类型的数据库在加载驱动类之前要首先从 Internet 上下载或从数据库的安装目录中寻找驱动程序对应的 jar 包,并将 jar 包文件所在的路径添加到 classpath 环境变量中。

下面将分别介绍如何获得 MySQL 与 Oracle 数据库的驱动程序 jar 包。

1. MySQL 数据库

对于 MySQL 数据库来说,在使用 JDBC 连接前需要先从 Internet 上下载对应的驱动程序 jar 包文件,如 mysql. connector-java-3. 1. 7-bin. jar 文件。下载此驱动程序可以去 MySQL 的官方网站 http://www. Mysql. com。

2. Oracle 数据库

使用 JDBC 连接 Oracle 数据库之前,先需要找到驱动程序的 jar 包,并将 jar 文件路径添加到 Classpath 环境变量中。Oracle 的驱动 jar 包不用去下载,在安装了 Oracle 之后在安装目录中可以找到,下面给出了 Oracle 的驱动 jar 包所在的目录路径:

```
<Oracle 的安装路径>\product\10.2.0\db-1\jdbc\lib\classesl2.jar
```

上面给出的路径是以 Oraclelog 为例的,其他版本 Oracle 对应的 JDBC 驱动 jar 包也可以在安装目录下找到,只是相对路径稍有不同。

12.3.2 URL

指定源数据库及参数:要连接一个数据库,必须要指定源数据库,有时也需要指定相应的参数。例如:网络协议驱动程序需要指定端口、ODBC 驱动程序等。

JDBC 常规的 URL 句法是:

```
jdbc:subprotocal name:datasource
```

本例中的 URL 是 jdbc:mysql://localhost:3306/student,其中 3306 是 mysql 的端口号,student 是数据库名称。

经常使用的一些 JDBC URL

```
JDBC-ODBC: jdbc:odbc:<DB>
Oracle: jdbc:oracle:thin:@<SID>
DB2: jdbc:db2:MyTest or jdbc.db2://localhost:6789/MyTest(需要用户名和密码)
```

配置 JDBC-ODBC 连接数据源:在这里需要特别指出的是 JDBC-ODBC 连接,需要自己配置数据源,下面以 MS SQLserver 为例简述一下数据源的配置。

(1)打开控制面板,找到 ODBC 选项,如图 12-2 所示。

(2)单击 ODBC 进入数据域配置,如图 12-3 所示。

(3)选择 Add(添加)创建新的数据源找到 SQL Server 选项单击 Finish(完成)按钮,如图 12-4 所示。

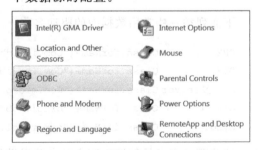

图 12-2

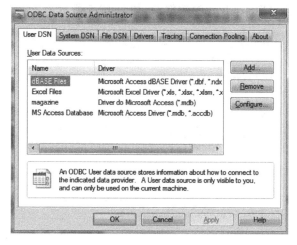

图　12-3

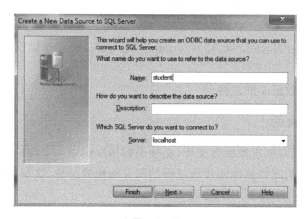

图　12-4

（4）给数据源命名为 student，服务器选择 localhost，单击 Finish（完成）按钮，如图 12-5
所示。

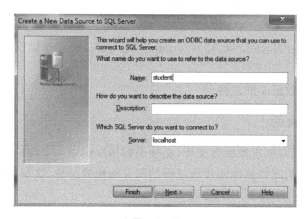

图　12-5

（5）在数据源里会出现 student 的数据源，如图 12-6 所示。

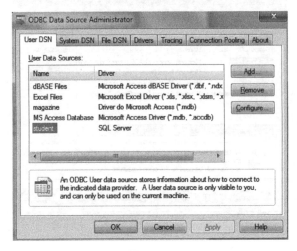

图　12-6

如果用户使用 SQL Server 按照上面介绍建立好数据源后，URL 就写为 jdbc：odbc：
student 。

12.3.3　建立连接

想要操作一个数据库，首先应该建立一个到数据库的连接。不同的数据库是由不同的
开发厂商开发的，也有不同的数据库驱动程序。Sun 公司提供支持 SQL 访问数据库的纯
Java API，通过这个 API 与数据库驱动程序通信，有数据库驱动程序连接数据库的驱动程
序管理器，实现数据库的有关操作。

Sun 公司的 API 是以接口形式实现的。所有对数据库操作的类及接口都是位于 java.
sql 包中。

成功地登录驱动程序后，可以用驱动程序管理器类的一个静态方法 getConnection
（URL，用户名，密码）方法得到一个数据库的连接：

```
Connection connect =DriverManager.getConnection
("jdbc:mysql://localhost:3306/student", "root", "123456");
```

其中 jdbc：mysql：//localhost：3306/student 是 URL，root 是默认用户名，123456 是设
定的密码。

这样就建立了到数据库的连接。

12.3.4　建立会话

数据库建立连接后，要想操纵数据库，必须跟数据库建立一个会话。所谓会话就是从建
立一个数据库连接到关闭数据库连接所进行的所有动作的总称，这与数据库会话是不同的。

本例通过如下的代码得到一个会话：

```
Statement stmt=connect.createStatement();
```

创建一个 Statement 对象来将 SQL 语句发送到数据库。没有参数的 SQL 语句通常使用 Statement 对象执行。使用返回的 Statement 对象创建的结果集在默认情况下类型为 TYPE_FORWARD_ONLY，并带有 CONCUR_READ_ONLY 并发级别。

如果需要对查询的结果特殊处理需要用户自己制定参数，比如使查询的结果可以回移可以采用下面的语句

```
Statement stmt = connect.createStatement (ResultSet.TYPE _ SCROLL _ INSENSITIVE,
ResultSet.CONCUR_READ_ONLY);
```

对数据库的操作主要是利用 statement 类里的方法，表 12-2 列举一些常用的方法：

表 12-2   Statement 的接口方法

executeQuery(sqlString)	执行给定的 SQL 声明，返回一个结果集(ResultSet)对象
executeUpdate(sqlString)	执行给定的 SQL 声明，可以是 INSERT、UPDATE 或 DELETE 声明，也可以是 SQL DDL 声明
execute(sqlString)	执行给定的 SQL 声明

通过这段代码可以知道，创建一个会话是建立在数据库连接的基础上的。在得到了一个默认的会话后，接下来就可以进行数据库的具体操作了。

12.3.5 操作数据库

如果把数据库(database)看做是一个仓库，数据库的连接(Connection)就可以假想成一条通往仓库的大道，会话(Statement)就可以看做是跑在这条大道上的一辆货车，人们对数据库的不同的操作(SQL 语句)，就是对这辆货车发出不同的指令(update、delete、query 等)，执行的结果就是从数据库中返回操作结果，这个结果就类似于从仓库拉回不同的货物。

查询操作时数据库中最基本的语句，通过如下语句可以对数据库执行一个查询，查询的结果是以结果集(ResultSet)的形式返回的。

```
ResultSet rs=stmt.executeQuery("SELECT * FROM student");
```

rs 返回了一个结果集，在结果集中可以使用访问器得到数据记录的每个字段的值。ResultSet 接口中有很多以 get 开头的方法。一般来说对于表中的不同类型的字段，在 ResultSet 中都有一个与之相对应的不同的 get 方法。例如本例中，在 student 表里姓名字段是字符型的，那就有一个 getString()方法，年龄是整型的，与之对应的就是 getInt()方法。

在 ResulSet 中有一个很重要的方法，如表 12-3 所示。next()会从当前的记录移动到下一个记录并返回一个 boolean 型的值，如果指针到达了结尾，就返回 false。所以可以利用 while 循环来遍历所有的记录，并得到所有的字段的值。

```
while(rs.next()){
        st.setId(rs.getInt("Id"));
        st.setName(rs.getString("Name"));
        st.setAge(rs.getInt("Age"));
        System.out.println(st);
}
```

表 12-3　ResultSet 的方法

boolean first()	将指针移动到此 ResultSet 对象的第一行
boolean isAfterLast()	检索指针是否位于此 ResultSet 对象的最后一行之后
boolean isBeforeFirst()	检索指针是否位于此 ResultSet 对象的第一行之前
boolean isFirst()	检索指针是否位于此 ResultSet 对象的第一行
boolean isLast()	检索指针是否位于此 ResultSet 对象的最后一行
boolean last()	将指针移动到此 ResultSet 对象的最后一行
String getString(int columnIndex)	以 Java 编程语言中 String 的形式检索此 ResultSet 对象的当前行中指定列的值
String getString(String columnName)	以 Java 编程语言中 String 的形式检索此 ResultSet 对象的当前行中指定列的值
Time getTime(int columnIndex)	以 Java 编程语言中 java.sql.Time 对象的形式检索此 ResultSet 对象的当前行中指定列的值
Time getTime(String columnName)	以 Java 编程语言中 java.sql.Time 对象的形式检索此 ResultSet 对象的当前行中指定列的值
int getInt(int columnIndex)	以 Java 编程语言中 int 的形式检索此 ResultSet 对象的当前行中指定列的值
int getInt(String columnName)	以 Java 编程语言中 int 的形式检索此 ResultSet 对象的当前行中指定列的值

12.4　JDBC 综合应用举例

JDBC 仅仅是应用程序连接数据库的一个工具,工程上把这些操作都封装到特定的类中,方便程序调用。

【例 12.2】　将数据库应用中的不同逻辑封装到不同的类。

新建一个项目名为 first_v2.0,结构目录如图 12-7 所示。

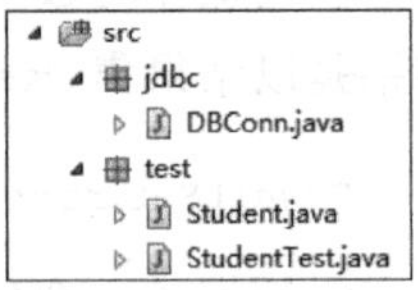

其中 Student.java 类文件内容为:

```java
public class Student{
    private int id;
    private String name;
    private int age;
    public int getId(){
        return id;
    }
    public void setId(int id){
        this.id=id;
    }
    public String getName(){
        return name;
    }
}
```

图 12-7　结构目录

```java
    public void setName(String name){
        this.name=name;
    }
    public int getAge(){
        return age;
    }
    public void setAge(int age){
        this.age=age;
    }
    public String toString(){
        return "学生信息:\n 编号:"+id+",姓名:"+name+",年龄:"+age;
    }
}
```

对数据库的操作完全封装到 DBConn.java 里。

DBConn.java 文件的内容如下:

```java
import java.sql.Connection;
import java.sql.DriverManager;
import java.sql.ResultSet;
import java.sql.SQLException;
import java.sql.Statement;
public class DBConn{
    String driverName="com.mysql.jdbc.Driver";              //驱动名
    String url="jdbc:mysql://localhost:3306/student";       //连接数据库的路径
    String userName="root";                                 //用户名
    String password="123456";                               //密码
    Connection con=null;
    Statement stmt=null;
    ResultSet rs=null;
    public DBConn(){
        try{
            Class.forName(driverName);
            con=DriverManager.getConnection(url, userName, password);
            stmt=con.createStatement();
        } catch(ClassNotFoundException e){
            e.printStackTrace();
        } catch(SQLException e){
            e.printStackTrace();
        }
    }
    publicResultSet executeQuery(String sql){
        try{
            rs=stmt.executeQuery(sql);
        } catch(SQLException e){
            System.err.println("发生异常: "+e.getMessage());
            System.err.println("异常 SQL 语句: "+sql);
```

```
        }
        return rs;
    }
    public int executeUpdate(String sql){
        int rowCount=0;
        try{
            rowCount=stmt.executeUpdate(sql);
        } catch(SQLException e){
            System.err.println("发生异常: "+e.getMessage());
            System.err.println("异常 SQL 语句: "+sql);
        }
        return rowCount;
    }
    public void close()
    {
        try{
            con.close();
            con=null;
        } catch(SQLException e){
            e.printStackTrace();
        }
    }
}
```

封装好 DBConn 类后下面列举几个数据库操作的用法。

1. 向数据库里插入一条 Name 为 Tom，Age 为 19 的信息

```
import jdbc.DBConn;
public class StudentTest{
    public static void main(String[]args){
        DBConn db=new DBConn();
        String sql="INSERT INTO student(Name,Age) values('Tom',19)";
        db.executeUpdate(sql);
        db.close();
    }
}
```

运行后数据库内容为：

Id	Name	Age
1	James	18
2	vv	18
3	Jack	21
4	Tom	19

2. 删除一条名为 Jack 的记录

```
import jdbc.DBConn;
public class StudentTest{
```

```java
    public static void main(String[]args){
        DBConn db=new DBConn();
        String sql="DELETE FROM student WHERE Name='Jack'";
        db.executeUpdate(sql);
    db.close();
}
}
```

运行后数据库内容变为：

Id	Name	Age
1	James	18
2	vv	18
4	Tom	19

3. 把数据库信息读取出来并显示在控制台上

```java
import java.sql.ResultSet;
import java.sql.SQLException;
import jdbc.DBConn;
public class StudentTest{
    public static void main(String[]args){
        DBConn db=new DBConn();
        Student stu=new Student();
        String sql="SELECT * FROM student";
        ResultSet rs=db.executeQuery(sql);
        try{
            while(rs.next())
            {
                stu.setId(rs.getInt("Id"));
                stu.setName(rs.getString("Name"));
                stu.setAge(rs.getInt("Age"));
                System.out.println(stu);
            }
        } catch(SQLException e){
            e.printStackTrace();
        }
        db.close();
    }
}
```

运行后结果如图 12-8 所示。

4. 修改 James 的年龄为 19，并把所有结果显示在控制台上

```java
import java.sql.ResultSet;
import java.sql.SQLException;
import jdbc.DBConn;
public class StudentTest{
```

```java
public static void main(String[]args){
    DBConn db=new DBConn();
    String sql1="UPDATE student SET Age=19 WHERE Name='James'";
    db.executeUpdate(sql1);
    Student stu=new Student();
    String sql2="SELECT * FROM student";
    ResultSet rs=db.executeQuery(sql2);
    try{
        while(rs.next())
        {
            stu.setId(rs.getInt("Id"));
            stu.setName(rs.getString("Name"));
            stu.setAge(rs.getInt("Age"));
            System.out.println(stu);
        }
    } catch(SQLException e){
        e.printStackTrace();
    }
    db.close();
}
}
```

程序运行后结果如图 12-9 所示。

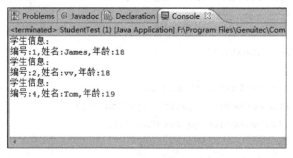

图 12-8　读取数据库信息显示

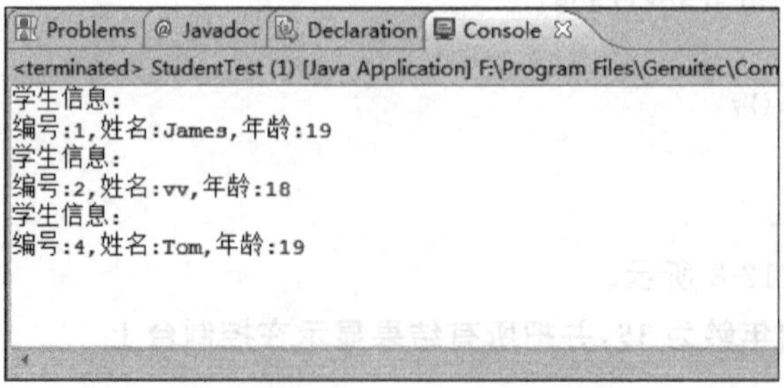

图 12-9　修改 James 的年龄为 19 并把所有结果显示在控制台上